Ingolf Friederici

Metallische Werkstoffe und Erzeugnisse

Metallische Werkstoffe und Erzeugnisse

Europäische und deutsche Bezeichnungssysteme –
Technische Lieferbedingungen – Qualitätsnachweise.
Leitfaden für die Praxis in Ausbildung, Studium und Beruf

Ing. Ingolf Friederici

2., neu bearbeitete Auflage

Kontakt & Studium
Band 567

Herausgeber:
Prof. Dr.-Ing. Wilfried J. Bartz
Technische Akademie Esslingen
Weiterbildungszentrum
DI Elmar Wippler
expert verlag

Die Deutsche Bibliothek – CIP-Einheitsaufnahme

Friederici, Ingolf:
Metallische Werkstoffe und Erzeugnisse : europäische und deutsche Bezeichnungssysteme – technische Lieferbedingungen – Qualitätsnachweise ; Leitfaden für die Praxis in Ausbildung, Studium und Beruf / Ingolf Friederici. Hrsg. von Wilfried J. Bartz ; Elmar Wippler. – 2., neu bearb. Aufl.. – Renningen-Malmsheim : expert-Verl., 2001
(Kontakt & Studium ; Bd. 567)
ISBN 3-8169-1971-5

ISBN 3-8169-1971-5

2., neu bearbeitete Auflage 2001
1. Auflage 1998

Bei der Erstellung des Buches wurde mit großer Sorgfalt vorgegangen; trotzdem können Fehler nicht vollständig ausgeschlossen werden. Verlag und Autoren können für fehlerhafte Angaben und deren Folgen weder eine juristische Verantwortung noch irgendeine Haftung übernehmen. Für Verbesserungsvorschläge und Hinweise auf Fehler sind Verlag und Autoren dankbar.

Herausgeber-Vorwort

Bei der Bewältigung der Zukunftsaufgaben kommt der beruflichen Weiterbildung eine Schlüsselstellung zu. Im Zuge des technischen Fortschritts und angesichts der zunehmenden Konkurrenz müssen wir nicht nur ständig neue Erkenntnisse aufnehmen, sondern auch Anregungen schneller als die Wettbewerber zu marktfähigen Produkten entwickeln.

Erstausbildung oder Studium genügen nicht mehr – lebenslanges Lernen ist gefordert! Berufliche und persönliche Weiterbildung ist eine Investition in die Zukunft:
– Sie dient dazu, Fachkenntnisse zu erweitern
  und auf den neuesten Stand zu bringen
– sie entwickelt die Fähigkeit, wissenschaftliche Ergebnisse
  in praktische Problemlösungen umzusetzen
– sie fördert die Persönlichkeitsentwicklung und die Teamfähigkeit.

Diese Ziele lassen sich am besten durch die Teilnahme an Lehrgängen und durch das Studium geeigneter Fachbücher erreichen.

Die Fachbuchreihe Kontakt & Studium wird in Zusammenarbeit zwischen dem expert verlag und der Technischen Akademie Esslingen herausgegeben.

Mit ca. 600 Themenbänden, verfasst von über 2.400 Experten, erfüllt sie nicht nur eine lehrgangsbegleitende Funktion. Ihre eigenständige Bedeutung als eines der kompetentesten und umfangreichsten deutschsprachigen technischen Nachschlagewerke für Studium und Praxis wird von der Fachpresse und der großen Leserschaft gleichermaßen bestätigt. Herausgeber und Verlag freuen sich über weitere kritisch-konstruktive Anregungen aus dem Leserkreis.

Möge dieser Themenband vielen Interessenten helfen und nützen.

Prof. Dr.-Ing. Wilfried J. Bartz   Dipl.-Ing. Elmar Wippler

Vorwort zur 2. Auflage

Auf dem Gebiet der metallischen Werkstoffe und der daraus hergestellten vielfältigen Erzeugnisse vollzieht sich seit 1991 ein teilweise kaum merklicher, teilweise drastisch auffallender Prozeß einer weitreichenden Veränderung in der Normung, wie sie zuvor nur noch bei der in den 60er Jahren erfolgten Umstellung von Nichteisenmetallbezeichnungen auf das System der chemischen Zusammensetzung zu beobachten war.

Das parallele Bestehen nationaler Normen im europäischen Raum wird durch die Schaffung gemeinsamer Normen beendet, und die dabei vorgenommenen Änderungen sind für die Anwender in Deutschland, aber auch in den anderen europäischen Ländern, mit einem Umdenk- und Umlernprozeß verbunden.

Durch diesen Themenband wird allen Anwendern von Bezeichnungen metallischer Werkstoffe und Bezeichnungen daraus hergestellter Erzeugnisse der Übergang von den bisher in Deutschland üblichen Bezeichnungen zu den bereits jetzt oder künftig genormten europäischen Bezeichnungen erleichtert.

Zielgruppen sind deshalb Ausbildung und Lehre wie Berufsausbildung und Berufsschule im Metallbereich, Techniker- und Fachhochschulen. Hinzu kommen die Mitarbeiter metallerzeugender Unternehmen, des Groß- und Einzelhandels sowie metallverarbeitender Handwerks- und Industriebetriebe und der Abnahmeorganisationen. Es bleibt zu wünschen, daß auch die Fachbuchverlage und andere Autoren Nutzen aus dieser Broschüre ziehen können und ihre Beiträge ebenfalls möglichst rasch auf die neue Nomenklatur für metallische Werkstoffe umstellen werden.

Es muß ausdrücklich darauf hingewiesen werden, daß zum Zeitpunkt dieser Auflage die Europäischen Normen einiger Fachgebiete wie etwa Werkstoffe und Erzeugnisnormen für Stahlrohre usw. noch nicht endgültig veröffentlicht sind. Seit Herausgabe der ersten Auflage im Herbst 1997 haben sich eine Reihe von Europäischen Normen geändert, weitere ehemalige deutsche Normen sind in europäische Normen überführt worden und zahlreiche europäische Normentwürfe werden in Bälde weitere deutsche Normen auf dem Gebiet der metallischen Werkstoffe und Erzeugnisse ablösen. Insbesondere zählen dazu die Druckbehälterstähle und die Rohrstähle und Rohrmaßnormen. Auch bei den Nichteisenmetallen ist eine gewisse Abrundung der Normungsarbeit zu verzeichnen. Auf dem Gebiet der Qualitätsnachweise werden in dieser Auflage drei weitere Normen behandelt, nämlich DIN EN 1655, DIN EN 45014 und DIN 55350-18. Ein umfangreicher Vergleich der bisherigen und neuen Normen zu Werkstoffen und zu den Erzeugnissen erleichtert dem Benutzer die Umstellung im eigenen Unternehmen.
Auch in den nächsten Jahren sind weitere Umstellungen zu erwarten, so daß dieses Buch nur den Zustand der Normung zum Redaktionsschluß Ende 2000 wiedergeben kann. Es sind alle bis einschließlich Dezember 2000 erschienenen Normen *und* Normentwürfe berücksichtigt.

Das Buch soll eine äußerst umfassende Informationsquelle für die Mitarbeiter vieler Fachbereiche in herstellenden und verarbeitenden Unternehmen, im Handel sowie in der Berufsausbildung und im Studium sein. Der Autor hofft, mit dieser stark erweiterten Auflage den Lesern wertvolle Hilfen zu geben.

In der 2. Jahreshälfte 2001 wird dieses Buch durch einen weiteren Band ergänzt. In ihm werden für das Gesamtgebiet der metallischen Erzeugnisse und Werkstoffe umfangreiche Vergleichtabellen zwischen EN und DIN bereitgestellt, die den Benutzern aus verschiedenen Fachrichtungen und Unternehmensbereichen zielsicher die korrekte Kombination der Normen für Erzeugnisse und Werkstoffe, die zutreffende Bestellnorm, Normen zu Toleranzen, Oberflächenausführungen usw. ermöglichen.

Drei solcher Vergleichstabellen sind als Beispiele im Teil H abgebildet.

Titelangabe:

Vergleichstabellen EN zu DIN
für metallische Werkstoffe und Erzeugnisse
Gußeisen, Stahl und Stahlguß, Nichteisenmetalle

Heuchelheim, im Dezember 2000
Ingolf Friederici

Inhaltsübersicht

Inhaltsverzeichnis

TEIL A ALLGEMEINES

A 1 Einleitung

Metalle sind Werkstoffe, die noch immer in vielen Wirtschafts-, Gewerbe- und Industriesektoren die vorherrschenden Werkstoffe vor Kunststoffen oder Hybriden aus mehreren Stoffen darstellen. Deshalb kommt nach wie vor der Kenntnis nicht nur der Eigenschaften und Anwendungsgebiete große Bedeutung zu, vielmehr sind korrekte Bezeichnungen sowie die normgerechte Bezugnahme auf die technischen Lieferbedingungen unverzichtbar für einen reibungslosen, qualitätsgesicherten Ablauf zur Bestimmung von metallischen Werkstoffen sowie zur Beschaffung und Verarbeitung daraus hergestellter Erzeugnisse in den verschiedensten Formen.

Dabei kommt dem Verständnis von Bezeichnungssystemen zum Zwecke der eindeutigen Identifikation eine große Bedeutung zu, um schwerwiegende Verwechselungen und Mißverständnisse zu vermeiden. Dies trifft umso mehr aufgrund des Umstandes zu, daß es auch bei den neuen europäischen Normen nicht gelungen ist, eine nach einheitlichen logischen Grundsätzen aufgebaute Bezeichnungssystematik quer über die Metallbereiche zu entwickeln. Dies trifft auf die Werkstoffbezeichnungen mittels Benennungen ebenso zu wie auf die Werkstoffnummern und auch auf die Bezeichnungen von Erzeugnissen.

Einschränkend zu dieser Kritik am Ergebnis der europäischen Normungsarbeiten auf diesem Gebiet ist jedoch festzustellen, daß auch die bisherigen jeweiligen nationalen Bezeichnungssysteme für Werkstoffe innerhalb eines Landes für die verschiedenen Metallgruppen keineswegs homogen waren, sondern sich im Laufe von Jahrzehnten parallel und somit oft stark unterschiedlich entwickelt hatten.

Ein großer Vorteil der jetzigen Regionalnormung ist es immerhin, daß in Europa, also in einem Markt mit fast 400 Millionen Menschen, **eine** einheitliche Bezeichnung und **eine** einheitliche Werkstoffnummer in jedem Land gilt.

Kritisch bleibt es, daß parallel dazu internationale Normen bei ISO bestehen oder im Entstehen sind, in denen für vergleichbare Werkstoffsorten Bezeichnungen und Nummern nach anderen Grundsätzen gebildet werden. Dies ist für künftige Harmonisierungen europäischer und internationaler Normen eine negative Hypothek!

In einigen Gebieten sind inzwischen internationale Normen entstanden und als europäische Normen übernommen worden, in anderen Bereichen der Metalle mag das noch ein Jahrzehnt oder länger dauern, bis eine Annäherung erfolgen wird, wenn überhaupt.

A 2 Betroffene Kreise

Erzeugnisse aus Stahl und Eisen sowie aus Nichteisenmetallen werden in allen Lebensbereichen eingesetzt. Deshalb sind von Änderungen in der Nomenklatur, von Eigenschaftsänderungen, von Prüfverfahrensänderungen und von Änderungen anderer Art stets viele Kreise betroffen.

Im Kapitel A5 wird auf die Problematik der jetzigen Umstellungen in der Praxis und die damit verbundenen logistischen und wirtschaftlichen Folgen eingegangen. Folgende Informationsketten spielen dabei eine wesentliche Rolle:

Internationale Normen - europäische Normen - nationale Normen - Werknormen - Fachliteratur

Technische Regeln - Vorschriften - Gesetze

Berufsausbildung (Berufsschule/Werkunterricht) - Studium - Beruf

Stammdaten - Zeichnungen - Stücklisten - Bedarfsanforderungen - Bestellungen - Auftragsbestätigungen - Lieferscheine - Lagerkennzeichnung - Lagerentnahmebelege

Kundenspezifikation - Lastenheft - Prospekte/Kataloge - Technische Dokumentation

Hersteller - Händler - Verarbeiter - Kunde/Besteller - Technische Überwachung

In jedem Fall geht es darum, die **Verständigung** ausreichend zu sichern, damit zwei Partner auch das Gleiche verstehen, wenn z.B. eine Werkstoffbezeichnung genannt wird. Verwechselungen können schwerwiegende Folgen im Hinblick auf die Sicherheit, die Funktion, die Gebrauchseigenschaften und die Zuverlässigkeit und nicht zuletzt auf die wirtschaftlichen und rechtlichen Aspekte haben.

Es ist zu befürchten, daß die Umstellungsarbeiten noch bis weit in das 1. Jahrzehnt des 21. Jahrhunderts laufen, da selbst die normativen Grundlagen noch nicht überall abschließend festliegen.

Die Hauptlast haben diejenigen Stellen und Mitarbeiter zu tragen, die die europäischen Normen als Ersatz für die bisherigen deutschen Normen in einem Unternehmen einzuführen und umzusetzen haben, also häufig die Normenstellen.

In ungewöhnlichem Maße sind aber auch Lehrer an Berufsschulen, Dozenten an Fachschulen, Fachhochschulen und technischen Universitäten betroffen; mancher Vorlesungstext wird da immer wieder zu ändern sein.

Praktisch alle einschlägigen Fachbücher müssen von den Autoren und Verlagen ständig revidiert werden, um den Anspruch auf Aktualität zu wahren.

2

A 3 Normung metallischer Werkstoffe und Erzeugnisse

In diesem Kapitel wird eine Übersicht über die konkret mit der Normung metallischer Werkstoffe und daraus hergestellter Erzeugnisse befaßten Normungsgremien gegeben sowie eine Übersicht über die verschiedenen Arten von Normen, die in Betracht kommen.

A 3.1 Europäische und nationale Normungsgremien für diesen Bereich

Im Rahmen der ehrgeizigen Pläne der Kommission der Europäischen Union im Hinblick auf die für 1992 terminierte „Vollendung des Europäischen Binnenmarktes" mußte dafür gesorgt werden, daß möglichst rasch eine große Zahl europaweit einheitlicher Normen geschaffen werden, um die mit den unterschiedlichen nationalen Normen natürlicherweise vorhandenen technischen Schranken und Handelshemmnisse zu beseitigen. Dabei kommt dem Bereich „Kohle und Stahl" eine besondere Bedeutung zu , da hier die **MONTANUNION** eine der ersten bedeutenden europäischen Institutionen in den fünfziger Jahren gewesen ist.

Auf dem Gebiet des Stahls gab es auch bisher eine recht umfangreiche gemeinsame europäische Normung in Form der *EURONORMEN* (Kurzform in Verzeichnissen auch *EU*), die in den siebziger Jahren erarbeitet wurden. Da es den nationalen Normungsinstituten freistand, diese *EURONORMEN* zu übernehmen, war der Erfolg mäßig. In Deutschland behielt man in vollem Umfang die damals bestehenden Deutschen Normen bei und somit sind die *EURONORMEN* beinahe ausschließlich in Herstellerkreisen, nicht jedoch in den Anwenderkreisen bekannt geworden.

Um den ungeheuren Bedarf an Europäischen Normen decken zu können, wurden daher Europäische Normungsorganisationen und Normungsverfahren Mitte der 80er Jahre geschaffen bzw. aktiviert.

Europäische Normungsorganisationen sind:

CEN   Europäisches Komitee für Normung

CENELEC   Europäisches Komitee für elektrotechnische Normung
(in Kurzform auch CLC)

ETSI   Europäisches Institut für Telekommunikationsnormen

AECMA   Europäische Vereinigung der Hersteller von Luft- und Raumfahrtgeräten (mit CEN assoziiert)

ECISS   Europäisches Komitee für Eisen- und Stahlnormung
(CEN angeschlossen)

Mitglieder der Europäischen Normungsorganisationen sind, außer bei AECMA, die nationalen Normungsinstitute, für Deutschland z.B. das DIN Deutsches Institut für Normung e.V. und die DKE Deutsche Kommission für Elektrotechnik (eine Tochtergesellschaft von DIN und VDE).

Mit Ausnahme der Normen von ETSI tragen alle Europäischen Normen einheitlich das Symbol **EN** und die Bezeichnung **EUROPÄISCHE NORM**.

Europäische Normen werden innerhalb der europäischen Normungsorganisationen in „Technischen Komitees (TC) und Arbeitsgruppen (WG)" erarbeitet und innerhalb des Deutschen Instituts für Normung e.V. (DIN) in Normenausschüssen und deren Arbeitsausschüssen aus nationaler Sicht behandelt.

Nach der Erarbeitung eines zwischen den Experten abgestimmten Entwurfes einer Europäischen Norm wird dieser über die nationalen Normungsinstitute der Öffentlichkeit zur Stellungnahme zugeleitet. Die jeweils national zusammengefaßten Stellungnahmen mit Ergänzungs- und Änderungswünschen oder mit Zustimmungen werden im zuständigen Ausschuß behandelt und - falls dort hinreichende Einigung zwischen den Experten erzielt wird - zur formellen Schlußabstimmung durch die nationalen Normungsinstitute freigegeben.

Erhält ein europäischer Normenentwurf (prEN) aufgrund der im Abstimmungsverfahren vorgesehenen verschiedenen Abstimmungsmodi die erforderliche Stimmenmehrheit der Mitgliedsländer, so gilt der Entwurf als Europäische Norm angenommen. Die Norm wird in drei übereinstimmenden Sprachfassungen (deutsch, englisch, französisch) erstellt und ist in allen Mitgliedsländern der Europäischen Normungsorganisation unverzüglich als nationale Übernahme einzuführen. Dies geschieht durch Herausgabe einer nationalen Norm mit einem dem europäischen Normsymbol vorangestellten nationalen Symbol, z.B. **DIN EN**, BS EN (Großbritannien), NF EN (Frankreich) usw.

Bestehende nationale Normen zum gleichen Normungsgegenstand *müssen* kurzfristig zurückgezogen werden.

Für den Bereich Stahl, Stahlguß, Gußeisen sowie Gießereitechnik sind europäisch und in Deutschland folgende Gremien zuständig:

Tabelle A1 Normungsgremien

Normungsgebiet	Europäisches Gremium	Deutsches Gremium
Stahl 4)	ECISS div. TC	DIN FES 1)
Stahlguß 4)	ECISS TC 31	DIN FES
Stahlerzeugnisse	ECISS div. TC	DIN FES
Gußstücke aus Stahlguß	CEN TC 190	DIN GINA 2)
	ECISS TC 9 und TC 31	DIN FES
Gußeisen 4)	CEN TC 190	DIN GINA
Gußstücke aus Gußeisen	CEN TC 190	DIN GINA
Gießereitechnik 5)	CEN TC 190	DIN GINA
Nichteisenmetalle	div. CEN TC, je nach Basismetall	DIN FNNE 3)

1) Normenausschuß Eisen und Stahl
2) Normenausschuß Gießereiwesen
3) Normenausschuß Nichteisenmetalle
4) bezüglich Werkstoffeigenschaften
5) für alle Werkstoffgruppen (Stahlguß, Gußeisen, Nichteisenmetalle)

Innerhalb CEN TC 190 werden die für das in dieser Broschüre behandelte Gebiet zutreffenden Europäischen Normen in folgenden Arbeitsgruppen (WG = Working Group) erarbeitet.

Tabelle A2   Arbeitsgruppen im CEN TC 190

Arbeitsgruppe	Arbeitsgebiet
WG 1.10 1)	Technische Lieferbedingungen
WG 1.11	Gußeisen Bezeichnungssystem, Gußeisen, spezielle technische Lieferbedingungen
WG 1.20 1)	Allgemeintoleranzen und Bearbeitungszugaben an Gußstücken
WG 1.30 1)	Produktionseinrichtungen, Werkzeuge, Gießereihilfsmittel, z.B. Modelle, Dauerformen, Formenmaterial
WG 2.10	Grauguß
WG 2.20	Temperguß
WG 2.30	Kugelgraphitguß
WG 2.40	Verschleißfestes Gußeisen
WG 4.10	Prüfung auf innere Fehler
WG 4.20	Oberflächenprüfung
WG 5	Schweißen von Gußeisen
WG 6	Strangguß aus Gußeisen

1) für alle Werkstoffgruppen (Stahl, Eisen, Nichteisenmetalle)

Innerhalb ECISS sind für die Erarbeitung der Europäischen Normen folgende Technische Komitees (TC) zuständig:

Tabelle A3   Technische Komitees bei ECISS

Technisches Komitee	Arbeitsgebiet
TC 5	Begriffsbestimmung, Einteilung und Kurzbezeichnung der Roheisensorten und Ferrolegierungen
TC 6a	Begriffsbestimmung und Einteilung der Stahlsorten
TC 6b	Begriffsbestimmung und Einteilung der Stahlerzeugnisse nach Formen und Abmessungen
TC 7	Kurzbezeichnung der Stahlsorten
TC 9	Allgemeine technische Lieferbedingungen und Qualitätssicherung 1)
TC 21	Fachausdrücke der Wärmebehandlung
TC 10	Stähle für den Stahlbau
TC 11	Form- und Stabstahl (Maßnormen)
TC 12	Flacherzeugnisse aus allgemeinen Baustählen und aus Stählen für Druckbehälter (Maßnormen)
TC 13	Flacherzeugnisse für Umformung
TC 14	Halbzeug
TC 15	Walzdraht
TC 19	Betonstahl

Technisches Komitee	Arbeitsgebiet
TC 22	Stähle für Druckbehälter
TC 23	Für eine Wärmebehandlung bestimmte Stähle
TC 24	Elektroblech und -band
TC 26	Feinstblech und Weißblech
TC 27	Flacherzeugnisse mit Überzügen
TC 28	Schmiedestücke
TC 29	Stahlrohre
TC 30	Gezogener Draht
TC 31	Stahlguß 2)

1) für Stahlguß Verbindung zu CEN TC 190 beachten
2) bezüglich Lieferbedingungen Verbindung zu CEN TC 190 beachten

Im Werkstoffbereich Stahl und Stahlguß bildeten in den meisten Fällen frühere *EURONORMEN (EU)* die erste Beratungsgrundlage für die Europäischen Normen, z.B. war EURONORM 27 die Grundlage für EN 10027.

A 3.2 Andere Regelsetzer auf diesem Gebiet

Aufgrund eines besonderen Vertrages des DIN mit der Bundesrepublik Deutschland ist in Deutschland nur das DIN berechtigt, Deutsche Normen herauszugeben.

Dennoch gibt es eine Vielzahl weiterer Institutionen, auch auf dem Gebiet der Werkstoffe, die normative Festlegungen erarbeiten, ohne daß diese dann den Status einer Deutschen Norm haben.

Solche Institutionen sind Fachverbände bestimmter Wirtschaftsbranchen, z.B.

VDG   Verein Deutscher Gießereifachleute
VDM   Verein Deutscher Metallhütten
VDEh Verein Deutscher Eisenhüttenleute
VDI   Verein Deutscher Ingenieure
VDMA Verband Deutscher Maschinen- und Anlagenbauer

Diese Fach- oder Interessenverbände leisten einen unverzichtbaren Beitrag zur nationalen, europäischen und internationalen Normung durch verbandsinterne Erarbeitung und Einigung auf Standards, die einem gemeinsamen Konsens (wie Normen auch) entspringen und häufig nach einer gewissen Erprobungsphase Grundlage von Deutschen Normen werden.

Hinzu kommen Institutionen, die im überwachungspflichtigen Bereich zusätzliche Forderungen an Werkstoffe und Erzeugnisse festlegen, um den gesetzlichen Sicherheitsbestimmungen voll zu genügen, z.B.

AD   Arbeitsgemeinschaft Druckbehälter
DDA   Deutscher Dampfkesselausschuß
VdTÜV Verband der Technischer Überwachungsvereine

Für metallische Werkstoffe gibt es eine Vielzahl normativer Dokumente <u>unterhalb</u> der Ebene von Normen. Dies hat seine Ursache darin, daß
- einzelne Sorten lediglich ganz spezielle, eng begrenzte Anwendungen haben, d.h. kein allgemeines Normungsbedürfnis vorliegt,
- spezielle Zusatzbedingungen zu genormten Werkstoffen für spezifische Anwendungsfälle festgelegt sind, z.b. eingeschränkte Analysen, verschärfte Prüfbedingungen usw..

A 3.3 Arten von Normen

Nach DIN EN 45020 und DIN 820-3 gibt es eine Reihe von Begriffen für verschiedene Arten von Normen, die auch im Zusammenhang mit metallischen Erzeugnissen von Bedeutung sind.

Tabelle A4 Arten von Normen

Benennung	Definition	zitiert in
Produktnorm	Norm, die Anforderungen festlegt, die von einem Erzeugnis oder einer Gruppe von Erzeugnissen erfüllt werden müssen, um deren Gebrauchstauglichkeit sicherzustellen	DIN EN 45020
Liefernorm	Norm, in der technische Grundlagen und Bedingungen für Lieferungen festgelegt sind, Benennung z.b. auch Technische Lieferbedingungen	DIN 820-3
Maßnorm	Norm, in der Maße und Toleranzen von materiellen Gegenständen festgelegt sind	DIN 820-3
Qualitätsnorm	Norm, in der die für die Verwendung eines materiellen Gegenstandes wesentlichen Eigenschaften beschrieben und objektive Kriterien festgelegt sind	DIN 820-3
Stoffnorm	Norm, in der physikalische, chemische und technologische Eigenschaften von Stoffen festgelegt sind	DIN 820-3
Verfahrensnorm	Norm, die Anforderungen festlegt, die durch ein Verfahren erfüllt werden müssen, um die Gebrauchstauglichkeit sicherzustellen	DIN EN 45020
Prüfnorm	Norm, die sich mit Prüfverfahren beschäftigt, wobei diese fallweise durch andere Festlegungen ergänzt sind, die sich auf die Prüfung beziehen, wie etwa Probeentnahme, Anwendung statistischer Methoden, Reihenfolge der einzelnen Prüfungen	DIN EN 45020
Verständigungsnorm	Norm, in der zur eindeutigen und rationellen Verständigung terminologische Sachverhalte, Zeichen oder Systeme festgelegt sind	DIN 820-3
Terminologienorm	Norm, die sich mit Fachausdrücken (Benennungen) beschäftigt, welche üblicherweise mit ihren Definitionen und manchmal mit erläuternden Bemerkungen, Bildern, Beispielen und ähnlichem mehr versehen sind	DIN EN 45020
Deklarationsnorm	Norm, die eine Liste von Charakteristiken enthält, für welche Werte oder Daten anzugeben sind, um das Erzeugnis, das Verfahren oder die Dienstleistung zu beschreiben. Anmerkung: Einige derartige typische Normen sehen Daten, die von Lieferanten, andere solche, die vom Käufer abzugeben sind, vor.	DIN EN 45020

A 4   Bezeichnung

A 4.1 Allgemeines

Während eine eindeutige Bezeichnung eines Gegenstandes oder Werkstoffes mittels eines Kurznamens oder einer Nummer eine unerläßliche Voraussetzung für die Verständigung zwischen Besteller/Verbraucher und Lieferant/Hersteller ist, trägt eine genormte Systematik für derartige Identifikationen zum leichteren Einordnen einer Bezeichnung und zum Verständnis der Bestandteile von Bezeichnungen bei, wenn diese mittels aneinandergereihter Symbole oder strukturierter Nummernfolgen gebildet wurden.

A 4.2 Europäische Regeln

Die Normungsaktivitäten der Europäischen Normungsorganisationen wie z.B. CEN sind nach eher schleppendem Beginn seit 1985 durch Aufträge (Mandate) der Europäischen Kommission stark intensiviert worden. Viele Technische Komitees (TC) wurden gegründet, in denen die jeweiligen nationalen Experten jeweils für ihr Fachgebiet (Scope des TC) gemeinsame Normen entwickeln. Dabei werden häufig bestehende nationale Normen für ein erstes Arbeitspapier verwendet. Da diese Vorlagen jedoch in der Regel auf unterschiedlichen nationalen Gestaltungsregeln beruhen, mußten zunächst gemeinsame europäische Gestaltungsregeln für Normen entwickelt und verabschiedet werden.werden.

Erst 1990 kam im Rahmen der GESCHÄFTSORDNUNG von CEN/CENELEC eine erste Fassung zur „Gestaltung von Normen" zustande, die 1991 offiziell beschlossen und als Teil 3 der Geschäftsordnung eingeführt wurde.

In Fachkreisen sind diese Regeln als „PNE-Rules" (PNE aus dem französischen Presentation des Normes Europeennes) bekannt.

Im Deutschen Normenwerk wurden die PNE-Rules zunächst aufgenommen in die Norm DINV 820 Teil 2 (Normungsarbeit; Gestaltung von Normen), die 1996 als DIN 820-2 veröffentlicht wurde und nunmehr als Ausgabe Januar 2000 von DIN 820-2 vorliegt.

Bei der Abfassung dieser Regeln haben sich die Europäischen Normungsinstitute weitgehend an den bereits in den internationalen Normungsorganisationen ISO und IEC angewendeten Regeln orientiert (ISO/IEC-Directiven Teil 3).

Die PNE-Rules für die Abfassung und Gestaltung Europäischer Normen beinhalten Festlegungen zu folgenden Hauptpunkten gemäß Tabelle A5:

Tabelle A5 Inhaltsübersicht PNE-Rules

4	Allgemeine Grundsätze
5	Aufbau
6	Abfassen von Normtexten
7	Aufbau von Manuskripten
Anhang A	Internationale Grundlagennormen und Nachschlagewerke
Anhang B	Beispiel für die Benummerung der Strukturelemente
Anhang C	Aufbau und Gestltung von Begriffen
Anhang D	Abfassen von Titeln einer Norm
Anhang E	Verbformen zur Formulierung von Festlegungen
Anhang F	Prüfliste über die in Internationalen Normen anzuwendenden Größen und Einheiten
Anhang G	Beispiel für den Aufbau eines Manuskriptes
Anhang ZA	Europäische Anhänge über normative Verweisungen, A-Abweichungen und besondere nationale Bedingungen
Anhang ZB	Übernahme (Anerkennung) von Internationalen Normen und anderen Referenzdokumenten als Europäische Normen
Anhang ZC	Herausgabe von Europäische Normen als nationale Normen
Anhang NA	Nationaler Anhang: ISO/IEC-Directiven- Teil 2:1992, 5.4.3, Abschnitt 7 mit Anhang E und Abschnitt 8
Anhang NA1	Kenndaten, die vom Hersteller anzugeben sind
Anhang NA2	Bezeichnung genormter Gegenstände
Anhang NA3	**Bezeichnung international genormter Gegenstände**
Anhang NA4	Kennzeichnung, Beschilderung und Dokumentation
Anhang NB	Ergänzung für DIN-Normen

Der Anhang NA3 ist gemäß Tabelle A6 unterteilt.

Tabelle A6 Unterteilung von Anhang H Bezeichnung genormter Gegstände

NA3.1	Allgemeines
NA3.2	Anwendbarkeit
NA3.3	**Bezeichnungssystem**
NA3.4	Verwendung von Zeichen
NA3.5	Benennungsblock
NA3.6	Identifizierungsblock
NA3.6.1	Internationaler Norm-Nummern-Block
NA3.6.2	Merkmale-Block
NA3.7	Beispiele
NA8	Nationale Übernahme

Wegen der grundsätzlichen Bedeutung dieser Festlegungen sind nachfolgend Angaben aus dem Anhang NA3 aus DIN 820- 2 sinngemäß aufgenommen worden:

NA3.3 Bezeichnungssystem

Jedes Bezeichnungssystem umfaßt einen „Benennungsblock" und einen „Identifizierungsblock".
Der Identifizierungsblock ist unterteilt in

- *den EN-Nummernblock mit max. 8 Stellen, siehe NA3.6.1),*
- *den Merkmaleblock mit empfohlenen max. 18 Stellen, siehe NA3.6.2.*

In dem nachstehend beschriebenen Bezeichnungssystem ist die Norm-Nummer, die alle erforderlichen Kenngrößen einschließlich ihrer Werte identifiziert, in dem Internationalen Norm-Nummer-Block enthalten, wobei eindeutig nur jene Kenngrößen sind, denen nur ein einziger Wert zugeordnet ist. Die gewählten Werte solche Kenngrößen, denen mehrere Werte zugeordnet sind, sind im Merkmaleblock enthalten. Für eine Norm, in der jeder Kenngröße nur ein einziger Wert zugeordnet ist, braucht kein Merkmale-Block in der Bezeichnung zu erscheinen.

NA3.4 Verwendung von Zeichen

Die Bezeichnung besteht aus Zeichen, die Buchstaben, Ziffern oder Sonderzeichen sein müssen.

Wenn Buchstaben verwendet werden, müssen es lateinische Buchstaben sein. Es darf kein Bedeutungsunterschied zwischen Groß- und Kleinbuchstaben bestehen. Für den Benennungsblock werden generell für das Schreiben oder Drucken Kleinbuchstaben verwendet, die bei der automatischen Datenverarbeitung in Großbuchstaben umgewandelt werden können. Für den Identifizierungsblock werden Großbuchstaben bevorzugt.

Wenn Ziffern verwendet werden, müssen es arabische Ziffern sein.

Die einzigen zulässigen Sonderzeichen sind der Bindestrich (-), das Pluszeichen (+), der Schrägstrich (/), das Komma (,) und das Multiplikationszeichen (x). In der automatischen Datenverarbeitung ist das Multiplikationszeichen der Buchstabe "X" (= großes X).

Zur besseren Lesbarkeit dürfen Leerstellen in die Bezeichnung eingefügt werden. Leerstellen zählen jedoch nicht als Zeichen und sie dürfen entfallen, wenn die Bezeichnung in der automatischen Datenverarbeitung verwendet wird.

NA3.5 Benennungsblock

Eine Benennung muß dem genormten Gegenstand durch das zuständige Komitee zugeordnet werden. Diese Benennung muß so kurz wie möglich sein und sollte den Descriptoren der Internationalen Norm entnommen werden, und zwar diejenige, die den genormten Gegenstand am besten kennzeichnet. Bei Verweisung auf die Norm ist die Verwendung des Benennungsblockes wahlweise, wenn er aber angewandt wird, muß er dem Internationalen Norm-Nummern-Block vorangestellt werden.

NA3.6 Identifizierungsblock

Der Identifizierungsblock muß so zusammengesetzt sein, daß er den genormten Gegenstand eindeutig bezeichnet. Er besteht aus zwei aufeinanderfolgenden Schreibstellen-Blöcken und zwar:

- *dem Internationalen Norm-Nummernblock, der maximal 8 Stellen umfaßt (ISO oder IEC plus maximal fünf Ziffern),*
- *dem Merkmaleblock (Ziffern, Buchstaben, Sonderzeichen).*

Um die Trennung zwischen dem Internationalen Norm-Nummern-Block und dem Merkmale-Block zu kennzeichnen, muß ein Bindestrich (-) die erste Stelle des Merkmale-Blocks sein.

Es gibt noch eine Reihe weiterer, für die Leser dieses Buches weniger interessante Einzelheiten in diesem Normabschnitt. Die Festlegungen sind leider recht abstrakt formuliert und in vielen Fällen wird auch von diesen Regeln in den Technischen Komitees abgewichen.

Für den Fall, daß nun ein Gegenstand *geometrisch* in einer bestimmten Norm festgelegt und dort die Bezeichnung gebildet ist, in einer anderen Norm sich jedoch die Festlegungen für *den Werkstoff* einschließlich dessen Bezeichnung befinden, muß dieser Gegenstand - wenn er vollständig bezeichnet sein soll - mit zwei kombinierten Bezeichnungen bestimmt werden.

Beispiel: Gegenstandsbezeichnung mit Werkstoffbezeichnung

Blech EN 10029 - 4,5Bx1500NKx2800S G
Stahl EN 10025 - S355J2G4

In anderen Fällen müssen noch weitere Bezeichnungen kombiniert werden, etwa, wenn zusätzliche Behandlungen an der Oberfläche vorgenommen werden, die wiederum gemäß einer Norm klassifiziert und bezeichnet sind.

Beispiel: Gegenstandsbezeichnung mit Werkstoffbezeichnung, erweitert um weitere Forderungen

Blech EN 10029 - 4,5Bx1500NKx2800S G
Stahl EN 10025 - S355J2G4 - Zusätzliche Anforderung 4
Bescheinigung EN 10204 - 3.1.B
Oberflächenbeschaffenheit EN 10163-2 - Klasse A Untergruppe 3
Anstrich WN 4711 - A17.4 BA Anmerkung: WN steht für Werknorm

In diesem Beispiel hat man es also mit der Kombination von 5 Normen zu tun.

A 4.3 Überblick über die Bezeichnungsgrundsätze für metallische Werkstoffe

Für die Bezeichnung von Werkstoffen (Kurznamen, Symbole, Nummern usw.) gibt es in den europäischen Regeln zur Gestaltung von Normen und zur Bezeichnung genormter Gegenstände keinerlei Einheitsregeln für Grundsystematiken.

Jedes für ein bestimmte Metallgruppe zuständige Technische Komitee von CEN, CENELEC, ECISS und AECMA hat deshalb selbständig und ohne die geringste Koordination mit anderen TC sein eigenes Bezeichnungssystem gestaltet. Dabei wurden entweder Anleihen an bestehende internationale Systeme mit und ohne Modifikationen oder an nationale Normen bzw. die Kombination mehrerer nationaler Normen genommen oder völlig neue Systeme geschaffen.

Diese absolut verwirrende Vielfalt führte - je mehr derartige Normen veröffentlicht wurden - zu heftigen Protesten aus den Anwenderkreisen namhafter europäischer Industrieländer, die allerdings erst dann einsetzten, nachdem die Normungsarbeiten bereits viel zu weit fortgeschritten waren, als daß eine Chance zu einer Einigung auf bestimmte Grundprinzipien bei der Bildung von Werkstoffbezeichnungen bestanden hätte.

Ein Rettungsversuch mit dem Ziel, doch noch einheitliche Bezeichnungssysteme für metallische Werkstoffe in Europa zu schaffen, wurde zwar unternommen, scheiterte aber aus den zuvor genannten Gründen. Das Zentralsekretariat von CEN beauftragte Mitte 1993 das BT (Technisches Büro), die Fragen der Koordination der Bezeichnungen metallischer Werkstoffe zu untersuchen (mit dem Ziel einer weitergehenden Angleichung der Systeme).

Das Ergebnis ist, daß man festgestellt hat, daß eine Änderung der bereits veröffentlichten oder projektierten Systeme nicht mehr durchgesetzt werden kann. Produziert wurde ein **CEN-REPORT** „Numerisches Bezeichnungssystem für metallische Werkstoffe, Überprüfung bestehender Systeme und Empfehlung für neue Systeme" im September 1994 mit der *Empfehlung*, bei *künftigen* Normungen neuer Systeme einheitlich zu verfahren, wobei die Grundlagen dafür nur ganz schwammig festgelegt worden sind und sich dazu noch ausschließlich auf Werkstoffnummern (numerische Bezeichnung) beziehen, während über Benennungen (Kurznamen, Symbole) überhaupt keine Empfehlungen ausgesprochen wurden.

A 4.3.1 Werkstoff-Nummern

In Deutschland bestand bisher mit DIN 17007 eine Deutsche Norm, in der für *alle* metallischen Werkstoffe ein einheitliches System für die Grundstruktur von Werkstoffnummern sowie Rahmenpläne für einzelne Werkstoffgruppen festgelegt waren.

Beispiele: Deutsche Werkstoffnummern nach DIN 17007 (ungültig)

0.6025	0.6030	(Gußeisen)
1.4021	1.4008.05	(Stahl)
2.0742	2.1293.73	(Kupfer)
3.2315	3.2371.61	(Aluminium)

Bei der Europäischen Werkstoffnummer ist von der DIN-Systematik lediglich der Teil für Stahl und Stahlguß übernommen worden, jedoch mit Modifikationen. Für alle anderen Metalle sind völlig unterschiedliche Systeme von Werkstoffnummern mit alpabetischen und numerischen Anteilen entwickelt worden.

Schreibweise, Anordnung der Stellen, Gliederungszeichen und die Abfolge von Buchstaben und Ziffern ist daher ganz unterschiedlich, wie die folgende Tabelle zeigt.

Tabelle A7 Gegenüberstellung von Beispielen Europäischer Werkstoffnummern
(in stellengerechter Schreibweise)

Metallgruppe	Stelle	1	2	3	4	5	6	7	8	9	10	11
Stahl und Stahlguß		1	.	4	5	7	1	0	4			
Gußeisen		E	N	-	J	L	2	1	7	1		
Aluminium, Guß		E	N		A	C	-	7	1	5	0	0
Aluminium, Knet		E	N		A	W	-	5	1	5	4	A
Magnesium		E	N	-	M	C	6	5	2	2	0	
Kupfer		C	W	1	1	2	W					

Die Werkstoffnummern sind demnach zwischen 6 und 11 Schreibstellen lang.

Unangenehm wirkt sich aus, daß bei einigen Metallen, z.B. bei Aluminium, genormte Leerstellen festgelegt wurden, die bei handschriftlicher Schreibweise leicht unkenntlich werden und somit beim Übertragen in Dateien bei Sortierprogrammen zu Problemen in der Reihenfolge von Sortierungen führen.

Bei allen Metallen gibt es innerhalb der Werkstoffnummer keine Angaben, die sich auf Zustände von Werkstoffen und Erzeugnissen beziehen, z.B. auf Erschmelzungsverfahren, Wärmebehandlungen, Oberflächenbehandlungen usw.

Solche Zustände müssen (wie beim Stahl-Kurznamen) mit Symbolen oder im Klartext mit Pluszeichen zusätzlich an die Werkstoffnummer angehängt werden, siehe auch DIN EN 10027-1:

Beispiele: 1.4308+R   = GX5CrNi19-10+R

            1.0553+Z120 = S355JO+Z120

A 4.3.2 Werkstoffkurznamen/symbole

Die zweite Möglichkeit, Werkstoffe zu bezeichnen, sind Benennungen anstelle von Nummern. In den Europäischen Normen finden sich dafür Begriffe wie

- Werkstoffsymbol,
- Kurzname,
- Werkstoffkurzzeichen.

Bei derartigen Benennungen werden Eigenschaften in verschlüsselter oder in lesbarer Form angegeben wie z.B.

- chemische Zusammensetzungen und Eigenschaften,
- physikalische Eigenschaften,
- technologische Eigenschaften,
- mechanische Eigenschaften, z.B. Festigkeitswerte.

Dies geschieht je nach Metallgruppe in unterschiedlicher Systematik.

Die nachfolgende Tabelle A8 enthält einige typische Beispiele aus den derzeit genormten europäischen Bezeichnungssystemen.

Die Buchstabensymbole sind im allgemeinen aus der englischen Sprache entnommen, soweit es sich nicht um international genormte Schreibweisen für die chemischen Symbole der Elemente handelt. Der in einigen Metallgruppen zu findende Buchstabe G für Gußstück (Stahlguß, Gußeisen, Kupfer) ist der deutschen Sprache entnommen; Gußstück ist in anderen Fällen, wie z.B. bei Aluminium und Magnesium, aber auch mit C = Casting (Gußstück) verschlüsselt.

Tabelle A8 Gegenüberstellung von Beispielen europäischer Werkstoffbezeichnungen (in stellengerechter Schreibweise einschl. genormter Leerstellen)

Metallgruppe	Benennung	Bemerkung
Stahl	S355JR	Baustahl
	C45EQ+C+ZE	Vergütungsstahl
	9SMn28+C	Automatenstahl
	X5CrNi18-10	Nichtrostender Stahl
Stahlguß	GP240H	Hitzebeständiger Stahlguß für Druckbehälter
	GX5CrNiMo19-11	Nichtrostender Stahlguß
Gußeisen	EN-GJL-250	Grauguß
	EN-GJS-400-15-LT	Kugelgraphitguß
	EN-GJH-X300CrNiSi9-5-2	Hartguß
Magnesium	**MC**-Mg 99,75	Gußstück
	MB-Mg RE3Zn2Zr	Blockmetall, Masseln
Aluminium	EN **AC**-Al 99,80 E	Gußstück
	EN **AB**-Al Si10Ti1B0,2	Blockmetall, Masseln
	EN **AW**-Al Cu2Li2Mg1,5-T79510	Knetlegierung, Halbzeug
	EN **AW**-Al Si12 (A)	Knetlegierung, Halbzeug
Kupfer	**Cu**-GK	Gußstück
	CuNi30Fe1Mn1NbSi-G	Gußstück
	CuZn39Pb3-R500	Knetlegierung, Halbzeug

Die Länge der Benennung kann sich noch durch die Kombination zusätzlicher Eigenschaftsangaben *erheblich* steigern.

Wenn auch nicht immer an der gleichen Stelle stehend, so lassen sich für die Basiselemente stets die betreffenden Buchstabensymbole herausfinden. Sie sind in Tabelle A8 fett markiert (J = Gußeisen, A = Aluminium, C = Kupfer, M = Magnesium). Für Stahl/Stahlguß hingegen gibt es keine Kennzeichnung durch *einen* Buchstaben, vielmehr finden sich gemäß Teil B, Kapitel 2.3 dort die Buchstaben B, C, D, E, H, L, M, P, R, S, X und Z.

Die in Tabelle A8 für Stahl, Stahlguß und Gußeisen aufgeführten Beispiele von Benennungen sind nachfolgend in Tabelle A9 erläutert:

Tabelle A9 Erläuterung von Werkstoffbenennungen nach Tabelle A8

Werkstoffbenennung	Erläuterung
S355JR	Baustahl (S = Structure steel) mit einer Mindeststreckgrenze von 355 N/mm2 (355), mit einer Kerbschlagarbeit von 27 Joule (J) bei einer Prüftemperatur von Raumtemperatur (R = Room temperature)
C45EQ+C+ZE	unlegierter Kohlenstoffstahl (Vergütungsstahl) mit 0,45% Kohlenstoff-Gehalt (C45), mit spezifiziertem maximalen Schwefelanteil (E), vergütet (Q = Quenched), + Erzeugnis kalt verformt (C = Cold rolled) + elektrolytisch verzinkt (ZE = Zinc coating elektrolytic)
9SMn28+C	legierter Stahl (Automatenstahl) mit 0,09% Kohlenstoff-Gehalt (9), mit Schwefel (S) und Mangan (Mn), mit einem Schwefelgehalt von 0,28% (28), + Erzeugnis kalt verformt (C = Cold rolled)

Werkstoffbenennung	Erläuterung
X5CrNi18-10	legierter Stahl mit 0,05% Kohlenstoff (5), mit Chrom (Cr) und Nikkel (Ni), mit einem Chromgehalt von 18% (18) und einem Nickelgehalt von 10% (10)
GP240H	Stahlguß (G) aus warmfestem Druckbehälterstahl (P = Pressure steel) mit einer Mindeststreckgrenze von 240 N/mm2 (240), für Einsatz bei höheren Temperaturen (H = High temperature)
GX5CrNiMo19-11	legierter Stahlguß (G) mit 0,05% Kohlenstoff (5), mit Chrom (Cr), Nickel (Ni) und Molybdän (Mo), mit einem Chromgehalt von 19% (19) und einem Nickelgehalt von 11% (11) sowie einem Zusatz an Molybdän, dessen Wert in der Norm festgelegt ist
EN-GJL-250	Europäisch genormtes (EN) Gußeisen (G = Guß, J = Eisen = Iron), mit Lamellengraphit (L = lamellar graphite), mit einer Mindestzugfestigkeit von 240 N/mm2
EN-GJS-400-15-LT	Europäisch genormtes Gußeisen mit Kugelgraphit (S = sphärodial graphite), mit einer Zugfestigkeit von 400 N/mm2, mit einer Bruchdehnung von 15% und mit einer festgelegten Kerbschlagarbeit, bei einer niedrigen Prüftemperatur (LT = low temperature)
EN-GJH-X300CrNiSi9-5-2	Europäisch genormtes Gußeisen ohne Graphitanteil (ledeburitisch) (H) mit einem Kohlenstoffgehalt von 3 % (300), mit Chrom (Cr), Nickel (Ni) und Silizium (Si), mit einem Chromgehalt von 9 % (9), einem Nickelgehalt von 5% (5) und einem Siliziumgehalt von 2% (2)

A 4.4 Genereller Vergleich der europäischen Systeme mit den bisherigen deutschen Systemen

Weder bei Stahl noch bei Stahlguß noch bei Eisenguß gibt es irgendein deutsches Bezeichnungssystem, das unverändert in die Europäischen Normen übernommen wurde.

Ähnlichkeiten, aber auch Unterschiede, sind vorhanden bei den Sorten, die nach der chemischen Zusammensetzung bezeichnet sind.

Die für die Symbole verwendeten Buchstaben können in der Regel nur nach der englischsprachigen Bedeutung entschlüsselt werden.

Eigenschaften, die sich auf ein *Erzeugnis* und nicht auf den *Werkstoff* beziehen, werden bei Stahl und Stahlguß grundsätzlich mit einem + (Pluszeichen) an die Werkstoffbezeichnung (Werkstoffnummer oder Kurzname) angehängt.

Anstelle einer Lücke ist bei den legierten Stählen zwischen die %-Angaben der Legierungselemente ein Bindestrich getreten.

Es wird grundsätzlich bei Stahl, Stahlguß und Gußeisen eine geblockte Schreibweise ohne Leerstellen vorgegeben, während bei Nichteisenmetallen andere Festlegungen mit Leerstellen bestehen.

Nähere Einzelheiten sind in den Teilen B bis D dieses Buches enthalten.

A 4.5 Bezeichnung metallischer Werkstoffe für Raum- und Luftfahrt

Für das Gebiet der Raum- und Luftfahrt bestehen in Europa und in Deutschland eigene Normungsorganisationen, deren Ergebnisse jedoch als Europäische Normen EN bzw. als Deutsche Normen DIN oder DIN EN veröffentlicht werden. Es sind die

- AECMA   Association Europeenne des Constructeurs de Material Aerospatial
                  (Europäische Konstrukteursvereinigung für Raum- und Luftfahrt)

- DIN NL   Normenstelle Luftfahrt des Deutschen Instituts für Normung

AECMA hat zur Bezeichnungsweise metallischer Werkstoffe zwei EN-Normen veröffentlicht:

EN 2032   Luft- und Raumfahrt; Metallische Werkstoffe
            -1 Bezeichnung
            -2 Kennbuchstaben für Wärmebehandlungszustände im Lieferzustand

Das Bezeichnungssystem nach diesen Normen folgt völlig anderen Regeln als für den allgemeinen Bereich und wird wegen der sehr spezifischen Anwendung in diesem Buch nicht im Detail behandelt.

Beispiele für Bezeichnungen nach EN 2032:

FE-PX3002;   FE-PM3804

A 5   Auswirkungen auf die Praxis

Die Unterstützung der mit der Vollendung des Europäischen Marktes und der weiter fortschreitenden Integration der Weltmärkte beabsichtigten Angleichung nationaler Normen auf den verschiedensten Gebieten ist unabdingbar, wenn man berücksichtigt, daß welt- und volkswirtschaftlich gesehen die mittel- und langfristige Bündelung von Ressourcen auf wenige gemeinsame Lösungen anstelle vieler nationaler Eigenheiten als zwingend anzusehen ist.

Die damit verbundenen Umstellungskosten sind demnach als eine „Investition in die Zukunft" zu betrachten und somit in der Regel durchaus vertretbar.

Allerdings treten in der Praxis ganz erhebliche Problemkomplexe auf, wenn es - wie im vorliegenden Fall der metallischen Werkstoffe - zu einer Massierung von gleichzeitigen Änderungen und Umstellungen kommt bzw. sich diese über einen längeren Zeitraum hinziehen.

In Deutschland wurde Mitte der 60er Jahre die letzte große Änderung eines Werkstoffbezeichnungssystems mit der Umstellung der Nichteisenmetallbezeichnungen auf das internationale System durchgeführt. Damals fielen die Begriffe wie Messing (Ms), Bronze (Bz), Rotguß (Rg) usw. fort. Aber auch noch nach fast 40 Jahren danach finden sich in vielen Katalogen, Prospekten, Fachbüchern usw. noch immer die ehemaligen Werkstoffbezeichnungen anstelle der jetzt geltenden Symbole.

Heute kommt hinzu, daß nicht nur die Werkstoffbezeichnungssysteme umgestellt werden, sondern sich auch die Normen für nahezu alle Erzeugnisse auf dem Gebiet der metallischen Produkte ändern.

Nachfolgend werden einige Aspekte der Auswirkungen betrachtet.

A 5.1 Auswirkungen auf Berufsausbildung, Studium und innerbetriebliche Information/Weiterbildung

Aufgrund des in Deutschland vorherrschenden Schulbildungs- und Berufsbildungssystems werden bereits *vor* dem eigentlichen Berufsleben wichtige Grundkenntnisse vermittelt (und in Prüfungen abgefragt), die dann unmittelbar im Berufsleben verwertet und angewendet werden können.

Zu diesen Grundkenntnissen gehören auch diejenigen über die Bezeichnungsweise von Werkstoffen.

Die Berufsausbildung erfolgt in der Regel in einem dualen System. Die fachlich-praktisch orientierte Ausbildung erfolgt in Betrieben und Werkstätten, während die fachlich-theoretische Ausbildung in berufsbegleitenden Schulen stattfindet. Der Abschluß der Berufsausbildung ist dann in der Regel mit einer Prüfung vor einem neutralen Gremium, z.B. den Prüfungskommissionen der Handwerks- oder Industrie- und Handelskammern verbunden.

Alle *drei* Institutionen, die an dieser Ausbildung beteiligt sind, müssen sich auf die massive Umstellung im Metallbereich einstellen.

Das bedeutet, daß

- ein wesentlicher Teil der Fachliteratur erneuert und aktualisiert werden muß, soweit inzwischen nicht bereits geschehen,
- die Ausbilder und Lehrer einer intensiven eigenen Schulung und methodischen Aktualisierung bedürfen,
- die Prüfungsfragen überarbeitet werden müssen.

Dies müßte eigentlich *gleichzeitig* geschehen; aber das wird leider ganz anders verlaufen, wie Erfahrungen mit anderen Umstellungsprozessen gezeigt haben.

Der *Auszubildende* ist der Leidtragende, weil er mit einer gewissen Wahrscheinlichkeit mehrere Systeme parallel erlernen muß, von unzureichend qualifizierten Fachkräften geschult wird und somit selbst unsicher wird.

Nicht besser sieht es an den Fachhochschulen und technischen Hochschulen aus, wo weder die Fachliteratur in den Büchereien „auf Stand" ist noch die Vorlesungstexte und -unterlagen. Auf breiter Front werden in diesem Thema Techniker und Ingenieure noch mit dem Wissen von gestern beaufschlagt und treffen dann beim Eintritt in das Berufsleben zunehmend auf Neues!

Man muß damit rechnen, daß in den bisher genannten Bereichen die Umstellung „auf dem Papier und in den Köpfen" sehr viele Jahre dauern wird. Verdichtet wird diese

Prognose auch noch dadurch, daß die Beschaffung des neuen Normenschrifttums extrem teuer ist und die Budgets dafür in den Betrieben kaum, in den Schulen praktisch überhaupt nicht vorhanden sind.

Schließlich setzt sich die Problematik aber auch fort bei den Mitarbeitern in den Unternehmen, die bereits jahrelang mit metallischen Werkstoffen und Erzeugnissen zu tun haben. Dabei spielt es keine Rolle, ob es sich um

- produzierende Unternehmen (Hersteller),
- Händler,
- verarbeitende Unternehmen (Umwandler),
- Überwachungs- und Prüforganisationen,
- Anwender handelt.

Entwickler, Konstrukteure, Normer, Einkäufer, Verkäufer, Vertreter, Fertigungsplaner, Werkstattpersonal, Lageristen, Qualitätsplaner/prüfer, Abnehmer und viele andere sind zu den betroffenen Personenkreisen zu zählen.

Alle müssen in geeigneter Weise informiert und geschult werden, wobei es auch wesentlich auf eine präzise *vergleichende* Darstellung alt-neu ankommt, deren Erarbeitung in der Praxis manchmal äußerst schwierig ist.

Auch hier ist also mit einem Gleichstand in der Umstellung zwischen miteinander in geschäftlichen Beziehungen stehenden Unternehmen nur nach einer langen Übergangsperiode zu rechnen.

Generell bedeutet dies ein *Qualitätsrisiko* und in manchen Fällen kann daraus sogar ein *Sicherheitsrisiko* entstehen.

A 5.2 Normungstechnische Auswirkungen

Die folgende Tabelle A10 listet eine Reihe von Aufgaben auf, die sich typischerweise im Zusammenhang mit der innerbetrieblichen Übernahme der neuen Europäischen Normen für metallische Werkstoffe und Erzeugnisse ergeben und zu lösen sind.

Der gesamte Prozeß muß *geplant, gesteuert und überwacht* werden, wozu in der jeweiligen Organisation die geeignete Stelle oder ein Projektteam zu bestimmen wäre.

Tabelle A10 Aufgaben normungstechnischer Art

Kauf der neuen DIN EN-Normen, da die bisherigen DIN-Normen ungültig werden *Normen gehören zu den teuren Druckschriften und es gibt meist nur ein schmales Budget dafür*
Inhaltsvergleich zwischen neuer(n) und ersetzter(n) Norm(en) *Häufig wird man feststellen, daß es keinen 1:1-Ersatz gibt, sondern mehrere Normen miteinander verglichen werden müssen; der Vergleich muß sich auf viele Aspekte beziehen, sodaß mehrere Fachleute/stellen im Unternehmen daran beteiligt werden müssen.*

Da sich der Aufbau früherer DIN-Normen von denjenigem der Europäischen Normen deutlich unterscheidet und außerdem Inhalte, die früher etwa in einer DIN-Norm zu finden waren, sich jetzt auf mehrere EN-Normen verteilen können, ist ein Vergleich oft äußerst aufwendig und schwierig
Vergleichslisten/tabellen hinsichtlich der Bezeichnung, Eigenschaften, Anwendungsfragen sind das Ergebnis solcher firmeninterner Vergleiche
In diesem Buch findet sich für Stahl, Stahlguß und Gußeisen im Teil G eine Reihe von Vergleichstabellen für Erzeugnisse aus bestimmten Werkstoffen. Teil J enthält 3 Beispiele von Vergleichstabellen EN zu DIN aus einem ergänzenden Buch zu Bezeichnungen und Normnummern für Werkstoffeigenschaften und Erzeugnisse sowie deren Herstellungs- und Lieferart.

Umstellung von Stammdaten in Dateien von DV-Systemen oder in handgeführten Karteien, einschließlich verknüpfter Daten von Roh- und Fertigteilen

---

Änderung von Werknormen, in denen auf genormte Werkstoffe oder genormte Erzeugnisse wie z.B. Profilstahl, Bezug genommen wird

---

Änderungen von Zeichnungen, soweit dort verbindliche Angaben zum Werkstoff enthalten sind

---

Änderungen von Spezifikationen der verschiedensten Art, z.B. Materialspezifikation, Prüfspezifikation/Prüfplan
Nicht alleine wegen der Bezeichnungsänderung, sondern auch wegen der Änderung der Normnummer, der Änderung von Eigenschaften, Kennzeichnungsregeln, Prüfverfahren usw.

Änderung von Teilelisten der verschiedensten Art
hierzu sind Stücklisten, Ersatzteillisten, Bedienungsanleitungen, Kataloge, Produktdokumentationen usw. zu zählen

---

Änderung von Arbeits/Fertigungsplänen

Änderung bzw. Ergänzung oder auch Doppelangabe von Identifizierungsdaten im Lager (Lagerfachbeschriftung)

A 5.3 Datentechnische Auswirkungen

„Stammdaten" sind Daten in Informationssystemen, die u.a. einen Gegenstand eindeutig beschreiben sollen.
Zu ihnen gehören in der Regel

- Benennung
- Norm-Nummer oder Zeichnungs-Nummer
- Angaben zu Merkmalen wie Form, Größe, Ausführung, Werkstoff.

Beispiele: *Gehäuse Z.-Nr. 514 107312 aus Stahlguß EN 10213 - GP240H*

          Blech EN 10025 - 5Bx1250x1500 aus Stahl EN 10029 - S355JRG2

Bei der **Herstellung** von Gegenständen entsteht das fertige Teil stets aus einem oder mehreren Vorstufen (Rohteilen, Halbzeugen, Vorerzeugnisse). Hier ist datentechnisch gesehen also die *Verknüpfung* der Stammdaten des Fertigteiles und des/der Rohteils/e von Bedeutung.

Beispiel: *Fertigteil: Ident-Nr. 48312455*

Welle Z.-Nr. 517 200688 aus Stahl EN 10083 - C45N

Rohteil: Ident-Nr. 01147841

Rund DIN 1013 - 50 aus Stahl EN 10083 - C45N

Anmerkung:
Die Norm-Nr. DIN 1013 wird später durch eine Europäische Norm-
Nr. ersetzt werden. Da natürlich viele Teile aus Rundstahl von 50 mm
Durchmesser vorkommen, hat diese Änderung Auswirkungen auf alle
Fertigteile mit dem Bezug auf die Ident-Nr. 01147841.

In vielen Datensystemen/Dateien und Programmen stehen für die verschiedenen Elemente der Stammdaten jeweils nur eine beschränkte Zahl von Feldern und für die Felder oft nur eine *beschränkte* Stellenzahl zur Verfügung.

Aufgrund der europäischen Regeln für die Bezeichnung von Gegenständen (siehe Teil A, Kapitel A 4.2 und A 4.3) sind die Stellenzahlen für die einzelnen Merkmale von Fachgebiet zu Fachgebiet unterschiedlich und können sehr lang sein.

Da auch die Angabe der Normnummer der jeweils zutreffenden Norm für die Werkstoffeigenschaften unabdingbar ist, muß in vielen Systemen ein vollständig neues Datenfeld für diese Normnummer (des Werkstoffes) definiert werden. Dies bringt besonders schwerwiegende Folgeprobleme mit sich, weil in allen Unterprogrammen, in Listenausdrucken, Einzelbelegen usw. dieses neue Datenfeld integriert werden muß, zusätzlich zu der etwa erforderlichen Verlängerung der Datenfelder aufgrund längerer Bezeichnungen.

Beispielhaft sei die Europäische Norm-Nummer für eine Erzeugnisform genannt, die tatsächlich 11 Stellen umfassen kann, z.B. EN 123456-12, da die Nummer des betreffenden Teiles der Norm in vielen Fällen im Bestellbeispiel angehängt werden muß und zwar zwecks Unterscheidung zu einem anderen Teil.

Die Auswirkungen auf die DV-Systeme sind deshalb so *brisant*, weil viele Programme miteinander verknüpft sind und man kaum in der Lage ist, mit einigermaßen wirtschaftlichem Aufwand die Kollisionsprüfungen im Hinblick auf die DV-internen Auswirkungen neuer oder verlängerter Datenfelder durchzuführen und dann auch die sich ergebenden Umprogrammierungen mit der Wechselwirkung in der Übergangsphase vorzunehmen. Je älter ein bestehendes Datensystem ist, umso kritischer ist dieser Prozeß, weil die Programmdokumentation nicht sauber vorliegt, hausinterne Modifikationen an den Standardprogrammen vorgenommen wurden, Updates eingeflossen sind, die ebenfalls nicht ausreichend dokumentiert sind und die ehemaligen Programmierer längst im Ruhestand sind.

A 5.4 Logistische Auswirkungen

Die logistischen Probleme ergeben sich im wesentlichen aus den Verständigungsproblemen zwischen verschiedenen Personen, Stellen oder Unternehmen.

Beispiel 1: *Es wird eine Bestellung ausgelöst mit einer <u>neuen</u> Werkstoffbezeichnung.*

Der Lieferschein hingegen enthält eine <u>alte</u> Werkstoffbezeichnung.

Die Folge:
Das Wareneingangspersonal und die Eingangsprüfer sind unsicher, ob die gelieferte Ware überhaupt der bestellten entspricht. Ist die Übereinstimmung dann aber festgestellt, kann im Lager das nächste Problem auftreten, wenn das Lagerpersonal bei Einlagerung oder Entnahme kein Lagerfach mit den Referenzbeschriftungen findet.

Beispiel 2: *Es liegt eine Bestellung mit der alten Norm-Numer vor, z.B. eines Bleches nach DIN 1543, aus Stahl nach alter Norm DIN 17100.*

Geliefert wird lt. Lieferschein jedoch nach neuer Norm EN 10025 für den Werkstoff.

Die Folgen sind ähnlich wie im Beispiel 1 zu erwarten.

Beispiel 3: *Es wird bestellt ein Gußstück aus GG-25 nach DIN 1691 mit Abnahmeprüfzeugnis DIN 50049 - 3.1B*
(d.h. nach alter Bezeichnung, alter Werkstoffnorm, alter Bescheinigungsnorm)

Die Gießerei liefert lt. Lieferschein und Abnahmeprüfzeugnis jedoch das Gußstück aus GJL-250 nach EN 1561 mit Abnahmeprüfzeugnis EN 10204 - 3.1.B

Die Folge:
Wie in den Beispielen 1 und 2; zusätzlich aber das Dokumentationsproblem, weil im Anforderungsdokument (Bestellung) und im Nachweisdokument (Zeugnis) nicht die gleichen Angaben enthalten sind. Dies ist umso ärgerlicher, wenn die Nachweisdokumente an Kunden auszuliefern sind und dieser in seiner Spezifikation womöglich sogar noch den „alten" Werkstoff spezifiziert hat.

A 5.5 Anwendungstechnische Auswirkungen

Die Auswirkungen, die sich aus technischen Änderungen oder Eigenschaftsänderungen bei den metallischen Werkstoffen und bei den daraus hergestellten Erzeugnisformen ergeben, sind z.T. äußerst problematisch. Da hier ein anderes spezielles Fachwissen vorausgesetzt werden muß, wird im Rahmen dieses Buches, die sich im Schwerpunkt mit den Bezeichnungssystemen befaßt, nicht näher darauf eingegangen.

Es soll jedoch auf folgende Aspekte möglicher Änderungen aufmerksam gemacht werden:

- andere Nennmaße als bisher,
- andere Toleranzen/Grenzmaße als bisher,
- weggefallene und/oder neue Profile/Formen,
- Änderungen in der chemischen Zusammensetzung,
- Änderung in den mechanisch-technologischen oder physikalischen Eigenschaften,
- Änderungen bei den Prüfverfahren und den Probenformen.

Daraus resultieren eine Reihe von Schwierigkeiten, die oftmals nur bei sehr genauem Vergleich erkannt werden können, soweit ein solcher überhaupt angestellt wird.

Beispielhaft seien erwähnt:

- *bei den allgemeinen Baustählen ist der Anwendungsbereich in der Europäischen Norm EN 10025 gegenüber der bisherigen Deutschen Norm DIN 17100 gekürzt worden:*
Schmiedestücke sind nicht mehr eingeschlossen,sondern (mit mehrjähriger Verzögerung) in DIN EN 10250-1 festgelegt.

- *der Mangangehalt einiger unlegierter Vergütungsstähle (bisher DIN 17200, nun EN 10083) ist leicht erhöht worden:*
Dies hat zwar kaum Auswirkungen auf die Festigkeit, aber auf die Bearbeitbarkeit mit der Folge, daß bei Beibehaltung von Bearbeitungsparametern in Bearbeitungszentren die Einhaltung von Toleranzen und Oberflächengüten nicht mehr sichergestellt ist und die vorausgeplanten Standzeiten der Bearbeitungsmittel nicht mehr eingehalten werden.

- *die chemische Zusammensetzung einiger nichtrostender Stähle ist (bei Beibehaltung der Werkstoff-Nr.) modifiziert worden:*
Die Folge ist, daß in Grenzbereichen das Korrosionsverhalten sich ändert, durchaus auch zur ungünstigeren Seite hin.

A 5.6 Dokumentationsauswirkungen

Im Bereich von Erzeugnissen, die besonderen gesetzlichen Bestimmungen, z.b. einer staatlich organisierten Überwachung, unterliegen, tritt ein spezifisches Problem auf.

Es gibt nach DIN EN 45020 *drei* Arten, wie Normen und andere normative Dokumente zitiert, d.h. verbindlich angegeben werden.

Darüberhinaus gibt es noch einen Unterschied in der „Strenge" einer Verweisung. Prinzipiell gilt dies nicht nur für Verweisungen in Vorschriften, sondern auch in allgemeinen Dokumenten z.B. des privatwirtschaftlichen Sektors.

Die Zusammenhänge sind in Tabelle A11 dargestellt.

Tabelle A11 Bezugnahme (Verweisung) auf Normen in Vorschriften
(Auszug aus DIN EN 45020:1998)

Lfd.Nr. in EN45020	Text
11.1	Bezugnahme (Verweisung) auf Normen (in Vorschriften) *Verweisung auf eine oder mehrere Normen anstatt der Wiedergabe detaillierter Festlegungen innerhalb einer* Anmerkung 1 *Eine Verweisung auf Normen ist entweder datiert (starr), siehe 11.2.1, undatiert (gleitend), siehe 11.2.2, oder allgemein (durch Generalklausel), siehe 11.2.3 und gleichzeitig entweder ausschließlich, siehe 11.3.1, oder hinweisend, siehe 11.3.2.* *11.2.3, 11.3.1 und 11.3.2 siehe DIN EN 45020* Anmerkung 2 *Eine Verweisung auf Normen kann auch mit einer allgemeinen gesetzlichen Festlegung verbunden sein, die auf den Stand der Technik oder anerkannte Regeln der technik Bezug nimmt. Eine solche Festlegung kann auch alleine stehen.*
11.2	Exaktheit der Bezugnahme
11.2.1	**datierte (starre) Verweisung (auf Normen)** *Bezugnahme auf Normen, die eine oder mehrere bestimmte Normen so angibt, daß spätere Überarbeitungen der Norm(en)* nicht *zu verwenden sind, es sei denn, die Vorschrift wurde geändert.* Anmerkung: *Die Norm wird normalerweise durch ihre Nummer und entweder durch ihr Datum oder ihre Ausgabe bezeichnet. Auch der titel darf angegeben werden.* Beispiele: EN 45020:1993 DIN EN 10034 März 1994
11.2.2	**undatierte (gleitende) Verweisung (auf Normen)** *Bezugnahme auf Normen, die eine oder mehrere Normen so angibt, daß spätere Überarbeitungen der Norm(en) anzuwenden sind, ohne daß die Vorschrift geändert werden müßte.* Anmerkung: *Die Norm wird üblicherweise lediglich durch ihre Nummer bezeichnet. Der Titel darf auch angegeben werden.* Beispiele: EN 10029 DIN 820-3

Werden Normen, auf die mittels datierter (starrer) Verweisung hingewiesen wird, z.B. in einer Spezifikation/Bestellung, in der dort zitierten Ausgabe ungültig, sei es, daß sie durch eine jüngere Ausgabe ersetzt werden oder aber gar durch andere Normen, so bleibt die ungültige bzw. ersetzte Ausgabe dennoch solange für den Vertragsfall gültig, bis der datierte Verweis geändert wurde. Das bedeutet natürlich auch, daß die alte (ungültige) Ausgabe zwingend zu beachten ist und angewendet werden muß.

Beispielhaft würde das bedeuten, daß im Hinblick auf Werkstoffnormen dann nicht nur die Eigenschaften nach der ehemaligen Norm sicherzustellen, d.h. einzuhalten wären, sondern auch zu deren Verifizierung die dafür früher geltenden, ebenfalls ersetzten, Prüfverfahren anzuwenden wären.

Dies wird in der Praxis wohl in zunehmendem Maße nicht mehr möglich sein, so daß individuelle Sonderfreigaben durch den Kunden oder eine Abnahmeorganisation erforderlich werden, um ein Erzeugnis noch ausliefern zu können.

An einem praktischen Beispiel (Auszug aus den Titelseiten von DIN EN 10025 und EN 10025) wird gezeigt, daß die unterschiedliche Datierung einer Europäischen Norm und deren Übernahme als Deutsche Norm bei dem Zitat des Ausgabedatums, z.B. in Nachweisdokumenten wie Zeugnissen, oder in Normenverwaltungssystemen nicht klar ist.

DEUTSCHE NORM	**März 1994**
Warmgewalzte Erzeugnisse **aus unlegierten Baustählen** Deutsche Fassung EN 10021:1993	— **DIN** **EN 10025**

Ersatz für Ausgabe 01.91

Die Europäische Norm EN 10025 : 1990 + A1 : 1993 hat den Status einer Deutschen Norm.

EUROPÄISCHE NORM	**EN 10025** März 1990
EUROPEAN STANDARD	**+ A1** August 1993
NORME EUROPÉENNE	

Deutsche Fassung

Warmgewalzte Erzeugnisse aus
unlegierten Baustählen
Technische Lieferbedingungen
(enthält Änderung A1 : 1993)

Betrachtet man das Normblatt, also das Dokument, so hat die Europäische Norm EN das Datum März 1990 + A1 August 1993, die darauf beruhende deutsche Ausgabe DIN EN das Datum März 1994. International wird das Ganze noch komplizierter, weil natürlich jedes, die Europäische Norm übernehmende, Land seine eigene Datierung vornimmt, siehe Tabelle A12.

Tabelle A12 Datierungvergleich zu EN 10025

Norm	Land	Datierung
EN 10025 (Original)	-	März 1990 + A1 August 1993
DIN EN 10025	Deutschland	März 1994
BS EN 10025	Großbritannien	November 1993
NF EN 10025	Frankreich	Dezember 1993
UNI EN 10025	Italien	Januar 1995
SS EN 10025 +A1	Schweden	Februar 1994

Im Gegensatz dazu werden die in der zitierten Norm festgelegten warmgewalzten Erzeugnisse, z.b. Bleche, *nicht* mit dem jeweiligen nationalen Normsymbol, z.b. DIN, BS, SS, bezeichnet, sondern in allen Ländern *nur* mit EN.

Das bedeutet, daß eine Bestellung oder ein Lieferschein, gleich aus welchem Besteller- oder Hersteller-/Lieferantenland kommend, Bezug nimmt auf EN 10025 und nicht auf DIN EN 10025, BS EN 10025 usw.

Normblatt:	**DIN EN 10025**
aber	
Gegenstand:	**EN 10025**

Wichtiger Hinweis:

Zu EN 10025 Warmgewalzte Erzeugnisse aus unlegierten Baustählen gibt es zum Zeitpunkt des Redaktionsschlusses dieses Buches eine neue Reihe von Normentwürfen Ausgabe 2000-12:

DIN EN 10025-1	Warmgewalzte Erzeugnisse aus Baustählen; Allgemeine Lieferbedingungen
DIN EN 10025-2	dito; Allgemeine Lieferbedingungen für unlegierte Baustähle
DIN EN 10025-3	dito; Technische Lieferbedingungen für normalgeglühte/ normalisierend gewalzte schweißgeeignete Feinkornbaustähle
DIN EN 10025-4	dito; Technische Lieferbedingungen für thermomechanisch gewalzte schweißgeeignete Feinkornbaustähle
DIN EN 10025-5	dito; Technische Lieferbedingungen für wetterfeste Baustähle
DIN EN 10025-6	dito; Technische Lieferbedingungen für Flacherzeugnisse aus Stählen mit höherer Streckgrenze im vergüteten Zustand

Teil 1 ist nicht selbständig nutzbar, gilt nur durch Zitat in Teil 2 und Teil 3
Teil 2 und Teil 3 schließen jeweils Teil 1 automatisch mit ein.

Vermutlich werden diese Entwürfe als Europäische Normen noch gegen Ende 2001 erscheinen. Deshalb wird auf den Inhalt nicht näher eingegangen.
Es werden sich jedoch durchaus beträchtliche Änderungen ergeben. Beispielsweise entfallen 6 Stahlsorten, die Kurznamen werden teilweise geändert, die Kennzeichen +G3 und +G4 entfallen, dafür wird bei normalgeglühten/normalisiwerend gewalzten Erzeugnissen +N an den Kurznamen angehängt. Es werden Klassen für die Eignung zum Feuerverzinken aufgenommen. Die Sorte S450J0 (nur für Langerzeugnisse) ist zusätzlich enthalten. Die chemische Zusammensetzung und auch die Zugfestigkeitswerte werden teilweise geändert. Zu den Höchstgrenzen für das Kohlenstoffäquivalent gelten neue Festlegungen.

TEIL B   BEZEICHNUNGSSYSTEME
FÜR STAHL UND STAHLGUSS

B 1   Allgemeines zur Metallgruppe Stahl und Stahlguß

B 1.1   Einleitung

Stahl und Stahlguß ist eine Metallgruppe, die auch im Zeitalter alternativer Werkstoffe eine dominierende Rolle spielt. Die Kenntnis über die Grundsätze des Bezeichnungssystems von *Stahlwerkstoffen* und der korrekten Anwendung und Interpretation von Buchstaben und Ziffern in Form von Symbolen ist daher von großer Bedeutung innerhalb eines Unternehmens zwischen den Fachabteilungen und nach außen zu Kunden und Lieferanten hin.

Darüberhinaus ist auch die Kenntnis der Systematik in der Bezeichnung von *Erzeugnissen*, die aus Stahl und Stahlguß hergestellt werden, von Bedeutung.

Die identifizierende Bezeichnung besteht also aus dem Erzeugnis selbst *und* seinem Werkstoff.

Angaben über die beteiligten Normungsgremien finden sich in Teil A Kapitel 3.

B 1.2 EURONORMEN (EU) als Vorstufe zu Europäischen Normen (EN)

Auf dem Gebiet der Stahlnormung bestand bis zur Gründung von ECISS ein anderes Normungsgremium.

Es handelt sich um den

> *Koordinierungsausschuß für die Nomenklatur der Eisen- und Stahlerzeugnisse der*
> *EGKS Europäische Gemeinschaft für Kohle und Stahl (Montanunion)*
> *Kommission der Europäischen Gemeinschaften*

Dieser veröffentlichte in den 70er Jahren für Stahl eine größere Zahl von EURONORMEN (Kurzform in Verzeichnissen auch EU) in englisch, deutsch und französisch.

In Deutschland hat man diese EURONORMEN (nicht zu verwechseln mit den neuen Europäischen Normen EN) nicht in das Deutsche Normenwerk übernommen, sondern blieb bei den bewährten DIN-Normen. Besonders hinsichtlich der Bezeichnungen von Stahl und Stahlguß ergaben sich somit prinzipielle Unterschiede.

Beispiel: Stahl mit der Werkstoff-Nummer 1.0116

Fe 360 D1	EURONORM 27
St 37-3 N	DIN 17100, DIN 17006
S235J2G3	EN 10027-1

Die EURONORMEN der Montanunion waren jedenfalls zu Beginn der Beratungen in ECISS, dem neuen Normungsgremium, die Grundlage und wurden dann aufgrund der nationalen Beiträge entsprechend überarbeitet.
Beispielsweise wurde EURONORM 27 Basis der Beratung für die neue Europäische Norm EN 10027-1.

Überhaupt kann festgestellt werden, daß alle EURONORMEN, die in Europäische Normen überführt wurden, unter Beibehaltung ihrer Nummer mit Hinzufügung von 10000, erkennbar sind.

Beispiele: EURONORM 20   = EN 10020
            EURONORM 27   = EN 10027
            EURONORM 79   = EN 10079
            EURONORM 133   = EN 10133.

Um den Umfang des Buches nicht unnötig auszuweiten, wird auf die Darstellung des Bezeichnungssystems nach EURONORM 27 verzichtet, weil dieses zumindestens in Deutschland nie eingeführt wurde. Allerdings sind z.Z. noch in einigen EN-Normen die Werkstoffbezeichnungen auf der Grundlage von EURONORM 27 enthalten. Einige Vergleichsbeispiele zeigt Tabelle B1.1.

Tabelle B1.1 Vergleich von Werkstoff-Kurznamen
              nach EURONORM 27 und EN 10027-1

EURONORM 27 (alt)	EN 10027-1 (gültig)
Fe310-0	S 185
Fe510D1	S355JR
Fe510D2	S355J2G4
Fe510DDKQ	S355K2G3
FeE350QZ100	S350GD+Z100
FeE265KR	P265B
Fe360TM	L360Ma
Fe490-2KZ	E295GC
Fe1770	Y1770C
FeE420HF	H420M
FeP032ZE	DC03+ZE
FeK4	DC04EK
T52	TH52
DR660	T660
FEV400-50HA	M400-50A
1C35	C35
2C35	C35E
3C35	C35R
28Mn6	28Mn6
13CrMo4-4	13CrMo4-4
X5CrNi18-10	X5CrNi18-10
HS2-9-1-8	HS2-9-1-8

B 2   Bezeichnungssysteme nach Europäischen Normen

In diesem Teil des Buches sind die nach den Europäischen Normen festgelegten Begriffsbestimmungen, die Einteilung der Stähle, ihre Kurznamen, gebildet aus Hauptsymbolen und Zusatzsymbolen, dargestellt und erläutert. Außerdem wird die Werkstoffnummer als eine zweite Möglichkeit der Bezeichnung von Stahl behandelt. Schließlich kommt noch die Bezeichnung von bestimmten Eigenschaften von Stahlerzeugnissen hinzu, deren Kurzformen als Zusatzsymbole an die Werkstoffbezeichnung angehängt werden.

B 2.1 Einteilung und Benennung von Roheisen (DIN EN 10001: 1991-03)

Ausgangspunkt für die Stahl- und Gußeisenerzeugung ist ein Material, welches als **Roheisen** bezeichnet wird.

Begriffsbestimmung:
Roheisen ist eine Eisen-Kohlenstoff-Legierung mit mehr als 2 %C, deren Gehalte an anderen Elementen gleich oder kleiner sind als folgende Grenzwerte (Mangan <30%, Silicium <8%, Phosphor <3%, Chrom <10 %, andere Legierungselemente insgesamt <10%). Es ist zur Weiterverarbeitung im flüssigen Zustand zu Stahl oder Gußeisen bestimmt. Roheisen wird entweder im schmelzflüssigen Zustand oder im festen Zustand als Roherzeugnis in Form von Masseln oder ähnlich geformten festen Stücken oder in Form von Granulat geliefert.

Die wesentlichen Einteilungen sind:

- unlegiertes Roheisen
- legiertes Roheisen
- Stahlroheisen, zur Erschmelzung von Stahl
- Gießereiroheisen, zur Erschmelzung von Gußeisen.

Die Roheisensorten haben in der Regel eine *Benennung* und einen *Kurznamen*.
Sie werden nach der chemischen Zusammensetzung unterschieden, wobei die verwendeten Buchstaben teilweise die chemischen Symbole sind, teilweise aber auch traditionelle englische Benennungen symbolisieren.

Beispiel 1:   Pig- P 20

Pig- = englischer Name für Roheisen
(Pig iron), plus Bindestrich
P =Phosphor
20 = 1,5 bis 2,5 % Phosphorgehalt,
der Zahlenwert entspricht dem 10faches des
tatsächlichen Gehaltes

Beispiel 2:   Pig- Nod Mn

Pig- = wie in Beispiel 1
Nod = Nodular (kugelig)
Mn = Zusatz von Mangan

Tabelle B2.1 enthält Benennungen. Kurznamen und englische Herkunft der Symbole für alle nach EN 10001 genormten Roheisensorten.

Tabelle B2.1 Einteilung und Benennung von Roheisen

Legierungs-zustand	Bereich	Spezifische Art des Roheisens	Kurzname	englische Erläute-rung
unlegiert	Stahlroheisen	phosphorarm	Pig-P2	
		phosphorreich	Pig-P20	
	Gießereiroheisen	phosphorarm, phosphormittel, phosphorreich, normales Hä-matit, Semi-Hämatit, Cleveland etc.	Pig-1 Si Pig-P3 Si Pig-P6 Si Pig-P12 Si Pig-P17 Si	
		Sphäro	Pig-Nod	Nod = nodular
		Sphäro-Mn	Pig-Nod Mn	
		kohlenstoffarm	Pig-LC	LC = low carbon
		sonstiges unlegiertes Roheisen	Pig-SPU	U = unalloyed
legiert		Spiegeleisen	Pig-Mn	
		sonstiges legiertes Roheisen	Pig-SPA	A = alloyed

2.2 Einteilung der Stähle (DIN EN 10020: 2000-07)

Stähle werden gemäß Tabelle B2.2 eingeteilt.

Tabelle B2.2 Einteilung von Stählen

Definition	Einteilung nach der chemischen Zusammensetzung (3)	Einteilung nach Hauptgüteklassen (4)
Stahl (2.1), siehe Tabelle B2.3	unlegierte Stähle (3.2.1)	unlegierte Qualitätsstähle (4.1.1) unlegierte Edelstähle (4.1.2)
	nichtrostende Stähle (3.2.2)	nichtrostende Stähle (4.2)
	andere legierte Stähle (3.2.3)	legierte Qualitätsstähle (4.3.1) legierte Edelstähle (4.3.2)
in Klammern angegebene Abschnittsnummern entsprechen EN 10020, der Inhalt daraus ist in Tabelle B2.4 sinngemäß zusammengestellt		

Tabelle B2.3 Begriffsbestimmung für Stahl

STAHL

Massenanteil Fe (Eisen) > als Anteil jedes anderen Elementes
Kohlenstoffgehalt C < 2% 1) 2)
zusätzliche andere Elemente
(z.T. als natürliche Eisenbegleiter wie C, S, P, Mn,
z.T. zur Erzielung bestimmter Eigenschaften absichtlich zugesetzt)

1) eine Anzahl von Chromstählen kann mehr als 2% Kohlenstoff enthal-ten
2) Eisenwerkstoffe mit 2% Kohlenstoff oder mehr werden als Gußeisen bezeichnet

Die Klassen-Einteilung nach der chemischen Zusammensetzung und in Hauptgüteklassen (siehe Tabelle B2.2) ist schwierig zu erklären und zu verstehen.

Wesentlich ist, daß nicht die tatsächlich in einem Erzeugnis vorhandene chemische Zusammensetzung für die Einteilung maßgebend ist, sondern die in der Norm oder Spezifikation vorgegebenen *Mindestwerte* der Elemente in der Schmelzenanalyse (Sollanalyse).

Dabei spielen Grenzwerte für die einzelnen Elemente, die in Stahl vorkommen können, unabhängig, ob sie als natürliche Eisenbegleiter gelten oder absichtlich der Schmelze zugefügt wurden, eine Rolle. Dies ergibt sich aus den Tabellen B2.4a und B2.4b.

Tabelle B2.4a
Grenze zwischen unlegierten und legierten Stählen (Schmelzenanalyse)

Tabelle B2.4b
Schweißgeeignete Feinkornbaustähle (Schmelzenanalyse)
Grenze der chemischen Zusammensetzung zwischen Qualitäts- und Edelstählen

Festgelegtes Element		Grenzwert Massenanteil in %	Festgelegtes Element		Grenzwert Massenanteil in %
Al	Aluminium	0,30	Cr	Chrom	0,50
B	Bor	0,0008	Cu	Kupfer	0,50
Bi	Bismuth	0,10	Mn	Mangan	1,80
Co	Kobalt	0,30	Mo	Molybdän	0,10
Cr	Chrom	0,30	Nb	Niob	0,08
Cu	Kupfer	0,40	Ni	Nickel	0,50
La	Lanthanide	0,10	Ti	Titan	0,12
Mn	Mangan	1,65 1)	V	Vanadium	0,12
Mo	Molybdän	0,08	Zr	Zirkon	0,12
Nb	Niob	0,06			
Ni	Nickel	0,30			
Pb	Blei	0,40			
Se	Selen	0,10			
Si	Silicium	0,60			
Te	Tellur	0,10			
Ti	Titan	0,05			
V	Vanadium	0,10			
W	Wolfram	0,30			
Zr	Zirkon	0,05			
sonstige mit Ausnahme von C, P, S, N		0,10			

Falls für die Elemente, außer Mangan, in der Erzeugnisnorm oder Spezifikation nur ein Höchstwert für die Schmelzenanalyse festgelegt ist, ist ein Wert von 70% dieses Höchstwertes für die Einteilung zu verwenden
1) falls für Mangan nur ein Höchstwert festgelegt ist, ist der Grenzwert 1,80% und die 70%-Regel gilt nicht.

Tabelle B2.5 Einteilung von Stahl in Klassen nach der chemischen Zusammensetzung und nach Hauptgüteklassen

Klassen nach der chemischen Zusammensetzung			Hauptgüteklassen		
unlegierte Stähle	Stahlsorten mit Gehalten unter den Grenzwerten nach Tabelle B2.4	**Qualitätsstähle** (unlegiert)			mit festgelegten Anforderungen, z.b. an die Zähigkeit, Korngröße und/oder Umformbarkeit
		Edelstähle (unlegiert)			Stähle mit höherem Reinheitsgrad bezüglich nichtmetallischer Einschlüsse als Qualitätsstähle, Meistens für Vergüten oder Oberflächenhärten vorgesehen und durch gleichmäßiges Ansprechen auf eine solche Behandlung gekennzeichnet, Genaue Einstellung der chemischen Zusammensetzung und besondere Sorgfalt im Herstellungs- und Überwachungsprozeß stellen verbesserte Eigenschaften zwecks Erfüllung höherer Anforderungen sicher. Diese schließen hohe und eng eingeschränkte Streckgrenzen- und Härtbarkeitswerte, manchmal verbunden mit Eignung zum Kaltumformen, Schweißen, Zähigkeit ein
nichtrostende Stähle	Stahlsorten mit einem Massenanteil von max. 1,2% C und mind. 10,5% Cr, mit und ohne andere Elemente	**nichtrostende Stähle** (legiert)	Nickelgehalt		Nickelgehalt < 2,5 %
					Nickelgehalt 2,5 % und mehr
			Haupteigenschaft		korrosionsbeständig
					hitzebeständig
					warmfest
andere legierte Stähle	Stahlsorten, bei denen wenigstens ein Element einen Gehalt nach Tabelle B2.4a erreicht oder überschreitet	**Qualitätsstähle** (legiert)			mit Anforderungen bezüglich Zähigkeit, Korngröße und/oder Umformbarkeit, nicht zum Vergüten oder Oberflächenhärten, schweißbare Feinkornbaustähle, legierte Stähle für Schienen, Spundbohlen, Grubenausbau, für warm- oder kaltgewalzte Flacherzeugnisse für schwie rige Kaltumformungen, legierte Stähle, in denen Kupfer das einzige festgelegte Legierungselement ist, legiertes Elektroblech und -band
		andere Edelstähle (legiert)			mit verbesserten Eigenschaften durch genaue Einstellung der chemischen Zusammensetzung sowie durch besondere Herstell- und Prüfbedingungen

B 2.3 Bezeichnung der Stähle mit Kurznamen
Hauptsymbole und Zusatzsymbole (EN 10027-1:Entwurf 2000-08)

Anmerkung: die weiteren Angaben beziehen sich auf den (im Oktober 2000 noch nicht als DIN EN veröffentlichten) Entwurf von EN 10027-1).

B 2.3.1   Einleitung

Die Schaffung einheitlicher europäischer Normen zur Bezeichnung von Stahl und Stahlguß bedeutet für viele Länder Europas, darunter auch Deutschland, daß die bisher bekannten Bezeichnungen bei vielen Stahlgruppen durch völlig andere Systeme ersetzt werden oder aber Modifikationen stattgefunden haben, die z.T. nur schwer erkennbar sind.

Beispiele:

	alt:		neu:	
	alt:	RSt 37-2	neu:	S355JRG2
	alt:	St 70-2	neu:	E360
	alt:	Ck 45 K+V	neu:	C45EQ+C
	alt:	TStE 355	neu:	S355NL1
	alt:	GS-C 25	neu:	GP240H
	alt:	15 Mo 3	neu:	16Mo3
	alt:	G-X 6 CrNiMo 18 10	neu:	GX5CrNiMo19-11

Praktisch alle Buchstaben, die in den neuen Kurznamen Verwendung finden, stammen aus den englischen Benennungen.

Die Stellenzahlen haben sich bei den Kurznamen teilweise deutlich vergrößert.

Es gilt (für Stahl und Stahlguß) grundsätzlich eine geblockte Schreibweise ohne jegliche Leerstelle.

Eigenschaften von Erzeugnissen aus Stahl und Stahlguß werden dem Kurznamen des Werkstoffes stets mit einem Pluszeichen (+) angehängt wie im Beispiel C45EQ+C, wo sich C45EQ auf den Werkstoff und +C auf kaltverformtes Erzeugnis bezieht (cold rolled).

Bei den legierten Stählen, die nach der chemischen Zusammensetzung bezeichnet werden, ist die Leerstelle zwischen den Zahlenwerten für die Gehalte durch einen Bindestrich (-) ersetzt worden, dafür wird der Buchstabe G (für Guß) am Anfang nicht mehr mit einem Bindestrich abgetrennt. Die Zahlenwerte haben sich z.T. geändert.

Die bisherige in Deutschland übliche Trennung in unlegierte, niedriglegierte und hochlegierte Stähle ist nicht mehr vorhanden. Die neue Einteilung ergibt sich nach EN 10020, siehe Tabelle B2.5 im vorhergehenden Abschnitt.

Bei den nach der chemischen Zusammensetzung bezeichneten Stahlsorten finden sich andere Definitionen und Abgrenzungen der Stahlgruppen als bisher. Die bekannte „5%-Grenze" als Trennung zwischen niedrig- und hochlegierten Stählen (13 Cr 4 4 und X 10 Cr 13) ist anders definiert, siehe Abschnitt 2.3.2.

Der Aufbau des europäischen Bezeichnungssystems ergibt sich prinzipiell nach Tabelle B2.6.

Danach kann ein Werkstoff mit einem *Kurznamen* oder mit einer *Nummer* bezeichnet werden.

Tabelle B 2.6 Aufbau des Bezeichnungssystems für Stähle einschl. Stahlguß

Bezeichnungssystem für Stahl		
Werkstoffnummer EN 10027-2		
Stahl-Kurzname EN 10027-1		
Hauptsymbole EN 10027-1	Zusatzsymbole EN 10027-1 1)	
siehe Tabellen B2.7 und B2.8 dieses Buches	für den Werkstoff	**+** für das Erzeugnis
	siehe Tabelle B2.9 dieses Buches	siehe Tabellen B2.10 bis B 2.12 dieses Buches
1) bisher waren die Zusatzsymbole in CEN CR 10260 = DINV 17006-100 enthalten		

B 2.3.2   Bezeichnungssystem für Stähle und Stahlguß
Kurznamen, Hauptsymbole

Die Kurznamen der Stähle werden in zwei Hauptgruppen, die Hauptgruppe 2 in vier Untergruppen eingeteilt, siehe Tabelle B2.7. Diese Tabelle enthält die Gesamtsystematik für die **Hauptsymbole** der Stähle gemäß dem Schema in Tabelle B2.6.

Tabelle B2.7 Einteilung der Kurznamen für Stähle

Haupt-gruppe	Untergruppe und Charakteristik des Stahles	Haupt-symbol	Haupt-merkmale	Beispiele
1 nach Verwendung, nach mecha-nischen Ei-genschaften, nach physi-kalischen Ei-genschaften	Stähle für den Stahlbau	S	Zahl für Mindeststreckgrenze N/mm² (für die kleinste Erzeugnisdicke)	S185 S355JR
	Stähle für den Druckbehälterbau	P		P265GH
	Stähle für den Rohrleitungsbau	L		L360QB
	Maschinenbaustähle	E		E295 GE240
	Betonstähle	B	Zahl für die Streckgrenze N/mm²	B500A
	Spannstähle	Y	Zahl für Mindestzug-festigkeit N/mm²	Y1770S7

Haupt-gruppe	Untergruppe und Charakteristik des Stahles	Haupt-symbol	Haupt-merkmale	Beispiele
Fortsetzung von voriger Seite	Stähle für oder in Form von Schienen	R	Zahl für Brinellmindest-härte HBw	R350GHT
	Kaltgewalzte Flacherzeugnisse in höherfesten Ziehgüten	H	Zahl für Mindeststreck-grenze N/mm², oder T (Tensile) und Zahl für Mindestzugfestigkeit N/mm²	H400A HT700
	Flacherzeugnisse aus weichen Stählen zum Kaltumformen	D	(1) Kennbuchstabe C für kaltgewalzte Flacherzeugnisse D zur unmittelbaren Kaltumformung be-stimmte warmge-walzte Flacherzeug-nisse X für Flacherzeugnisse, deren Walzart (kalt oder warm) nicht vorgegeben ist (2) zwei Kennbuchstaben oder -zahlen	DC04 DX51D+Z DC03+ZE
	Verzinnte Flacherzeugnisse (Stahlerzeugnisse für Verpak-kung)	T	(1) für einfach reduzierte Erzeugnisse: Kennbuchstabe H für doppelt reduzierte Erzeugnisse: Kennbuchstabe S (2) Zahl der Mindest-streckgrenze N/mm²	TH550 TS550
	Elektrostähle	M	(1) Zahl des Hundertfa-chen höchstzulässigen Magnetisierungsverlustes bei einer Frequenz von 50 Hz und einer magneti-schen Induktion von - 1,5 Tesla für nicht schlußgeglühtes, nicht-kornorientiertes sowie für kornorientiertes Blech und Band mit nor malen Ummagnetisi-rungsverlusten, - 1,7 Tesla für kornorien-tiertes Elektroblech und -band mit eingeschränk ten oder niedrigen Um-magnetisierungsverlu-sten, (2) Zahl des Hundertfa-chen der Nenndicke mm (3) Kennbuchstaben für die Art des Erzeugnisses, bei 1,5 Tesla: A nichtkornorientiert D unlegiert, nicht schlußgeglüht E legiert, nicht schluß-geglüht N kornorientiert mit nor-malen Ummagnetisie-rungsverlusten	M400-50A M350-50E M660-50D

Haupt-gruppe	Untergruppe und Charakteristik des Stahles	Haupt-symbol	Haupt-merkmale	Beispiele
Fortsetzung von voriger Seite			bei 1,7 Tesla: S kornorientiert mit eingeschränkten Ummagnetisierungsverlusten P kornorientiert mit niedrigen Ummagnetisierungsverlusten *Anmerkung: die unter (1) und (2) aufgeführten Kennzahlen sind durch einen Bindestrich (-) zu trennen*	
2 nach der chemischen Zusammensetzung	2.1 unlegierte Stähle mit einem mittl. Mangangehalt < 1 % (ausgenommen Automatenstähle)	C 1)	Zahl für das Hundertfache des Kohlenstoffgehaltes (Mittelwert des C-Bereiches)	C35 C20D2 C2D1
	2.2 unlegierte Stähle mit einem mittl. Mangangehalt > 1%, unlegierte Automatenstähle, legierte Stähle (außer Schnellarbeitsstählen) mit Gehalten jedes *einzelnen* Legierungselements < 5 Gewichts-%	*ohne Symbol* 1)	(1) Zahl für das Hundertfache des Kohlenstoffgehaltes (Mittelwert des C-Bereiches) (2) chemische Symbole der Elemente, geordnet nach abnehmenden Gehalten, bei gleichen Gehalten in alphabetischer Reihenfolge (3) Kennzahlen mit Hinweis auf die Gehalte der Elemente, durch Bindestriche getrennt. Die Kennzahl ist der mit den Faktoren aus nachfolgender Liste multiplizierte und auf die nächste ganze Zahl gerundete mittl. Gehalt des Elementes. Faktor für Element 4 Cr, Co, Mn, Ni, Si, W 10 Al, Be, Cu, Mo, Nb, Pb, Ta, Ti, V, Zr 100 Ce, N, P, S 1000 B	28Mn6 11SMnPb30 13CrMo4-5 27MnCrB5-2
	2.3 legierte Stähle (außer Schnellarbeitsstählen), wenn mindestens für *ein* Legierungselement der Gehalt 5 oder mehr Gewichts-% beträgt	X 1), 2)	(1) Zahl für das Hundertfache des Kohlenstoffgehaltes (Mittelwert des C-Bereiches) (2) chemische Symbole der Elemente, geordnet nach abnehmenden Gehalten, bei gleichen Gehalten in alphabetischer Reihenfolge (3) Kennzahlen für die mittleren Gehalte der Elemente, auf die nächste ganze Zahl gerundet	X5CrNi18-10

Haupt-gruppe	Untergruppe und Charakteristik des Stahles	Haupt-symbol	Haupt-merkmale	Beispiele
Fortsetzung von voriger Seite	2.4 Schnellarbeitsstähle	HS	Zahlen für die mittleren Gehalte folgender Elemente, auf die nächste ganze Zahl gerundet: Wolfram (W), Molybdän (Mo), Vanadin (V), Kobalt (Co) die Zahlen sind durch Bindestriche getrennt, *die Symbole der Elemente werden nicht angegeben*	HS2-9-1-8 HS6-5-2C

1) Wenn der Kurzname für **Gußstücke** gelten soll, ist dem Kurznamen der Kennbuchstabe **G** vorangestellt, z.B. G20Mo5, GX6CrNi18-10

2) Wenn der Kurzname für Pulvermetalle (Sintermetalle) gelten soll, sind dem Kurznamen die Kennbuchstaben PM vorangestellt.

B 2.3.3   Zusatzsymbole für Kurznamen

Während die Hauptsymbole bereits seit 1992 in einer Europäischen Norm (EN 10027-1) festgelegt sind, befanden sich die Zusatzsymbole noch in einem Stadium der Entwicklung. Dafür gab es bis 1996 ein Dokument IC 10 (Information Circular), das 1997 durch einen CEN Bericht CR 10260 abgelöst wurde (CR = CEN Report). Darin waren alle seinerzeit zur Bildung von Stahlkurznamen festgelegten Zusatzsymbole und zusätzlich auch die Hauptsymbole aus EN 10027-1 aufgelistet. In Deutschland war diese Unterlage als DINV 17006-100 veröffentlicht worden. Mit der Neufassung von DIN EN 10027-1 werden Haupt- und Zusatzsymbole in *einer* Norm vereint.

Für jede Stahlgruppe (siehe Tabelle B2.7) gibt es jeweils eine eigene Tabelle, in der alle für die betreffende Stahlgruppe geltenden Symbole und Bezeichnungsmerkmale nach folgendem Schema aufgeführt sind:

Hauptsymbol		Zusatzsymbol für den Werkstoff		+	Zusatzsymbol für das Erzeugnis		
Symbol	Eigenschaft	Symbole Gruppe 1	Symbole Gruppe 2		besondere Anforderungen	Art des Überzuges	Behandlungszustand
Tabelle B2.8		Tabelle B2.9			Tabelle B2.10	Tabelle B2.11	Tabelle B2.12

Bei den Zusatzsymbolen bedeutet die Unterteilung in Symbole Gruppe 1 und Symbole Gruppe 2, daß Symbole der Gruppe 2 nur in Verbindung mit Symbolen der Gruppe 1 (also zusätzlich) angewendet werden dürfen und somit den Symbolen der Gruppe 1 angehängt werden.

Um die als Buchstaben festgelegten Symbole besser zu verstehen, ist in den nachfolgenden Tabellen die deutsche *und* die englische Bedeutung aufgeführt, weil letztere meist die Basis für die Auswahl des Symbolbuchstabens sind.

Tabelle B2.8 Hauptsymbole (alphabetisch aufgelistet)

Symbol	deutsch	englisch
B	Betonstahl	Steels for reinforcing concrete
C	unlegierte Stähle mit einem mittl. Mangangehalt < 1% (ausgenommen Automatenstähle)	Carbon steels
D	Flacherzeugnisse aus weichen Stählen zum Kaltumformen	Flat products for cold forming
E	Maschinenbaustähle	Engineering steels
H	kaltgewalzte Flacherzeugnisse in höherfesten Ziehgüten	Cold rolled flat products of High strength steels for cold forming
L	Stähle für den Rohrleitungsbau	Steels for Line pipe
M	Elektrostähle	electrical steels (M = Magnetic Induction)
P	Stähle für den Druckbehälterbau	Steels for Pressure purposes
R	Stähle für oder in Form von Schienen	Steels for or in the form of Rails
S	Stähle für den Stahlbau	Structural steels
T	Feinst- und Weißblech und -band sowie spezial verchromtes Blech und Band	Tinmill products (packaging)
X	legierte Stähle (außer Schnellarbeitsstählen), wenn mindestens für *ein* Legierungselement der Gehalt 5 oder mehr Gewichts-% beträgt	.
Y	Spannstähle	Steels for prestressing concrete (Y = Yield strength)
ohne	unlegierte Stähle mit einem mittl. Mangangehalt > 1%, unlegierte Automatenstähle, legierte Stähle (außer Schnellarbeitsstählen) mit Gehalten *jedes einzelnen* Legierungselements < 5%.	

Tabelle B2.9 Zusatzsymbole für den Werkstoff, Gruppe 1 und Gruppe 2 (alphabetisch aufgelistet)
siehe auch Tafeln B1 bis B15

Symbol	mit Ziffern	Bedeutung deutsch	englisch 1)	Zusatzsymbol für Stahlgruppe mit Hauptsymbol in Gruppe 1	in Gruppe 2
A		ausscheidungshärtend		S 5)	
A		nicht kornorientiert		M	
B	6)	„bake hardened"	Bake hardened	H	
B		Gasflaschen	Gas Bottles	P	
C	6)	kaltgezogener Draht	Cold drawn wire	Y	
C	6)	besondere Kaltumformbarkeit, Kaltstauchen, Kaltfließpressen	Cold forming, e.g. special cold head in cold exstrucion	C	S
C		Eignung zum Kaltziehen	suitability for Cold drawing		E
Cr	6)	chromlegiert		R	
D		unlegiert, nicht schlußgeglüht		M	
D	6)	zum Drahtziehen	for wire Drawing	C	
D		für Schmelztauchüberzüge	for hot Dip coating	D	H S
E	3)	vorgeschriebener max. Schwefelgehalt		C	
E	6)	für Emaillierung	Enamelling		S
E		legiert, nicht schlußgeglüht		M	
ED		für Schmelztauchüberzüge	for hot Dip coating	D	
EK		für konventionelle Emaillierung	for conventionell Enamelling	D	
F	6)	Schmiedestücke	Forgings		S
G	6)	andere Merkmale	Grade	S P L E R H D C Y	
H	6)	für Hohlprofile	for Hollow sections	D	S
H	6)	Hochtemperatur	High temperature		P
H	6)	warmgeformte oder behandelte Stähle	Hot formed or processed bars	Y	
HT		wärmebehandelt	Heat Treated		R
J	4)	Kerbschlagarbeit 27J		S	
K	4)	Kerbschlagarbeit 40J		S	
L	4)	Kerbschlagarbeit 60J		S	
L	6)	Tieftemperatur	Low temperature		P S
LHT		niedrig legiert wärmebehandelt	Low alloy Heat Treated		R
M	5)	thermomechanisch gewalzt	thermoMechanically rolled	S P L 5)	S
M		thermomechanisch gewalzt, kalt nachgewalzt	thermoMechanically rolled and cold rolled	H	
Mn		hoher Mangangehalt		R	
N		normalgeglüht oder normalisierend gewalzt	Normalised or Normalised rolled	S P L 5)	S 6)

Fortsetzung der Tabelle von voriger Seite

Symbol	mit Ziffern	Bedeutung deutsch	englisch 1)	Zusatzsymbol für Stahlgruppe mit Hauptsymbol in Gruppe 1	in Gruppe 2
P	6)	phosphorlegiert	with Phosphorus	H	
P		kororientiert, mit eingeschränkten Ummagnetisierungsverlusten		M	
P		für Spundwandstahl	sheet Piling		S 6)
Q	5)	für Vergütung	for Quenching and tempering	S 5)	S
Q		vergütet	Quenched and tempered	P L 5)	S 2) R
Q	6)	vergüteter Draht	Quenched antd tempered wire	Y	
R	6)	Raumtemperatur	Room temperature		P
R	7)	vorgeschriebene Bereiche des Schwefelgehaltes	with specified sulphur content Range	C	
S		einfache Druckbehälter	Simple pressure vessels	P	
S	6)	Litze	Strand	Y	
S	6)	für Schiffbau	Ship building		S
S	6)	für Federn	for Springs	C	
S		kornorientiert, mit niedrigen Ummagnetisierungsverlusten		M	
T	6)	für Rohr	for Tubes	P D	S
U	6)	für Werkzeuge	for tools	C	
W	6)	für Schweißdraht	for Welding rod	C	
W	6)	wetterfest	Weather resistant		S
X	6)	Hoch- und Tieftemperatur			P
X		Dualphase	dual phase	H	
Y		IF-Stahl	interstitial free steel	H	
a	6) 10)	Buchstabe für Duktilitätsklasse		B	
a	6) 10)	Buchstabe für Anforderungsklasse			L
an	8) 10)	Chemische Symbole für zusätzliche Elemente		D R	C
-nn	9)	100xNenndicke in mm		M	
nnn		Nennstreckgrenze in N/mm² für doppelt reduzierte Erzeugnisse		T	
nnnn		höchstzulässiger Ummagnetisierungsverlust in W/kgx100		M	

Fußnoten:
1) der englische Text ist nur dort aufgeführt, wo das Symbol darauf beruht
3) mit 1 Ziffer für max. S-Gehaltx100, auf 0,01% gerundet
4) mit Buchstabe oder Ziffer für die Prüftemperatur
   R = 20°C (Raumtemperatur)
   0 = 0°C
   2 = -20°C
   3 = -30°C
   4 = -40°C
   5 = -50°C
   6 = -60°C
5) nur für Feinkornbaustähle
6) wenn erforderlich, mit 1 oder 2 Ziffern
7) mit 1 Ziffer für mittleren S-Gehaltx100, auf 0,01% gerundet
8) einstellige Ziffer = 10x mittl. Gehalt des Elementes
9) nur nach nnnn
10) a = Buchstabe, in der betreffenden Werkstoffnorm festgelegt

Tabelle B2.10 Zusatzsymbole für das Erzeugnis
besondere Anforderungen (Beispiele)

Symbol	Bedeutung		
	deutsch		englisch
+CH	besondere Härtbarkeit (Kern)		Hardenability Core
+H	Härtbarkeit		Hardenability
+Z15	Mindest-	15 %	
+Z25	Brucheinschnürung	25 %	
+Z35	senkrecht zur Oberfläche	35 %	

Anmerkung: Diese Symbole werden durch Pluszeichen (+) von den vorhergehenden getrennt. Eigentlich stellen sie für den <u>Stahl</u> geltende Sonderforderungen dar. Aus praktischer Erwägung werden sie jedoch wie Zusatzsymbole für Stahlerzeugnisse behandelt.

Tabelle B2.11 Zusatzsymbole für das Erzeugnis
Art des Überzuges
(alphabetisch aufgelistet)

Symbol	Bedeutung	
	deutsch	englisch
+A	feueraluminiert	hot dip Aluminium coating
+AR	aluminium-walzplattiert	Aluminium clad
+AS	mit einer AlSi-Legierung überzogen	AlSi alloy coating
+AZ	mit einer AlZn-Legierung überzogen	AlZn alloy (>50% Al) coating
+CE	elektrolytisch spezialverchromt	Electrolytic Cr-Cr-oxide coating (ECCS)
+CU	mit Kupferüberzug	Copper coating
+IC	mit anorganischer Beschichtung	Inorganic Coating
+OC	mit organischer Beschichtung	Organic Coating
+S	feuerverzinnt	hot dip tin coating
+SE	elektrolytisch verzinnt	Electrolitic tin coating
+T	schmelztauchveredelt mit einer PbSn-Legierung	hot dip lead tin alloy (Terne) coating
+TE	elektrolytischer PbSn-Legierung - Überzug	Electrolitic lead tin alloy (Terne) coating
+Z	Zinküberzug (galvanisiert)	hot dip Zn (galvanised) coating
+ZA	feuerverzinkt mit ZnAl-Legierung	hot dip ZnAl (>50 % Al) coating
+ZE	elektrolytischer Zinküberzug	Electrolitic Zn coating
+ZF	diffusionsgeglühter Zinküberzug (mit diffundiertem Fe)	hot dip ZnFe alloy coating (galvannealed)
+ZN	elektrolytischer ZnNi-Überzug	electrolytic ZnNi alloy coating

Anmerkung: Die Symbole werden durch Pluszeichen (+) von den vorhergehenden getrennt. Um Verwechselungen mit anderen Symbolen zu vermeiden, kann der Buchstabe S vorangestellt werden, z.B. +SA statt +A

Tabelle B2.12 Zusatzsymbole für das Erzeugnis Behandlungszustand (alphabetisch aufgelistet)

Symbol	Bedeutung	
	deutsch	englisch
+A	weichgeglüht	soft Annealed
+AC	geglüht zur Erzielung kugeliger Carbide	Annealed to achieve spheroiodised Carbides
+AR	wie gewalzt (ohne besondere Bedingungen an Walzen und Wärmebehandeln)	As Rolled, without any special rolling and/or heat treatment conditions)
+AT	lösungsgeglüht	solution Annealed
+C	kaltverfestigt	Cold work hardened
+Cnnn	kaltverfestigt auf eine Mindestzugfestigkeit von nnn N/mm²	Cold work hardened with a minimum tensile strength
+CPnnn	0,2%-Streckgrenze in kaltverfestigtem Zustand	0,2 %-Proof strength in Coldwork hardened condition
+CR	kaltgewalzt	Cold Rolled
+DC	Lieferzustand dem Hersteller überlassen	Delivery Conditions at manufacturer discretion
+FP	behandelt auf Ferrit-Perlit-Gefüge und Härtespanne	treated to Ferritic-Pearlite structure and hardness range
+HC	warm-kalt-geformt	Hot rolled followed by Cold hardening
+I	isothermisch behandelt	Isothermically treated
+LC	leicht kalt nachgezogen bzw. leicht nachgewalzt	skin passed (temper rolled or cold drawn)
+M	thermomechanisch umgeformt	thermoMechanically formed
+N	normalgeglüht oder normalisierend umgeformt	Normalised or normalised formed
+NT	normalgeglüht und angelassen	Normalised and Tempered
+P	ausscheidungsgehärtet	Precipitation hardened
+Q	abgeschreckt	Quenched
+QA	luftgehärtet	Air Quenched
+QO	ölgehärtet	Oil Quenched
+QT	vergütet	Quenched and Tempered
+QW	wassergehärtet	Water Quenched
+RA	rekristallisationsgeglüht	Recrystallisation Annealed
+S	behandelt auf Kaltscherbarkeit	treated for cold Shearing
+SR	spannungsarm geglüht	Stress Relieved
+T	angelassen	Tempered
+TH	behandelt auf Härtespanne	Treatment to Hardness range
+U	unbehandelt	Untreated
+WW	warmverfestigt	Warm Worked
Anmerkung: Die Symbole werden durch Pluszeichen (+) von den vorhergehenden getrennt. Um Verwechselungen mit anderen Symbolen zu vermeiden, kann der Buchstabe T vorangestellt werden, z.B. +TA statt +A		

Für nichtrostende Stähle werden wegen der häufigen Anwendung ohne jegliche Schutzüberzüge oder sonstige Überzüge eine größere Zahl von Behandlungen und Oberflächenbeschaffenheiten und demzufolge auch Kurzzeichen/Symbole dafür benötigt. Diese sind in EN 10088-2 und EN 10088-3 festgelegt. Weil sie jedoch Teil der vollständigen Bezeichnung eines Stahlerzeugnisses werden, sind sie in diesem Abschnitt des Buches mit aufgenommen worden. Hinweis: Die Tabelle B3.10 in Abschnitt B 3 enthält die vergleichbaren Angaben nach den bisherigen deutschen Normen, z.B. DIN 17440, 17441, 17455 bis 17458.

Tabelle B2.13 Symbole für Ausführungsarten von Erzeugnissen aus nichtrostenden Stählen
Ausführungsart für Flacherzeugnisse (Blech und Band)
(nach DIN EN 10028-7: 2000-06 und DIN EN 10088-2:1995-08)

Beispiel: **X4CrNi18-10+1D**

Auf die in EN 10028-7 und EN 10088-2 angegebenen Bemerkungen hinsichtlich der Eignung der Ausführungsarten wird hier verzichtet.

Walzart	Kurz-zeichen	Art der Behandlung	Oberflächenbeschaffenheit
warm-gewalzt	-1U	warmgewalzt, nicht wärmebehandelt, nicht entzundert	mit Walzzunder bedeckt
	+1C	warmgewalzt, wärmebehandelt, nicht entzundert	mit Walzzunder bedeckt
	+1E	warmgewalzt, wärmebehandelt, mechanisch entzundert	zunderfrei
	+1D	warmgewalzt, wärmebehandelt, gebeizt	zunderfrei
kalt-gewalzt	+2H	kaltverfestigt	blank
	+2C	kaltgewalzt, wärmebehandelt, nicht entzundert	glatt, mit Zunder von der Wärmebehandlung
	+2E	kaltgewalzt, wärmebehandelt, mechanisch entzundert	rauh und stumpf
	+2B	kaltgewalzt, wärmebehandelt, gebeizt, kalt nachgewalzt	glatter als +2D
	+2D	kaltgewalzt, wärmebehandelt, gebeizt	glatt
	+2R	kaltgewalzt, blankgeglüht	glatt, blank, reflektierend
	+2Q	kaltgewalzt, gehärtet und angelassen	zunderfrei
	+2A	kaltgewalzt, blankgeglüht, kalt nachgewalzt	glatt und blank
Sonder-ausführung	+1G +2G	geschliffen 1)	Art und Grad des Schliffes sind zu vereinbaren
	+1J +2J	gebürstet oder mattpoliert1)	glatter als geschliffen
	+1K +2K	seidenmatt poliert	Güte und Art von Politur sind zu vereinbaren
	+1P +2P	blankpoliert 1)	Güte und Art von Politur sind zu vereinbaren
	+2F	kaltgewalzt, wärmebehandelt, kalt nachgewalzt mit aufgerauhten Walzen	gleichförmige, nicht reflektierende matte Oberfläche
	+1M +2M	gemustert	Design ist zu vereinbaren, zweite Oberfläche glatt bei +2M für architektonische Anwendung
	+2W	gewellt	Design ist zu vereinbaren
	+2L	eingefärbt 1)	Farbe ist zu vereinbaren
	+1S	oberflächenbeschichtet 1)	Beschichtung ist zu vereinbaren

1) nur 1 Oberfläche; falls Ausführung für 2 Oberflächen gelten soll, ist statt 1 eine 2 zu setzen, z.B. 2G

Tabelle B2.14 Symbole für Ausführungsarten von Erzeugnissen aus nichtrostenden Stählen
Ausführungsart für Halbzeug, Stäbe, Walzdraht und Profile
(nach DIN EN 10088-3:1995-08)

Beispiel: **X10Cr13+2G**

Walzart	Kurz-zeichen	Art der Behandlung	Oberflächenbeschaffenheit
warm-geformt	+1U	warmgeformt, nicht wärmebehandelt, nicht entzundert	mit Zunder bedeckt, örtlich geschliffen, falls erforderlich
	+1C	warmgeformt, wärmebehandelt, nicht entzundert	mit Zunder bedeckt, örtlich geschliffen, falls erforderlich
	+1E	warmgeformt, wärmebehandelt, nicht entzundert	weitgehend zunderfrei, vereinzelte schwarze Flecken vorkommend
	+1D	warmgeformt, wärmebehandelt, gebeizt	zunderfrei
	+1X	warmgeformt, wärmebehandelt, vorbear-beitet (geschält oder vorgedreht)	metallisch sauber
kalt weiter-verarbeitet	+2H	wärmebehandelt, mechanisch oder che-misch entzundert, kalt weiterverarbeitet	glatt und blank, wesentlich glatter als +1E, +1D, +1X
	+2D	kalt weiterverarbeitet, wärmebehandelt, gebeizt (gezogen)	glatter als +1E, +1D
	+2B	wärmebehandelt, bearbeitet (geschält), mechanisch geglättet	glatter und blanker als +1E, +1D, +1X
besondere Endverar-beitungen	+1G +2G	spitzenlos geschliffen	gleichmäßige Ausführung; Art und Grad des Schliffes sind zu ver-einbaren
	+1P +2P	poliert	glatter und blanker als +1G; Art und Grad der Politur sind zu verein-baren

B 2.3.4 Übersichtstafeln zur Bezeichnungsweise von Stahl und Stahlguß

In der Anwendung der im vorhergehenden Abschnitt behandelten Zusatzsymbole für den Werkstoff und für die Erzeugnisse ergeben sich naturgemäß starke Unterschiede. Deshalb enthalten die nachfolgenden Übersichtstafeln die jeweils für eine bestimmte Stahlgruppe anwendbaren Strukturen und Symbole.

Die Übersichtstafeln sind nach den Hauptsymbolen gemäß Tabelle B2.7 geordnet. Es sind auch eine Reihe konkreter Beispiele aus bestehenden Normen zugefügt.

Tafel B1	Stähle für den Stahlbau (S)
Tafel B2	Stähle für Druckbehälter (P)
Tafel B3	Stähle für Leitungsrohre (L)
Tafel B4	Maschinenbaustähle (E)
Tafel B5	Betonstähle (B)
Tafel B6	Spannstähle (Y)
Tafel B7	Stähle für oder in Form von Schienen (R)
Tafel B8	Kaltgewalzte Flacherzeugnisse aus höherfesten Stählen zum Kaltumformen (H)
Tafel B9	Flacherzeugnisse zum Kaltumformen (D)
Tafel B10	Verzinnte Flacherzeugnisse (Stahlerzeugnisse für Verpackung) (T)
Tafel B11	Elektrostähle (M)
Tafel B12	Unlegierte Stähle mit mittlerem Mn-Gehalt < 1% (C) (ausgenommen Automatenstähle)
Tafel B13	Unlegierte Stähle mit 1 % Mn oder mehr, unlegierte Automatenstähle, legierte Stähle (außer Schnellarbeitsstählen), sofern der mittlere Gehalt jedes einzelnen Legierungselements <5 % beträgt (ohne Symbol)
Tafel B14	Legierte Stähle (außer Schnellarbeitsstählen), sofern der Gehalt mindestens eines Legierungselementes 5 Gewichts-% oder mehr beträgt (X)
Tafel B15	Schnellarbeitsstähle (HS)

Tafel B1 Erläuterung des Aufbaues der Kurznamen für Stahlgruppe:

	S Stähle für den Stahlbau (structural steels)		
	Erläuterung: a = Buchstabe, n = Ziffer, an = alphanumerisch		

	HAUPTSYMBOL 1)	**ZUSATZSYMBOLE** für den Werkstoff 2)	**+** **ZUSATZSYMBOLE** für das Erzeugnis 3)

		Beispiele	
Hauptsymbol	**G** Stahlguß, wenn erforderlich **S** Stähle für den Stahlbau	**Kurzname**	**aus EN-Norm**
	Eigenschaft: nnn = Mindeststreckgrenze (Re) in N/mm² für die geringste Erzeugnisdicke	S185 S235J2G2 S355N S355J0 S355MC S350GD	EN 10025 EN 10025 EN 10113-2 EN 10025 EN 10149-2 EN 10147
Zusatzsymbol **Werkstoff**	**Gruppe 1** A ausscheidungshärtend J Kerbschlagarbeit 27 Joule *) K Kerbschlagarbeit 40 Joule *) L Kerbschlagarbeit 60 Joule *) M thermomechanisch gewalzt 4) N normalgeglüht od. normalisierend gewalzt 4) Q vergütet 4) G andere Merkmale 5) *) Zusatzzeichen für Prüftemperatur °C +20 0 -20 -30 -40 -50 -60 Zeichen R 0 2 3 4 5 6	S355J2WP S355J2G1W S355K2G3 S355K2G4C 3355K2G2W S350GD+Z100 S355J2H	EN 10155 EN 10155 EN 10025 EN 10025 EN 10155 EN 10147 EN 10210
	Gruppe 2 sind bei Bedarf anzugeben, <u>nur</u> in Verbindung mit Symbolen der Gruppe 1 5) C mit besonderer Kaltumformbarkeit D für Schmelztauchüberzüge E für Emaillierung F Schmiedestücke H für Hohlprofile L für tiefe Temperaturen M thermomechanisch gewalzt N normalgeglüht od. normalisierend gewalzt P für Spundbohlen	Q vergütet S für Schiffseinrichtungen T für Rohre W wetterfest an chemische Symbole für vor- geschriebene zusätzliche Ele- mente, mit einer einstelligen Zahl = 10x Mittelwert des Gehaltes, auf 0,1% gerundet	

Zusatzsymbol
 	
Erzeugnis
	besondere Anforderungen nach Tabelle
	                                   B2.10
	
	Art des Überzuges nach Tabelle
	                                   B2.11
	
	Behandlungszustand nach Tabelle
	                                   B2.12
		jedes Zusatzsymbol für das Er-
		zeugnis mit oder ohne nachfol-
		gende Ziffern ist jeweils mit einem
		Pluszeichen (+) anzuhängen	

1) Herkunft der Buchstaben für die Symbole meist aus dem Englischen, siehe Tabelle B2.8
2) siehe Tabelle B2.9
3) siehe Tabellen B2.10 bis B2.14
4) die Symbole gelten in der Gruppe 1 nur für Feinkornbaustähle
5) evtl.ergänzt um 1 oder 2 Ziffern

Achtung: Hier sind neue Normentwürfe DIN EN 10025-1 bis –6 (2000-12) mit wichtigen Änderungen erschienen.

Tafel B2 Erläuterung des Aufbaues der Kurznamen für Stahlgruppe:

P Stähle für Druckbehälter (steels for pressure purposes)

Erläuterung: a = Buchstabe, n = Ziffer, an = alphanumerisch

	HAUPTSYMBOL	ZUSATZSYMBOLE **+**	ZUSATZSYMBOLE
		für den Werkstoff	für das Erzeugnis
	1)	2)	3)

			Beispiele	
			Kurzname	aus EN-Norm
Hauptsymbol	G Stahlguß, wenn erforderlich P Stähle für Druckbehälter			
	Eigenschaft: nnn = Mindeststreckgrenze (Re) in N/mm² für die geringste Erzeugnisdicke		P265B P265GH P265NH GP240GR P355QL1	EN 10120 EN 10028-2 EN 10028-3 EN 10213 EN 10028-7
Zusatzsymbol	**Gruppe 1**		P355ML1 P265S	EN 10028-5 EN 10207
Werkstoff	B für Gasflaschen M thermomechanisch gewalzt 4) N normalgeglüht od. normalisierend gewalzt 4) Q vergütet 4) S für einfache Druckbehälter T für Rohre G andere Merkmale 5)			
	Gruppe 2 sind bei Bedarf anzugeben, <u>nur</u> in Verbindung mit Symbolen der Gruppe 1 H Hochtemperatur (warmfest) 5) L Tieftemperatur (kaltzäh) 5) R Raumtemperatur 5) X Hoch- und Tieftemperatur 5)			
Zusatzsymbol **Erzeugnis**	besondere Anforderungen nach Tabelle B2.10 Art des Überzuges nach Tabelle B2.11 Behandlungszustand nach Tabelle B2.12		*jedes Zusatzsymbol für das Erzeugnis mit oder ohne nachfolgende Ziffern ist jeweils mit einem Pluszeichen (+) anzuhängen*	

1) Herkunft der Buchstaben für die Symbole meist aus dem Englischen, siehe Tabelle B2.8
2) siehe Tabelle B2.9
3) siehe Tabellen B2.10 bis B2.14
4) die Symbole gelten in der Gruppe 1 nur für Feinkornbaustähle
5) evtl.ergänzt um 1 oder 2 Ziffern

Tafel B3 Erläuterung des Aufbaues der Kurznamen für Stahlgruppe:

L Stähle für Leitungsrohre (steels for line pipe)		
Erläuterung: a = Buchstabe, n = Ziffer, an = alphanumerisch		

	HAUPTSYMBOL 1)	ZUSATZSYMBOLE für den Werkstoff 2)	**+** ZUSATZSYMBOLE für das Erzeugnis 3)
Hauptsymbol	L Stähle für Leitungsrohre **Eigenschaft**: nnn = Mindeststreckgrenze (Re) in N/mm² für die geringste Erzeugnisdicke		Beispiele Kurzname aus EN-Norm L360A EN 10208-2 L550QB EN 10208-2 L210A EN 10208-1 L360MB EN 10208-3
Zusatzsymbol **Werkstoff**	**Gruppe 1** M thermomechanisch gewalzt 4) N normalgeglüht od. normalisierend gewalzt 4) Q vergütet 4) G andere Merkmale 5)		
	Gruppe 2 sind bei Bedarf anzugeben, <u>nur</u> in Verbindung mit Symbolen der Gruppe 1 a Anforderungsklasse, wo erforderlich 5) (Buchstabe nach der jeweiligen Werkstoff-norm = A, B oder C)		
Zusatzsymbol **Erzeugnis**	besondere Anforderungen nach Tabelle B2.10 Art des Überzuges nach Tabelle B2.11 Behandlungszustand nach Tabelle B2.12		*jedes Zusatzsymbol für das Erzeugnis mit oder ohne nachfolgende Ziffern ist jeweils mit einem Pluszeichen (+) anzuhängen*

1) Herkunft der Buchstaben für die Symbole meist aus dem Englischen, siehe Tabelle B2.8
2) siehe Tabelle B2.9
3) siehe Tabellen B2.10 bis B2.14
4) die Symbole gelten in der Gruppe 1 nur für Feinkornbaustähle
5) evtl.ergänzt um 1 oder 2 Ziffern

Tafel B4 Erläuterung des Aufbaues der Kurznamen für Stahlgruppe:

E Maschinenbaustähle (engineering steels)

Erläuterung: a = Buchstabe, n = Ziffer, an = alphanumerisch

	HAUPTSYMBOL	**ZUSATZSYMBOLE** für den Werkstoff	**+**	**ZUSATZSYMBOLE** für das Erzeugnis
	1)	2)		3)

			Beispiele	
Hauptsymbol	**G** Stahlguß, wenn erforderlich **E** Maschinenbaustahl 4) **Eigenschaft**: nnn = Mindeststreckgrenze (Re) in N/mm² für die geringste Erzeugnisdicke		Kurzname E295 E360 E295GC GE240	aus EN- Norm EN 10025 EN 10025 EN 10025 EN10293
Zusatzsymbol **Werkstoff**	**Gruppe 1** G andere Merkmale 5)			
	Gruppe 2 sind bei Bedarf anzugeben, <u>nur</u> in Verbindung mit Symbolen der Gruppe 1 C mit besonderer Kaltscherbarkeit			
Zusatzsymbol **Erzeugnis**	Behandlungszustand nach Tabelle B2.12			*jedes Zusatzsymbol für das Er- zeugnis mit oder ohne nachfol- gende Ziffern ist jeweils mit einem Pluszeichen (+) anzuhängen*

1) Herkunft der Buchstaben für die Symbole meist aus dem Englischen, siehe Tabelle B2.8
2) siehe Tabelle B2.9
3) siehe Tabelle B2.12
4) ohne besondere Anforderungen an Zähigkeit und Schweißeignung
5) evtl.ergänzt um 1 oder 2 Ziffern

Tafel B5 Erläuterung des Aufbaues der Kurznamen für Stahlgruppe:

B Betonstähle (steels for reinforcing concrete)		
Erläuterung: a = Buchstabe, n = Ziffer, an = alphanumerisch		

	HAUPTSYMBOL 1)	ZUSATZSYMBOLE für den Werkstoff 2)	**+** ZUSATZSYMBOLE für das Erzeugnis 3)	
Hauptsymbol	**B** Betonstahl **Eigenschaft**: nnn = Mindeststreckgrenze (Re) in N/mm² für die geringste Erzeugnisdicke		Beispiele Kurzname B500A B500B	aus EN- Norm EN 10080 EN 10080
Zusatzsymbol **Werkstoff**	**Gruppe 1** a Duktilitätsklasse 4)			
	Gruppe 2 sind bei Bedarf anzugeben, <u>nur</u> in Verbindung mit Symbolen der Gruppe 1 entfällt			
Zusatzsymbol **Erzeugnis**	Behandlungszustand	nach Tabelle B2.12	*jedes Zusatzsymbol für das Er- zeugnis mit oder ohne nachfol- gende Ziffern ist jeweils mit einem Pluszeichen (+) anzuhängen*	

1) Herkunft der Buchstaben für die Symbole meist aus dem Englischen, siehe Tabelle B2.8
2) siehe Tabelle B2.9
3) siehe Tabelle B2.12
4) evtl.ergänzt um 1 oder 2 Ziffern

Tafel B6 Erläuterung des Aufbaues der Kurznamen für Stahlgruppe:

Y Spannstähle (steels for prestressing concrete)		
Erläuterung: a = Buchstabe, n = Ziffer, an = alphanumerisch		

	HAUPTSYMBOL ZUSATZSYMBOLE **+** ZUSATZSYMBOLE		
		für den Werkstoff	für das Erzeugnis
	1)	2)	3)
Hauptsymbol	Y Spannstahl	**Beispiele**	
		Kurzname	aus EN-Norm
	Eigenschaft: nnn = Nennwert für Zugfestigkeit in N/mm², in 4 Stellen; bei dreistelliger Zugfestigkeit ist eine Null (0) voranzusetzen	Y1770C Y1770S7 Y1230H	EN 10138-2 EN 10138-3 EN 10138-4
Zusatzsymbol **Werkstoff**	**Gruppe 1** C kaltgezogener Draht 4) H warmgeformte oder behandelte Stäbe 4) Q vergütetet Draht 4) S = Litze 4) G = andere Merkmale 4)		
	Gruppe 2 sind bei Bedarf anzugeben, <u>nur</u> in Verbindung mit Symbolen der Gruppe 1 entfällt		
Zusatzsymbol **Erzeugnis**	Behandlungszustand nach Tabelle B2.12	*jedes Zusatzsymbol für das Erzeugnis mit oder ohne nachfolgende Ziffern ist jeweils mit einem Pluszeichen (+) anzuhängen*	
1) Herkunft der Buchstaben für die Symbole meist aus dem Englischen, siehe Tabelle B2.8 2) siehe Tabelle B2.9 3) siehe Tabelle B2.12 4) evtl. ergänzt um 1 oder 2 Ziffern			

Tafel B7 Erläuterung des Aufbaues der Kurznamen für Stahlgruppe:

R Stähle für oder in Form von Schienen (steels for or in the form of rails)

Erläuterung: a = Buchstabe, n = Ziffer, an = alphanumerisch

	HAUPTSYMBOL 1)	ZUSATZSYMBOLE für den Werkstoff 2)	
Hauptsymbol	R Stähle für oder in Form von Schienen	Beispiele	
		Kurzname	aus EN-Norm
	Eigenschaft: nnnn = Nennwert für Mindestzugfestigkeit in N/mm², in 4 Stellen; bei dreistelliger Zugfestigkeit ist eine Null (0) voranzusetzen	R350GHT	EN 13674-1
Zusatzsymbol **Werkstoff**	**Gruppe 1** Cr chromlegiert Mn hoher Mangangehalt G andere Merkmale 3)		
	Gruppe 2 HT wärmebehandelt LHT niedrig legiert, wärmebehandelt Q vergütet		
Zusatzsymbol **Erzeugnis**	entfällt		

1) Herkunft der Buchstaben für die Symbole meist aus dem Englischen, siehe Tabelle B2.8
2) siehe Tabelle B2.9
3) evtl.ergänzt um 1 oder 2 Ziffern

Tafel B8 Erläuterung des Aufbaues der Kurznamen für Stahlgruppe:

H Kaltgewalzte Flacherzeugnisse aus höherfesten Stählen, zum Kaltumformen (cold rolled flat products of high strength steels for cold forming)			
Erläuterung: a = Buchstabe, n = Ziffer, an = alphanumerisch			

	HAUPTSYMBOL ZUSATZSYMBOLE **+** ZUSATZSYMBOLE
	                für den Werkstoff für das Erzeugnis
	               1) 2) 3)		

Hauptsymbol	H Kaltgewalzte Flacherzeugnisse aus höherfesten Stählen zum Kaltumformen **Eigenschaft**: nnn = Mindeststreckgrenze (Re) in N/mm² oder Tnnn =Mindestzugfestigkeit (Rm) in N/mm²	Beispiele	
		Kurzname	aus EN-Norm
		H400LA	EN 10268
Zusatzsymbol **Werkstoff**	**Gruppe 1** B Bake hardened LA niedrig legiert M thermomechanisch gewalzt und kaltgewalzt P phosphorlegiert X Dualphase Y Interstitialfree steel (IF-Stahl) G andere Merkmale 4)		
	Gruppe 2 sind bei Bedarf anzugeben, <u>nur</u> in Verbindung mit Symbolen der Gruppe 1 D für Schmelztauchüberzüge geeignet		
Zusatzsymbol **Erzeugnis**	Art des Überzuges nach Tabelle B2.11	*jedes Zusatzsymbol für das Er- zeugnis mit oder ohne nachfol- gende Ziffern ist jeweils mit einem Pluszeichen (+) anzuhängen*	
1) Herkunft der Buchstaben für die Symbole meist aus dem Englischen, siehe Tabelle B2.8 2) siehe Tabelle B2.9 3) siehe Tabellen B2.10 bis B2.14 4) evtl.ergänzt um 1 oder 2 Ziffern			

Tafel B9 Erläuterung des Aufbaues der Kurznamen für Stahlgruppe:

D Flacherzeugnisse zum Kaltumformen (flat products for cold forming)		
Erläuterung: a = Buchstabe, n = Ziffer, an = alphanumerisch		

	HAUPTSYMBOL ZUSATZSYMBOLE **+** ZUSATZSYMBOLE		
		für den Werkstoff 2)	für das Erzeugnis 3)
		1)	

		Beispiele	
Hauptsymbol	**D** Weiche Stähle für Flacherzeugnisse zum Kaltumformen	Kurzname	aus EN- Norm

	Eigenschaft:
	Cnn = kaltgewalzt,
	      mit zweistelliger Kennzahl nn
	
	Dnn = warmgewalzt,
	      für unmittelbare Kaltumformung,
	      mit zweistelliger Kennzahl nn
	Xnn = warm- oder kaltgewalzt,
	      mit zweistelliger Kennzahl nn
		DC03+ZE
		DC04
		DC04EK
		DD14
		DX51D+Z
			EN 10152
			EN 10130
			EN 10209
			EN 10111
			EN 10142

Zusatzsymbol **Werkstoff**	**Gruppe 1** 4) D für Schmelztauchüberzüge ED für Direktemaillierung EK für konventionelle Emaillierung H für Hohlprofile T für Rohre G andere Merkmale an chemische Symbole für vorgeschriebene zusätzliche Elemente, mit einer einstelligen Zahl = 10x Mittelwert des Gehaltes, auf 0,1% gerundet		
	Gruppe 2 entfällt		

Zusatzsymbol
Erzeugnis
	Art des Überzuges nach Tabelle
	                            B2.11
	
	Behandlungszustand nach Tabelle
	                            B2.12
		*jedes Zusatzsymbol für das Er-
		zeugnis mit oder ohne nachfol-
		gende Ziffern ist jeweils mit einem
		Pluszeichen (+) anzuhängen*	

1) Herkunft der Buchstaben für die Symbole meist aus dem Englischen, siehe Tabelle B2.8
2) siehe Tabelle B2.9
3) siehe Tabellen B2.10 bis B2.14
4) evtl.ergänzt um 1 oder 2 Ziffern

Tafel B10 Erläuterung des Aufbaues der Kurznamen für Stahlgruppe:

T Verzinnte Flacherzeugnisse (Stahlerzeugnisse für Verpackung)
(tin mill products, steel products for packaging)

Erläuterung: a = Buchstabe, n = Ziffer, an = alphanumerisch

HAUPTSYMBOL **+** ZUSATZSYMBOLE
für das Erzeugnis
1)   2)

		Beispiele	
Hauptsymbol	**T** Verzinnte Flacherzeugnisse (Stahlerzeugnisse für Verpackung)	Kurzname	aus EN-Norm
	Eigenschaft: für einfach reduzierte Erzeugnisse: Hnnn = Nennstreckgrenze (Re) in N/mm²	TH550 TS550 TH550+CE	EN 10202 EN 10202 EN 10202
	für doppelt reduzierte Erzeugnisse: Snnn = Nennstreckgrenze (Re) in N/mm²		
Zusatzsymbol **Werkstoff**	entfällt		
Zusatzsymbol **Erzeugnis**	Art des Überzuges nach Tabelle B2.11 Behandlungszustand nach Tabelle B2.12	*jedes Zusatzsymbol für das Erzeugnis mit oder ohne nachfolgende Ziffern ist jeweils mit einem Pluszeichen (+) anzuhängen*	

1) Herkunft der Buchstaben für die Symbole meist aus dem Englischen, siehe Tabelle B2.8
2) siehe Tabellen B2.10 bis B2.14

Tafel B11 Erläuterung des Aufbaues der Kurznamen für Stahlgruppe:

M Elektrostähle (electrical steel)

Erläuterung: a = Buchstabe, n = Ziffer, an = alphanumerisch

	HAUPTSYMBOL für Eigenschaft 1)	HAUPTSYMBOL für Art des Erzeugnisses 2)		
			Beispiele	

Hauptsymbol
 	
für Eigenschaft
	M Elektrostähle
	
	Eigenschaft:
	nnnn = Höchstzulässiger Ummagnetisie-
	        rungsverlust in W/kg x 100
	und
	
	-nn = Bindestrich
	        und 100 x Nenndicke in mm
		Kurzname
		
		M400-50A
		M140-30S
		M1050-50D
		M390-50E
			aus EN-
			Norm
			
			EN 10206
			EN 10207
			EN 10126
			EN 10165	

Hauptsymbol
 	
für Art des Erzeugnis-
ses
	Figenschaft
	
	für eine magnetische Induktion bei 50 Hz
	von 1,5 Tesla:
	A nicht kornorientiert
	D unlegiert (nicht schlußgeglüht)
	E legiert (nicht schlußgeglüht)
	N kornorientiert, mit normalen Ummagneti-
	    sierungsverlusten
	
	für eine magnetische Induktion bei 50 Hz
	von 1,7 Tesla:
	P kornorientiert, mit niedrigen
	    Ummagnetisierungsverlusten
	S kornorientiert, mit eingeschränkten
	    Ummagnetisierungsverlusten			

Zusatzsymbol **Werkstoff**	entfällt			
Zusatzsymbol **Erzeugnis**	entfällt			

1) Herkunft der Buchstaben für die Symbole meist aus dem Englischen, siehe Tabelle B2.8
2) siehe Tabelle B2.9

Tafel B12 Erläuterung des Aufbaues der Kurznamen für Stahlgruppe:

C Unlegierte **Stähle** mit mittlerem Mn-Gehalt < 1 %   (ausgenommen Automatenstähle)

Erläuterung: a = Buchstabe, n = Ziffer, an = alphanumerisch

HAUPTSYMBOL   ZUSATZSYMBOLE **+** ZUSATZSYMBOLE
                   für den Werkstoff   für das Erzeugnis
            1)   2)   3)

		Beispiele	
Hauptsymbol	**G** Stahlguß, wenn erforderlich **C** Kohlenstoff (Carbon)	Kurzname	aus EN-Norm
	Eigenschaft: nn oder nnn = 100 x mittlerer C-Gehalt des vorgeschrieben Bereiches 4)	C45 C35E+C C50R C20D C20D2	EN 10083-1 EN 10083-1 EN 10083-1 EN 10016-2 EN 10016-4
Zusatzsymbol **Werkstoff**	**Gruppe 1** C zum Kaltumformen 5) (Kaltstauchen, Kaltfließpressen) D zum Drahtziehen 5) E vorgeschriebener max. S-Gehalt R vorgeschriebener Bereich des S-Gehaltes S für Federn 5) U für Werkzeuge 5) W für Schweißdraht 5) G andere Merkmale 5)		

	Gruppe 2 sind bei Bedarf anzugeben, <u>nur</u>
	in Verbindung mit Symbolen der Gruppe 1
	
	an Chemische Symbole für vorgeschriebene
	    zusätzliche Elemente, z.B. Cu, und, falls
	    erforderlich, mit einstelliger Zahl (= des mit
	    10 multiplizierten Mittelwerts der vorge-
	    schriebenen Spanne des Gehaltes, auf
	    0,1% berundet		

Zusatzsymbol **Erzeugnis**	Behandlungszustand nach Tabelle B2.12	*jedes Zusatzsymbol für das Er- zeugnis mit oder ohne nachfol- gende Ziffern ist jeweils mit einem Pluszeichen (+) anzuhängen*	

1) Herkunft der Buchstaben für die Symbole meist aus dem Englischen, siehe Tabelle B2.8
2) siehe Tabelle B2.9
3) siehe Tabellen B2.10 bis B2.14
4) zwecks Unterscheidung von zwei Stahlsorten mit ähnlicher Zusammensetzung kann die Kennzahl für den
   Kohlenstoffgehalt um 1 erhöht werden
5) evtl.ergänzt um 1 oder 2 Ziffern

Tafel B13 Erläuterung des Aufbaues der Kurznamen für Stahlgruppe:

(ohne vorgesetztes Symbol)	
Unlegierte Stähle mit mittlerem Mn-Gehalt gleich oder > 1 % Mn	
Unlegierte Automatenstähle	
Legierte Stähle, mit Gehalten jedes einzelnen Legierungselements unter 5 Gewichts- % **(mit Ausnahme von Schnellarbeitsstählen)**	

Erläuterung: a = Buchstabe, n = Ziffer, an = alphanumerisch

HAUPTSYMBOL **+** ZUSATZSYMBOLE
für das Erzeugnis
1)   2)

		Beispiele	
		Kurzname	**aus EN-Norm**
Hauptsymbol	**G** Stahlguß, wenn erforderlich *ohne weiteres vorgesetztes Symbol*		
		28Mn6	EN 10083-1
	Eigenschaft:	34CrNiMo6	EN 10083-1
	nnn = 100 x mittlerer C-Gehalt des vorgeschriebenen Bereiches 3)	13MnNi6-3	EN 10083-4
	und	27MnCrB5-2	EN 10083-3
	a Symbole für die den Stahl charakterisierenden Elemente,	11SMnPb30	EN 10087
	gefolgt von		
	n-n Zahlen, die (mittels Divisionsfaktor dem mittleren Gehalt der charakterisierenden Elemente entspricht, jeweils getrennt durch Bindestriche *Anmerkung: es müssen nicht für alle angegebenen Elemente Zahlen vorhanden sein*		
	Divisions-faktor Element		
	4 Cr, Co, Mn, Ni, Si, W		
	10 Al, Be, Cu, Mo, Nb, Pb, Ta, Ti, V, Zr		
	100 Ce, N, P, S		
	1000 B		
Zusatzsymbol **Werkstoff**	entfällt		
Zusatzsymbol **Erzeugnis**	besondere Anforderungen nach Tabelle B2.10	*jedes Zusatzsymbol für das Erzeugnis mit oder ohne nachfolgende Ziffern ist jeweils mit einem Pluszeichen (+) anzuhängen*	
	Behandlungszustand nach Tabelle B2.12		

1) Herkunft der Buchstaben für die Symbole meist aus dem Englischen, siehe Tabelle B2.8
2) siehe Tabellen B2.10 bis B2.14
3) zwecks Unterscheidung von zwei Stahlsorten mit ähnlicher Zusammensetzung kann die Kennzahl für den Kohlenstoffgehalt um 1 erhöht werden

Tafel B14 Erläuterung des Aufbaues der Kurznamen für Stahlgruppe:

X Legierte Stähle, sofern der Gehalt mindestens eines Legierungselementes gleich oder > 5 % beträgt (mit Ausnahme von Schnellarbeitsstählen)

Erläuterung: a = Buchstabe, n = Ziffer, an = alphanumerisch

HAUPTSYMBOL **+** ZUSATZSYMBOLE
für das Erzeugnis
1)   2)

Hauptsymbol	G Stahlguß, wenn erforderlich PM Metallpulver (Sintermetall), wenn erforderlich X Gehalt mindestens eines Elementes gleich oder > 5 % **Eigenschaft:** nnn = 100 x mittlerer C-Gehalt des vorgeschriebenen Bereiches 3) und a Symbole für die den Stahl charakterisierenden Elemente, gefolgt von n-n Zahlen, die den mittleren Gehalt der charakterisierenden Elemente in %, gerundet auf die nächsten ganze Zahl, angibt, jeweils getrennt durch Bindestriche *Anmerkung: es müssen nicht für alle angegebenen Elemente Zahlen vorhanden sein*	Beispiele	
		Kurzname	aus EN-Norm
		X46Cr13	EN 10088
		X39CrMo17-1	EN 10088
		X45CrMoV15	EN 10088
		X4CrNiMo17-13-3	EN 10088
		X7Ni9	EN 10028-4
		X4CrNi18-10+2E	EN 10088-2
		X1CrNiMoCu25-10 -5+2W	EN 10088-2
Zusatzsymbol **Werkstoff**	entfällt		
Zusatzsymbol **Erzeugnis**	besondere Anforderungen nach Tabelle B2.10 Behandlungszustand nach Tabelle B2.12 Ausführungsarten (Behandlung, Oberflächenbeschaffenheit) nach Tabelle B2.13 und B2.14	*jedes Zusatzsymbol für das Erzeugnis mit oder ohne nachfolgende Ziffern ist jeweils mit einem Pluszeichen (+) anzuhängen*	

1) Herkunft der Buchstaben für die Symbole meist aus dem Englischen, siehe Tabelle B2.8
2) siehe Tabellen B2.10 bis B2.14
3) zwecks Unterscheidung von zwei Stahlsorten mit ähnlicher Zusammensetzung kann die Kennzahl für den Kohlenstoffgehalt um 1 erhöht werden

Tafel B15 Erläuterung des Aufbaues der Kurznamen für Stahlgruppe:

HS Schnellarbeitsstähle (high speed steels)			
Erläuterung: a = Buchstabe, n = Ziffer, an = alphanumerisch			
	HAUPTSYMBOL **+** ZUSATZSYMBOLE		
	für das Erzeugnis		
	1) 2)		
		Beispiele	
Hauptsymbol	**HS** Schnellarbeitsstahl	Kurzname	aus EN-Norm
	Eigenschaft:		
		HS2-9-1-8	EN ISO 4957
	nn Zahlen, jeweils durch Bindestrich ge-trennt,	HS3-3-2	EN ISO 4957
	die den Anteil folgender Elemente an-geben, gerundet auf die die nächste ganze Zahl:	HS18-1-2-5	EN ISO 4957
	Wolfram (W) Molybdän (Mo) Vanadium (V) Cobalt (Co)		
Zusatzsymbol **Werkstoff**	entfällt		
Zusatzsymbol **Erzeugnis**	Behandlungszustand nach Tabelle B2.12	*jedes Zusatzsymbol für das Er-zeugnis mit oder ohne nachfol-gende Ziffern ist jeweils mit einem Pluszeichen (+) anzuhängen*	

1) Herkunft der Buchstaben für die Symbole meist aus dem Englischen, siehe Tabelle B2.8
2) siehe Tabellen B2.10 bis B2.14

59

B 2.4 Bezeichnung der Stähle mit Werkstoffnummern
(DIN EN 10027-2: 1992-09)

B 2.4.1 Einleitung

Die Schaffung einheitlicher europäischer Normen zur Bezeichnung von Stahl und Stahlguß mittels Werkstoffnummern hat für für Deutschland in diesem Werkstoffsektor keine grundlegenden Änderungen zur Folge, da das neue europäische Werkstoffnummernsystem für Stahl und Stahlguß auf dem bisher in Deutschland angewendetem System nach DIN 17007 beruht, wenngleich mit einigen Abstrichen.

Mit der Werkstoffnummer kann ein Stahlerzeugnis *nicht* vollständig bezeichnet werden, weil die Werkstoffnummer in der Regel nur die Werkstoffeigenschaften repräsentiert, die bei der Bildung des Kurznamens (siehe Abschnitt B 2.3) als „Hauptsymbole" bezeichnet sind.

Alle Eigenschaften, die das *Erzeugnis* betreffen, müssen gemäß der Regeln nach Tabelle B2.6 in Abschnitt B2.3.1 in gleicher Weise wie beim Kurznamen der Werkstoffnummer mit Pluszeichen und der vollen alphanumerischen Schreibweise angehängt werden.

B 2.4.2 Aufbau der Europäischen Werkstoffnummer

Die Werkstoffnummer wird wie folgt gegliedert:

Hauptgruppennummer
1 Stahl, Stahlguß

Stahlgruppennummer
Tabellen B2.16

Zählnummer
zweistellig 00 bis 99

zusätzliche Zählnummer
zweistellig 01 bis 99
für möglichen zukünftigen Bedarf,
falls vorhandene Nummernbereiche
nicht mehr ausreichen

+ *Symbole für bestimmte Eigenschaften,*
z.B. des Erzeugnisses
(siehe Abschnitt B 2.3)

B 2.4.3   Stahlgruppennummer

Tabelle B2.16   Stahlgruppennummern für Stahl und Stahlguß
nachfolgend sind aus der Normtabelle lediglich die festgelegten zweistelligen Sortenklassen wiedergegeben und nicht auch noch die unbesetzten Reservefelder.

Unlegierte Stähle

	Qualitätsstahl		Edelstahl
00	Grundstahlsorten	10	Stähle mit besonderen physikalischen Eigenschaften
01	allgemeine Baustähle mit Rm < 500 N/mm²	11	Bau-, Maschinenbau-, Behälterstähle mit < 0,50 % C
02	nicht für eine Wärmebehandlung bestimmte Baustähle,mit Rm < 500 N/mm²	12	Maschinenbaustähle mit > 0,50 % C
03	Stähle mit < 0,12 % C oder Rm < 400 N/mm²	13	Bau-, Maschinenbau-, Behälterstähle mit besonderen Anforderungen
04	Stähle mit > 0,12 < 0,25 % C oder Rm > 400 < 500 N/mm²		
05	Stähle mit > 0,25 < 0,55 % C oder Rm > 500 < 700 N/mm²	15	Werkzeugstähle
06	Stähle mit > 0,55 % C oder Rm > 700 N/mm²	16	Werkzeugstähle
07	Stähle mit höherem P- oder S-Gehalt	17	Werkzeugstähle
		18	Werkzeugstähle

Beispiele: **1.0023   1.0070   1.0160   1.1131   1.1338**

Legierte Stähle

	Qualitätsstähle
08	Stähle mit besonderen physikalischen Eigen-
98	schaften
09	Stähle für verschiedene Anwendungsbereiche
99	

	Werkzeugstahl		verschiedene Stahlgruppen		chemisch beständige Stähle
20	Cr			40	nichtrostend, mit < 2,5 % Ni, ohne Mo, Nb, Ti
21	Cr-Si, Cr–Mn, CrMn-Si			41	nichtrostend, mit < 2,5 % Ni, mit Mo, ohne Nb, Ti
22	Cr-V, Cr-V-Si, Cr-V-Mn, Cr-V-Mn-Si	32	Schnellarbeitsstähle mit Co		
23	Mo-V, Cr-Mo, Cr-Mo-V	33	Schnellarbeitsstähle ohne Co	43	nichtrostend, mit > 2,5 % Ni , ohne Mo, Nb, Ti
24	W, Cr-W			44	nichtrostend, mit > 2,5 % Ni, mit Mo, ohne Nb, Ti
25	W-V, Cr-W-V	35	Wälzlagerstähle	45	nichtrostend, mit Sonderzusätzen
26	W, außer Klassen 24,25,27	36	mit besonderen magnetischen Eigenschaften, ohne Co	46	chemisch beständige und hochwarmfeste Ni-Leg.
27	mit Ni	37	mit besonderen magnetischen Eigenschaften, mit Co	47	hitzebeständig, mit < 2,5 % Ni
28	sonstige Legierungen	38	mit besonderen physikalischen Eigenschaften, ohne Ni	48	hitzebeständig, mit > 2,5 % Ni
		39	mit besonderen physikalischen Eigenschaften, mit Ni	49	hochwarmfeste Werkstoffe

Beispiele: **1.2519   1.3202   1.3758   1.4027   1.4008   1.4571**

Bau-, Maschinenbau- und Behälterstähle							
50	Mn, Si, Cu	60	Cr-Ni mit > 2,0 < 3,0% Cr	70	Cr, Cr-B	80	Cr-Si-Mo, Cr-Si-Mn-Mo, Cr-Si-Mo-V, Cr-Si-Mn-Mo-V
51	Mn-Si, Mn-Cr			71	Cr-Si, Cr-Mn, Cr-Mn-B Cr-Si-Mn	81	Cr-Si-V, Cr-Mn-V, Cr-Si-Mn-V
52	Mn-Cu, Mn-V, Si-V, Mn-Si-V	62	Ni-Si, Ni-Mn, Ni-Cu	72	Cr-Mo mit < 0,35% Mo Cr-Mo-B	82	Cr-Mo-W, Cr-Mo-W-V
53	Mn-Ti, Si-Ti,	63	Ni-Mo, Ni-Mo-Mn, Ni-Mo-Cu, Ni-Mo-V, Ni-Mn-V	73	Cr-Mo mit > 0,35% Mo		
54	Mo, Nb, Ti, V, W					84	Cr-Si-Ti, Cr-Mn-Ti, Cr-Si-Mn-Ti
55	B, Mn-B <1,65% Mn	65	Cr-Ni-Mo mit < 0,4% Mo und <2,0% Ni	75	Cr-V mit < 2,0% Cr	85	Nitrierstähle
56	Ni	66	Cr-Ni-Mo mit < 0,4% Mo und > 2,0 < 3,5% Ni	76	Cr-V mit >2,5% Cr		
57	Cr-Ni mit < 1% Cr	67	Cr-Ni-Mo mit <0,4 % Mo + > 3,5 < 5,0 % Ni oder > 0,4 % Mo	77	Cr-Mo-V		
58	Cr-Ni mit > 1,0 < 1,5% Cr	68	Cr-Ni-V, Cr-Ni-W, Cr-Ni-V-W			88	nicht für eine Wärmebehandlung beim Verbraucher bestimmte Stähle
59	Cr-Ni mit > 1,5 < 2,0% Cr	69	Cr-Ni, außer 57 bis 68	79	Cr-Mn-Mo, Cr-Mn-Mo-V	89	hochfeste schweißgeeignete Stähle

Beispiele: **1.5415**   **1.5430**   **1.6570**   **1.7005**   **1.8910**

B 2.4.4 Ergänzungen zur Werkstoffnummer mit Symbolen für Stahl- und Erzeugniseigenschaften

Die Werkstoff-Nummer beschreibt ausschließlich die Hauptmerkmale des Stahles. Sie enthält keinerlei Bestandteile, die die Merkmale von Stahl*erzeugnissen* betreffen.

Das bedeutet, daß, zunächst im Gegensatz zum Kurznamen, eine vollständige Beschreibung eines Erzeugnisses in Form der Werkstoffnummer nicht möglich ist.

Es müssen daher nach den gleichen Grundsätzen wie beim Kurznamen diese Symbole mit Pluszeichen (+) an die Werkstoffnummer angefügt werden.

Beispiele:

Werkstoff-Nummer	Werkstoff-Kurzname
1.0050+CR	E295+CR
1.1181+C	C35E+C
1.0116+CR	S235J2G3+CR
1.5810+HH	18NiCr5-4+HH
1.4301+1D	X4CrNi18-10+1D
1.4313+QT2	X3CrNiMo13-4+QT2
1.4542+P760	X5CrNiCuNb16-4+P760

B 2.5 Verwendung weiterer Symbole in den Normen, ohne direkter Bestandteil des Kurznamens zu sein

In den europäischen Stahlnormen finden sich für eine ganze Reihe von Ausprägungen und Eigenschaften Symbole, die *nicht* Bestandteil des Werkstoff-Kurznamens *oder* der Werkstoff-Nummer sind.

Die folgende Tabelle 2.15 enthält eine nach den gegenwärtig veröffentlichten Normen zusammengestellte Liste aller Symbole, die dort erwähnt sind und verstanden werden müssen, auch wenn sie nicht in den Bezeichnungen erscheinen. Meist sind sie in den betreffenden Normen in eigenen Abschnitten, in Spaltenüberschriften von Tabellen oder in Fußnoten innerhalb einer Tabelle erläutert.

Tabelle B2.15 Aufstellung über Symbole von Merkmalen,
nicht Bestandteil des Kurznamens oder der Werkstoffnummer,
geordnet nach aufsteigender Normnummer

Norm-Nr.	Symbol	Bedeutung
EN 10025	FU	unberuhigter Stahl
	FN	unberuhigter Stahl nicht zulässig
	FF	vollberuhigter Stahl 1)
	BS	Grundstahl
	QS	Qualitätsstahl
EN 10028	LE	legierter Edelstahl
-1 bis -7	UE	unlegierter Edelstahl
	UQ	unlegierter Qualitätsstahl
	N	normalgeglüht
	N+T	normalgeglüht und angelassen
	QA	luftvergütet
	QL	flüssigkeitsvergütet
	T	angelassen
	C	kaltgewalztes Band
	CW	kaltgewalzt
	H	warmgewalztes Band
	HTnnn	Wärmebehandlungsvariante mit Mindestzugfestigkeit nnn N/mm2
	P	warmgewalztes Blech
	+RA	rekristallisierend geglühter Zustand
	a	Abkühlung in Luft
	o	Abkühlung in Öl
	w	Abkühlung in Wasser

64

Norm-Nr.	Symbol	Bedeutung
EN 10051	GK	geschnittene Kanten
	A	Grenzabmaße für die Dicke und Ebenheit, für normalen Warmformänderungszustand
	B	A+15%, nur für Dicke
	C	A+30%, nur für Dicke
	D	A+40%, nur für Dicke
EN 10083-1/-2	+BC	warmgeformt und gestrahlt
	+CC	unverformter Strangguß
	+H	normale Härtbarkeitsanforderungen
	+HHnn	mit eingeengten Härtbarkeitsstreubändern, mit 1 oder 2 Ziffern
	+HLnn	mit eingeengten Härtbarkeitsstreubändern, mit 1 oder 2 Ziffern
	+HW	warmgeformt
EN 10084	+A	wärmebehandelt auf max. Härte
	+BC	warmgeformt und gestrahlt
	+FP	behandelt auf ferritisch-perlitisches Gefüge
	+H	normale Härtbarkeitsanforderungen
	+HHnn	mit eingeengten Härtbarkeitsstreubändern, mit 1 oder 2 Ziffern
	+HLnn	mit eingeengten Härtbarkeitsstreubändern, mit 1 oder 2 Ziffern
	+HW	warmgeformt
	+PI	warmgeformt und gebeizt
	+S	behandelt auf Kaltscherbarkeit
	+TH	behandelt auf Härtebereich
	+U	unbehandelt
EN 10087	+A	wärmebehandelt auf max. Härte
	+FP	behandelt auf ferritisch-perlitisches Gefüge
	+S	behandelt auf Kaltscherbarkeit
	+TH	behandelt auf Härtebereich
	+U	unbehandelt
EN 10088-2	C	kaltgewalztes Blech
	H	warmgewalztes Band
	P	warmgewalztes Blech
EN 10113-1	CEV	Kohlenstoffäquivalent
	M	Walzverfahren mit Endumformung in einem bestimmten Temp.bereich
	ML	dito; mit festgelegten Mindestwerten der Kerbschlagarbeit bei bis −50°C
	N	normalisierend oder thermomechanisch gewalzt
	NL	dito; mit festgelegten Mindestwerten der Kerbschlagarbeit bei bis −50°C
EN 10130	A	Oberflächenart, definiert in der Norm
	B	dito; eine Seite besser als A
	b	Oberflächenausführung besonders glatt Ra <0,4 ym
	g	Oberflächenausführung glatt Ra <0,8 ym
	m	Oberflächenausführung matt 0,6 < Ra <1,9 ym
	r	Oberflächenausführung rauh, Ra >1,6 ym
EN 10131	FS	eingeschränkte Ebenheitstoleranz
	S	eingeschränkte Breitentoleranz
EN 10139	A	geglüht
	Cnnn	kaltverfestigt auf Re nnn N/mm2
	LC	leicht nachgewalzt
	MA	blanke metallische Oberfläche, Fehler in der Norm definiert
	MB	dito; besser als MA
	MC	dito; besser als MB
	RL	glatte Oberfläche Ra <0,6 ym
	RM	matte Oberfläche 0,6 < Ra <1,8 ym
	RN	glänzende Oberfläche Ra <0,2 ym
	RR	rauhe Oberfläche Ra >1,5 ym
EN 10140	A	Grenzabmaße der Dicke normal
	B	Grenzabmaße der Dicke eingeschränkt
	C	Grenzabmaße der Dicke Präzisionsmaße
	S	eingeschränkte Grenzabmaße der Länge
	GK	geschnittene Kanten
	NK	Walzkanten (Naturkanten

Norm-Nr.	Symbol	Bedeutung
EN 10140	SK	Sonderkanten, z.B. rundkantig, scharfkantig
EN 10143	FS	eingeschränkte Ebenheitstoleranz
	S	eingeschränkte Grenzabmaße der Länge
EN 10152	A	in der Norm definierte Fehler
	B	dito; eine Seite besser
	C	Oberflächenausführung chemisch passiviert
	CO	Oberflächenausführung chemisch passiviert und geölt
	O	Oberflächenausführung geölt
	P	Oberflächenausführung phosphatiert
	PC	Oberflächenausführung phosphatiert und chemisch behandelt
	PCO	Oberflächenausführung phosphatiert, chemisch passiviert und geölt
	PO	Oberflächenausführung phosphatiert und geölt
	U	ohne Oberflächenbehandlung
EN 10154	A	übliche Oberfläche, in der Norm definierte Fehler
	B	verbesserte Oberfläche, dito, durch Kaltnachwalzen erzielt
	C	beste Oberfläche, dito, dito, eine Seite mindestens B
	C	Oberflächenausführung chemisch passiviert
	CO	Oberflächenausführung chemisch passiviert und geölt
	O	Oberflächenausführung geölt
	U	Oberflächenausführung unbehandelt
EN 10155	CEV	Kohlenstoffäquivalent
	FF	vollberuhigter Stahl
	FN	unberuhigter Stahl nicht zulässig
EN 10163-2	A	Oberflächenbeschaffenheit Blech und Band
	B	dito
EN 10163-3	C	Oberflächenbeschaffenheit Profile
	D	dito
EN 10163-2/-3		Untergruppe für Art des Ausbessern von Oberflächenfehlern
	1	Ausbessern durch Schweißen erlaubt
	2	Ausbessern durch Schweißen nur nach Vereinbarung in der Bestellung
	3	Ausbessern durch Schweißen nicht erlaubt
EN 10207	UQ	unlegierter Qualitätsstahl
	US	unlegierter Edelstahl
EN 10208-1	A	Anforderungsklasse niedriger als B (siehe EN 10208-2)
	S	nahtlos
	W	geschweißt
EN 10208-2	B	Anforderungsklasse besser als A (siehe EN 10208-1)
	S	geschweißt
EN 10208-1/-3	BW	kontinuierliches Schweißen
	COW	kombiniertes Schutzgas- und Unterpulverschweißen
	COWH	dito; mit Spiralnaht
	COWL	dito; mit Längsnaht
	CW	kombiniertes Schweißen
	EW	elektrisches Schweißen
	HFW	Hochfrequenzschweißen
	SAW	Unterpulverschweißen
	SAWH	dito; mit Spiralnaht
	SAWL	dito; mit Längsnaht
	SL	nahtlos
EN 10219-1	BS	Grundstahl
	FF	vollberuhigter Stahl
	GF	vollberuhigter Stahl mit feinkörnigem Gefüge
	QS	Qualitätsstahl
EN 10221	A, B, C,	Oberflächengüteklassen (zulässige Tiefen von Ungänzen)
	D, E	Werte siehe Norm
EN 10222-1	CEV	Kohlenstoffäquivalent
EN 10222-2/-3	a	Abkühlung nach Wärmebehandlung in Luft
	f	Abkühlung nach Wärmebehandlung im Ofen
	o	Abkühlung nach Wärmebehandlung in Öl
	w	Abkühlung nach Wärmebehandlung in Wasser

Norm-Nr.	Symbol	Bedeutung
EN 10240	A.1 A.2 A.3 B.1 B.2 B.3	Mindestschichtdicke und chemische Zusammensetzung von Schmelz- tauchverzinkung an Rohren, unterschiedliche Schichtdicken dito; Vorzugsqualität
EN 10255	F M	schwere Reihe (Rohrwanddicke) mittlere Reihe (Rohrwanddicke)
EN 10258	F FS P R S	Dicke mit feinen Grenzabmaßen besondere Grenzabmaße für Ebenheitstoleranz Dicke mit Präzisionsgrenzabmaßen eingeschränkte Seitengeradheitstoleranz besondere Grenzabmaße für Länge
EN 10259	FS S	besondere Grenzabmaße für Ebenheitstoleranz besondere Grenzabmaße der Dicke, der Breite, der Länge (jeweils angeben)
EN 10277-1/-4	+C +PL +SH +SL	kaltgezogen poliert gewalzt und geschält geschliffen
EN 10296-1	BS BW FN GF HR QS SAW SAWH SAWL SS	Grundstahl stumpfgeschweißt unberuhigter Stahl nicht zulässig vollberuhigter Stahl mit feinkörnigem Gefüge warmreduziert nach elektrischem oder kontinuierlichem Schweißen Qualitätsstahl unterpulvergeschweißt dito; mit Spiralnaht dito; mit Längsnaht Edelstahl
EN 10297-1	FF FN GF QS SS	vollberuhigter Stahl unberuhigter Stahl nicht zulässig vollberuhigter Stahl mit feinkörnigem Gefüge Qualitätsstahl Edelstahl
EN 10305-1/-2	 BK BKS BKW GBK NBK	Lieferzustände zugblank/hart zugblank und spannungsarmgeglüht zugblank/weich zugblank/geglüht zugblank/normalgeglüht
EN 10305-3	 BKM1 BKM2 GBK NBK	Lieferzustände geschweißt und maßgewalzt (zu BKM2 unterschiedl. mechan. Eigenschaften) dito; (zu BKM1 unterschiedl. mechan. Eigenschaften) zugblank/geglüht zugblank/normalgeglüht
EN 10305-5	+A +CR1 +CR2 +N	geglüht geschweißt und maßgewalzt geschweißt und maßgewalzt normalgeglüht
EN ISO 1127	D1 – D4 T1 – T5	Grenzabmaße für Außendurchmesser von Rohren Grenzabmaße für Wanddicke von Rohren

B 3 Bezeichnungssystem nach den bisherigen deutschen Normregeln
(für Stahl, Stahlguß und Gußeisen)

Da die Umstellung der Bezeichnungen für Stahl, Stahlguß und Gußeisen zum Zeitpunkt der zweiten Auflage dieses Buches noch nicht abgeschlossen ist , werden auf absehbare Zeit noch Normen und andere technische Regeln bestehen, in denen die bisherigen Werkstoffkurznamen und Werkstoffnummern aufgeführt sind. Bei einigen Erzeugnisformen, z.B. Stahlrohre, hat die europäische Normung noch keine voll verwertbaren Arbeitsergebnisse hinsichtlich der Bezeichnung erzielt; z.T. liegen nur Normentwürfe oder Vorstufen davon vor. Aus diesem Grunde und aus dem Grunde der Erklärbarkeit der Symbole und Merkmale in bisherigen Bezeichnungen wird hier in kompakter Form das Gesamtsystem aus der bisherigen deutschen Normung über Bezeichnungen aufgeführt.

Die vor vielen Jahren dafür geltende Grundnormenserie DIN 17006 (Ausgabe 1949) ist bereits seit Jahrzehnten ohne Ersatz zurückgezogen, so daß es keine DIN-Norm gibt, in der das Bezeichnungssystem mittels Kurznamen festgelegt ist.

Die nachfolgenden Festlegungen enthalten eine relativ vollständige Übersicht über die Systematik und die vorkommenden Symbole.

B 3.1 Bezeichnung mit Kurznamen

Das bisherige deutsche Bezeichnungssystem für Stahl, Stahlguß und Gußeisen ist von einer empirischen Entwicklung geprägt und enthält - genau wie das europäische System - keine einheitliche Grundstruktur.

Dennoch kann für viele Bereiche folgende Einteilung in 3 Bezeichnungsblöcke festgestellt werden:

Block für Herstellungsart	Block für Eigenschaften oder chemische Zusammensetzung	Block für Behandlungen
siehe 3.1.1	siehe 3.1.2	siehe 3.1.3

B 3.1.1 Block für Herstellungsart

Dieser Block enthält Angaben für

a) Kennzeichen für Gußwerkstoffe (Tabelle B3.1)

b) Kennzeichen für Erschmelzungs- und Oxydationsbedingungen (Tabelle B3.2)

c) Kennzeichen für Eignung zu bestimmter Weiterverarbeitung oder
   Eignung für bestimmte Verwendung (Tabelle B3.3)

Tabelle B3.1 Kennzeichen für Gußwerkstoffe

Kurzzeichen	Bedeutung	Beispiel
G-	Gußstück	
GG-	Grauguß	GG-25
GGL-	Gußeisen mit Lamellengraphit	GGL-NiMn 13 7
GGG-	Gußeisen mit Kugelgraphit	GGG-40.3
GS-	Stahlguß	GS-C 25 GS-38
		G-X22 CrMoV 12 1
GT-	Temperguß	
GTS-	schwarzer Temperguß nicht entkohlend geglüht	GTS-35-10
GTW-	weißer Temperguß entkohlend geglüht	GTW-35
...C-	Strangguß	GGC-20
...K	Kokillenguß	GGK-30
...Z-	Schleuderguß (Zentrifugalguß)	GGZ-20

Diese Kennbuchstaben sind von allen nachfolgenden Zeichen stets durch einen Bindestrich abzugrenzen.

Tabelle B3.2 Kennzeichen für Erschmelzungs- und Oxydationsbedingungen

Kurzzeichen	Bedeutung	Beispiel
E 1)	im Elektroofen erschmolzen	EStE 460
M 1)	Siemens-Martin-Stahl	MSt 60
R	beruhigter oder halbberuhigter Stahl	RSt 37-2
RR	besonders beruhigter Stahl	RRSt 1405
T 1)	Thomasstahl	
U	unberuhigter Stahl	USt 37-2
W 1)	Windfrisch-Sonderstahl	
Y 1)	Sauerstoffaufblasstahl	
X	Kennzeichen für hochlegierten Stahl	X6 CrNiTi 18 10 G-X10 Cr 13

1) wegen veränderter Stahlerzeugungsverfahren im allgemeinen nicht mehr in Werkstoffkurzzeichen zu finden

Tabelle B3.3 Kennzeichen für Eignung zu bestimmter Weiterverarbeitung oder Eignung für bestimmte Verwendung

Kurzzeichen	Bedeutung	Beispiel
A	alterungsbeständiger Stahl	ASt 35
B	Betonstahl	BSt 42/50
f	Stahl für Flamm- und Induktionshärtung	Cf 54
K	Stahl mit Eignung zum Kaltprofilieren	KSt 37-2
k	unlegierter Edelstahl mit kleinem P+S-Gehalt	Ck 35
L	laugenrißbeständiger Stahl	LSt E36

Fortsetzung der Tabelle nächste Seite

69

Fortsetzung von Tabelle B3.3		
Kurzzeichen	Bedeutung	Beispiel
m	unlegierter Edelstahl mit Begrenzung von S auf 0,020 bis 0,046%	Cm 45
P	zum Gesenkschmieden geeigneter Stahl	PSt 37-3
Q, q	Stahl mit Eignung zum Kaltumformen, z.B. zur Schraubenherstellung	QSt 37-3 Cq 45
R	Relaiswerkstoff	Rfe 100
Ro	für die Herstellung von Rohren geeignet	RoSt 37-2
StSch	Schienenstahl	StSch 60
StSp	Spundwandstahl	StSp 37
T	kaltzäher Stahl (für Tieftemp.)	TSt E460
TT	kaltzäher Stahl (für Tiefsttemp.)	TTSt 35
W	Warmfester Stahl	WSt E355
WT	Witterungsbeständiger Stahl	WTSt 37-3
Z	zum Kaltziehen geeigneter Stahl	Zst 60-2 RZSt 37-2
Es sind sowohl große als auch kleine Buchstaben festgelegt. Aufgrund der möglichen Anwendungen und Kombinationen kann es jedoch zu keiner Verwechselung in der Bedeutung kommen.		

Eine bestimmte Regel für die Reihenfolge von Kurzzeichen für zu kombinierende Eigenschaften in diesem ersten Benennungsblock gibt es nicht.

B 3.1.2   Block für Eigenschaften oder chemische Zusammensetzung

Dieser Block enthält Angaben für

a) Kennzeichen für den Werkstoff Stahl (Tabelle B3.4)

b) Kennzeichen für Eigenschaften (Tabelle B3.5)

c) Kennzeichen für Legierungen (Tabelle B3.6)

d) Symbole chemischer Elemente (Tabelle B3.7)
   sowie Multiplikatoren für verschlüsselte Gehalte an Legierungeselementen

Tabelle B3.4 Kennzeichen für den Werkstoff Stahl

Kurzzeichen	Bedeutung	Beispiel
St	Stahl	St 60 StE 255 UQRSt 37-2

Dieses Kurzzeichen findet Anwendung bei unlegierten Stählen mit Angaben zu mechanisch-technologischen Eigenschaften.

Tabelle B3.5 Kennzeichen für Eigenschaften

Kurzzeichen	Bedeutung	Beispiel
2 Ziffern	Zugfestigkeit N/mm²x0,1	GG-25 St 37
3 Ziffern	Streckgrenze N/mm² (nur in Verbindung mit E nach St)	StE 255
Ziffernfolge	Höchstwert Koerzitivfeldstärke in A/m (bei Relaiswerkstoffen RFe)	RFe 100
2x2 Ziffern	Kombination Streckgrenze/Zugfestigkeit jeweils N/mm²x0,1	BSt 42/50
2x2 Ziffern	Kombination Zugfestigkeit N/mm²x0,1 und Dehnung %	GTW-35-10
3 Ziffern und HB	Brinellhärte HB	GG-170 HB

Tabelle B3.6 Kennzeichen für Legierungen, bei Stählen, die nach der chemischen Zusammensetzung bezeichnet werden

Kurzzeichen	Bedeutung	Beispiel
ohne Zeichen	**niedriglegiert** mit absichtlichen Beimengungen von Elementen mit <u>zusammen</u> maximal 5 % Gehalt; außer C *die Gehalte der Elemente werden mittels Schlüsselzahlen angegeben unter Verwendung von Multiplikatoren nach Tabelle B3.7, die Ziffernfolge richtet sich nach fallendem Gehalt der Elemente*	15 Mo 3 12 CrMo 4 4 9 SMn 20
C	**unlegiert** ohne absichtliche Beimengungen von Elementen; lediglich natürliche Eisenbegleiter enthalten	C 60 Ck 45 C 35 N GS-C 25
X	**hochlegiert** mit beigemengten Elementen von zusammen mehr als 5 % Gehalt; außer C *die Gehalte der Elemente werden in vollen Prozentzahlen angegeben, in fallender Reihenfolge*	X 10 Cr 13 X 6 CrNiTi 18 10 G-X 10 Cr 13

Tabelle B3.7 Symbole chemischer Elemente
sowie Multiplikatoren für verschlüsselte Gehalte
an Legierungeselementen

Die Tabelle enthält die für die Stahlerzeugung gebräuchlichsten Elemente und deren chemische Symbole sowie die Multiplikatoren für die Bildung der Schlüsselzahlen bei niedriglegierten Stählen, siehe auch Tabelle B3.6.

Element	Symbol	Multipli-kator	Element	Symbol	Multipli-kator
Aluminium	Al	10	Nickel	Ni	4
Beryllium	Be	10	Niob	Nb	10
Blei (Plumbum)	Pb	10	Phosphor	P	100
Bor	B	1000	Schwefel	S	100
Cer	Ce	100	Silizium	Si	4
Chrom	Cr	4	Stickstoff (Nitrogenium)	N	100
Kobalt	Co	4	Tantal	Ta	10
Kohlenstoff (Carboneum)	C	100	Titan	Ti	10
Kupfer	Cu	100	Vanadium	V	10
Mangan	Mn	4	Wolfram	W	4
Molybdän	Mo	10	Zirkonium	Zr	10

Nachfolgend sind einige der Werkstoffkurznamen erläutert, die nach der chemischen Zusammensetzung gebildet wurden:

C 60 — unlegierter Kohlenstoffstahl (C) mit 0,60 % C (60 = 0,6%x100)

9 SMn 28 — niedriglegierter Automatenstahl mit 0,09 % C (9 = 0,09%x100), 0,28 % Schwefel (28 = 0,28%x100) und Beimengungen von Mangan (Mn)

13 CrMo 4 4 — niedriglegierter Stahl mit 0,13 % C (13 = 0,13%x100), 1 % Chrom (4 = 1%x4), 0,4 % Mangan (4 = 0,4%x10)

X 10 Cr 13 — hochlegierter Stahl mit 0,1 % C (10 = 0,1%x100), 13 % Chrom (13 = 13%)

X 2 CrNiMoN 17 13 5 — hochlegierter Stahl mit 0,02 % C (2 = 0,02%x100), 17 % Chrom, 13 % Nickel, 5 % Molybdän und Spuren von Stickstoff

Anmerkung: bei korrekter Anordnung der Elementsymbole und der Ziffern für die Gehalte, gleichgültig ob mit oder ohne Multiplikatoren gebildet, ergibt stets ein unverwechselbares Kurzzeichen.

B 3.1.3   Block für Behandlungen

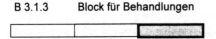

Dieser Block enthält Angaben über Behandlungen nach der Erschmelzung von Stahl oder bei der Erzeugung von Erzeugnisformen zur Erzielung bestimmter Eigenschaften.
Unterschieden werden:

a) Kennzeichen für Normalfälle, die bei mehreren Stahlgruppen
   vorkommen können (Tabelle B3.8)
b) Kennzeichen für Sonderfälle, die in der Regel nur bei einer Stahlgruppe
   Anwendung finden (Tabelle B3.9)

Tabelle B3.8 Kennzeichen für Behandlungen nach der Erschmelzung
oder bei der Erzeugung von Erzeugnisformen
zur Erzielung bestimmter Eigenschaften

Kurzzeichen	Bedeutung	Beispiel
A	angelassen	12Ni 19 N+A
H	Prüfung auf Härtbarkeit	
HH	Einengung des Härtbarkeits-streubandes, obere Grenzkurve	Cm 40 HH4
HL	Einengung des Härtbarkeits-streubandes, untere Grenzkurve	Ck 60 HL15
BG	Wärmebehandlung auf Ferrit-Perlit-Gefüge	St 37.4 BG
BK	blanke Oberfläche	St 37.4 BK
C	behandelt auf Scherbarkeit	100 Cr 6 C
G	weichgeglüht	Ck 45 G
H	gehärtet	14 NiMn 6 H+A
K	kaltgezogen	C 45 K
K	Kaltverfestigungsstufe	X 12 CrMoS 17 K550
N	normalgeglüht	C 15 N
S	spannungsarm geglüht	C 35 SH+S
SH	geschält (bei Rundstahl)	St 37-2 SH
TM	thermomechanisch behandelt	StE 360.7 TM
U	unbehandelt	St 37-2 U
V	vergütet	15 Mo 3 V
W	unlegierter Werkzeugstahl	C 45 W
Z	Anforderung an die Bruchein-schnürung in Dickenrichtung bei Blechen (nach SEL 096)	St 52-3 Z1
die Kombination von Kurzzeichen ist möglich, z.B.		
K und SH = K+SH N und BK = NBK SH und S SH+S		

Tabelle B3.9 Kennzeichen für Sonderfälle, die in der Regel nur bei
einer Stahlgruppe Anwendung finden

Kurzzeichen	Bedeutung	Beispiel
a) Angabe der **Gütegruppe** bei Baustählen nach DIN 17100 *die Gütegruppe ist in DIN 17100 nicht mehr besonders erläutert. Die der Festigkeit angehängten Ziffern repräsentieren die Unterschiede in der zur Schweißeignung wichtigen Desoxidation und damit verbunden gewisser Unterschiede in der chemischen Zusammensetzung.*		
-2	normale Gütegruppe	St 37-2 USt 37-2
-3	bessere Gütegruppe	RRSt 37-3 St 52-3
b) Angabe des **Gewährleistungsumfanges** *die betreffende zu gewährleistende Eigenschaft ist in der zugehörigen Werkstoffnorm mit Werten festgelegt*		
.1	Streckgrenze	
.2	Falt- oder Stauchversuch	
.3	Schlagzähigkeit	GGG-40.3
.4	Streckgrenze und Falt- oder Stauchversuch	

Fortsetzung der Tabelle B3.9

Kurzzeichen	Bedeutung	Beispiel
.5	Schlagzähigkeit und Falt- oder Stauchversuch	
.6	Streckgrenze und Schlagzähigkeit	
.7	Streckgrenze, Schlagzähigkeit und Falt- oder Stauchversuch	StE 210.7
.8	Warm- oder Dauerstandsfestigkeit	C 22.8
.9	elektrische oder magnetische Eigenschaft	
c) Gußeisen nach DIN 1691 Angabe der Probenform für den Zugversuch		
A	angegossene Probe, ohne Festlegung der Probenform	
G	getrennt gegossene Probe	GG-25 G
H	angegossene Probe, Probenform H	
K	angegossene Probe, Probenform K	GG-40 K
d) Einsatzstähle nach DIN 17210, Nitrierstähle nach DIN 17211, Stähle für Flamm- und Induktionshärten nach DIN 17212 Angabe bestimmter Gewährleistungsumfänge und Lieferarten		
die früher in diesen Norm enthaltenen Kurzzeichen, z.b. 1b, 2f, 4c, 5d, 7, 8c, 11h sind in den Ausgaben seit 1986 gestrichen, da sie kaum angewendet wurden. Die erforderlichen Daten sind in anderer Form in den Normen berücksichtigt, siehe die dortigen Erläuterungen		

Nichtrostende Stähle
Angabe der Herstellungsart, Oberflächenausführung und -beschaffenheit

bei nichtrostenden Stählen wird die Korrosionsbeständigkeit ganz wesentlich von der Oberfläche des Bauteiles bestimmt. Je nachdem, in welchem Zustand die Erzeugnisform weiterverarbeitet wird, z.B. durch mechanische Bearbeitung, durch Biegen, Ziehen oder auch durch Schweißen, werden unterchiedliche Anforderungen gestellt.
Die dafür gebildeten Kurzzeichen (siehe Tabelle B3.10) sind willkürlich gebildet und folgen keiner bestimmten Systematik.
Die Kennzeichen gelten für Stähle nach den Normen DIN 17440 bis 17459 (Schmiedestücke, Staberzeugnisse, Bleche, Rohre), jedoch gelten nicht alle Kurzzeichen für jede Erzeugnisform

Beispiel: X 6 CrNi 18 10 c1   c1 = Ausführung warmgeformt, wärmebehandelt, mechanisch entzundert
Oberflächenbeschaffenheit metallisch sauber

Tabelle B 3.10 Kurzzeichen

Kurzzeichen 1)	Ausführungsart	Oberflächenbeschaffenheit
a1	warmgeformt, nicht wärmebehandelt, allseitig geschliffen	mit Walzhaut bedeckt, gegebenenfalls mit Putzstellen
a2	warmgeformt, nicht wärmebehandelt, allseitig geschliffen	metallisch (Halbzeugschliff)
b oder Ic	warmgeformt, wärmebehandelt, nicht entzundert	mit Walzhaut bedeckt
c1 oder IIa	warmgeformt, wärmebehandelt, mechanisch entzundert	metallisch sauber

Fortsetzung der Tabelle B3.10

Kurz-zeichen 1)	Ausführungsart	Oberflächenbeschaffenheit
c2 oder IIa	warmgeformt, wärmebehandlt, gebeizt	metallisch sauber
d0	aus Blech oder Band c1 oder c2 geschweißte Rohre, nicht gebeiizt	metallisch sauber
d1	dito, gebeizt	metallisch blank
d2	dito, zunderfrei wärmebehandelt	metallisch blank
d3	aus Blech oder Band h, m oder n geschweißte Rohre, nicht gebeizt	metallisch blank
e	warmgeformt, wärmebehandelt, spangebend vorbearbeitet	metallisch blank
f oder IIIa	wärmebehandelt, mechanisch oder chemisch entzundert, abschließend kaltgeformt	glatt und blank, wesentlich glatter als bei c2 oder IIa
g	kaltgeformt, wärmebehandelt, nicht entzundert	verzundert
h oder IIIb	mechanisch oder chemisch entzundert, kaltgeformt, wärmebehandelt, gebeizt	glatter als bei c2 oder IIa
k0	aus Blech oder Band h, m oder n geschweißte Rohre, nicht gebeizt	metallisch sauber, abgesehen von der Schweißnaht wesentlich glatter als bei d0
k1	dito, gebeizt	dito, glatter als bei d1
k2	dito, wärmebehandelt, gebeizt	dito, glatter als bei d2
k3	dito, zunderfrei wärmebehandelt	dito, glatter als bei d3
l0 2)	aus Blech oder Band h, m oder n geschweißte Rohre, gegebenenfalls wärmebehandelt, gebeizt oder zunderfrei wärmebehandelt, kaltgeformt	metallisch blank, abgesehen von der Schweißnaht wesentlich glatter als bei d1 bis d3
l1 2)	dito, gegebenenfalls wärmebehandelt, mindestens 20% kaltgeformt, wärmebehandelt, mit rekristallisiertem Schweißgut, gebeizt	metallisch blank, Schweißnaht kaum erkennbar
l2 2)	wie l1, jedoch nicht gebeizt	wie l1
m oder IIId	mechanisch oder chemisch entzundert, kaltgeformt, blankgeglüht oder blankgeglüht und leicht nachgewalzt oder nachgezogen	glänzend und glatter als bei h oder IIIb
n oder IIIc	mechanisch oder chemisch entzundert, kaltgeformt, wärmebehandelt, gebeizt, blankgezogen (ziehpoliert)	matt und glatter als bei h oder IIIb
n1	zunderfreie Rohre kalt nachgezogen (ziehpoliert), nicht wärmebehandelt	metallisch ziehpoliert, glatter als bei h oder m
n2	kalt nachgezogen (ziehpoliert), zunderfrei wärmebehandelt	metallisch blank geglüht, glatter als bei h oder m
o oder IV	geschliffen	Art, Grad und Umfang des Schliffes sind bei der Bestellung zu vereinbaren
p oder V	poliert	Art, Grad und Umfang der Politur sind bei der Bestellung zu vereinbaren
q	gebürstet	seidenmatt

1) die mit Buchstaben verbundenen Zeichen I, II und III sind römische Ziffern
2) bei diesen Kurzzeichen bedeutet l ein kleines L

Nichtrostende Stähle mit Kaltverfestigung

Für den Grad der Kaltverfestigung kann dem Zusammensetzungsteil ein Kurzzeichen mit Angabe der zu erreichenden Mindestzugfestigkeit in N/mm² angehängt werden:

Beispiel: X 6 CrNiMoTi 17 12 2 **K800**   K800 = K   Symbol Kaltverfestigungsstufe 800
Mindestzugfestigkeit 800 N/mm2

B 3.1.4 **Besonderheiten für bestimmte Stahlerzeugnisse, die mit den Blöcken gemäß B 3.1.1 bis B 3.1.3 nicht erfaßt sind**

a) Werkzeugstähle nach DIN 17350

Die Werkstoffkurznamen für Werkzeugstähle aus unlegierten, niedriglegierten und hochlegierten Stählen folgt der Systematik gemäß Abschnitt B 3.1.2, Tabelle B3.6.

Für „Schnellarbeitsstähle" besteht jedoch eine eigene Systematik:

S 6 - 5 - 3

S 6 - 5 - 2 - 5 S

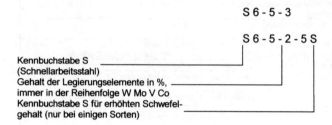

Kennbuchstabe S
(Schnellarbeitsstahl)
Gehalt der Legierungselemente in %,
immer in der Reihenfolge W Mo V Co
Kennbuchstabe S für erhöhten Schwefel-
gehalt (nur bei einigen Sorten)

b) Zusatzzeichen für Rohre (vor- oder nachgesetzt)

DIN 2391 Teil 2	Al	mit Aluminium desoxydiert	St 30 Al
	Si	erhöhter Siliziumgehalt	St 30 Si
DIN 2394 Teil 2	B	Gütegrad	B-St 28
	C	Gütegrad	C-RSt 37-2
DIN 1626/1629	.0	besondere Anforderungen	St 37.0
DIN 1623	.4	besonders hohe Anforderungen *(vergleichbar den Kurzzeichen nach Tabelle B3.9 b)*	St 44.4

c) Bänder und Bleche

Bänder und Bleche aus weichen unlegierten Stählen, kaltgewalzt DIN 1624

Beispiel: St4 K32 RP m UG FE

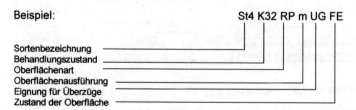

Sortenbezeichnung
Behandlungszustand
Oberflächenart
Oberflächenausführung
Eignung für Überzüge
Zustand der Oberfläche

Das Teilsystem ist in DIN 1624 beschrieben, deshalb wird auf eine Wiedergabe verzichtet.

d) Bleche und Bänder aus warmfesten Stählen DIN 17155

Neben niedriglegierten Stahlsorten, z.B. 17 Mn 4, enthält die Norm „Kesselbleche" aus unlegierten Stählen, die keine erklärbare Systematik haben.

Es sind die Sorten UH I   H I   H III   die Ziffern sind römische Zahlen
und keine kleinen Buchstaben L

e) Kaltgewalztes Band und Blech DIN 1623

Da diese Erzeugnisformen eine größere Anwendung finden, ist das Sondersystem nachfolgend erläutert.

Weiche unlegierte Stähle zum Kaltumformen

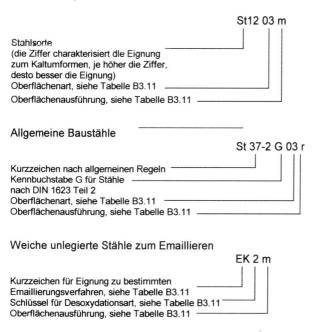

St12 03 m

Stahlsorte
(die Ziffer charakterisiert die Eignung
zum Kaltumformen, je höher die Ziffer,
desto besser die Eignung)
Oberflächenart, siehe Tabelle B3.11
Oberflächenausführung, siehe Tabelle B3.11

Allgemeine Baustähle

St 37-2 G 03 r

Kurzzeichen nach allgemeinen Regeln
Kennbuchstabe G für Stähle
nach DIN 1623 Teil 2
Oberflächenart, siehe Tabelle B3.11
Oberflächenausführung, siehe Tabelle B3.11

Weiche unlegierte Stähle zum Emaillieren

EK 2 m

Kurzzeichen für Eignung zu bestimmten
Emaillierungsverfahren, siehe Tabelle B3.11
Schlüssel für Desoxydationsart, siehe Tabelle B3.11
Oberflächenausführung, siehe Tabelle B3.11

Tabelle B3.11 Kurzzeichen für kaltgewalzte Bleche und Bänder
nach DIN 1623 Teil 1 bis 3

Kurzzeichen	Eigenschaft	kommt vor in	Beispiel
E	Emailliereignung	DIN 1623 Teil 3	
D	Direktemaillierverfahren		ED 3
K	konventionelles Emaillierverfahren		EK 3
2	Desoxydationsart R (beruhigt)		
3	Desoxydationsart R (beruhigt)		
4	Desoxyydationsart RR (besonders beruhigt)		

Fortsetzung Tabelle B3.11

Kurzzeichen	Eigenschaft	kommt vor in	Beispiel
03	Oberflächenart übliche kaltgewalzte Oberfläche, Fehler, die die Umformung und das Aufbringen von Oberflächenüberzügen nicht beeinträchtigen, sind zulässig	DIN 1623 Teil 1	St14 03
04	Oberflächenart beste Oberfläche, wie 03, jedoch muß die bessere Seite so weit fehlerfrei sein, daß das einheitliche Aussehen einer Qualitätslackierung oder eines elektrolytischen Überzuges nicht beeinträchtigt wird		St 52-3 G 05
b	Oberflächenausführung besonders glatt, Ra unter 0,4 um	DIN 1623 Teil 1 bis 3	
g	Oberflächenausführung glatt, Ra unter 0,9 um		St 37-2 G 05 g
m	Oberflächenausführung matt, Ra über 0,6 bis 1,9 um		St12 03 m
r	Oberflächenausführung rauh, Ra über 1,6 um		ED 3 r

Weißblech und Feinstblech in Tafeln   DIN 1616

T57 (BA) D 11,2/2,8 matt

Härtegrad
Kennbuchstabe für Glühung
Kennbuchstabe für Verzinnung
Kennwerte für die Zinnauflage
Oberflächenausführung

Tabelle B3.12 Kurzzeichen für Weiß- und Feinstbleche

Kurzzeichen	Bedeutung
T	Härtewert nach Rockwell HR 30 Tm (6 Härtewerte zwischen 50 und 70), z.B. T50
(BA) (CA)	Art der Glühung Haubenglühung kontinuierliches Glühen
E D	Art der Verzinnung elektrolytisch verzinnt, gleiche Zinnauflage auf beiden Seiten, z.B. E 10,0/10,0 elektrolytisch differenzverzinnt, ungleiche Zinnauflage auf beiden Seiten, z.B. D7,5/5,0
glänzend stone finish matt silbermatt	Oberflächenausführung Verfahrenserläuterung siehe DIN 1616

B 3.2 Bezeichnung mit Werkstoffnummer

Anstelle der Werkstoffbezeichnung durch einen Kurznamen gibt es die Möglichkeit, einen Stahl, Stahlguß oder Gußeisen mit einer Werkstoffnummer zu bezeichnen. Dieses nach DIN 17007 genormte System ist nachfolgend wiedergegeben.

Es ist auch für den Bereich Stahl und Stahlguß Grundlage für das neue europäische Werkstoffnummernsystem geworden, jedoch mit kleinen Abwandlungen.

Die Werkstoffnummer ist wie folgt gegliedert:

Hauptgruppe
0 Roheisen und Vorlegierungen, Gußeisen
1 Stahl, Stahlguß
2 Schwermetalle
3 Leichtmetalle
9 für Sonderwerkstoffe

Sortennummer
die Sortennummer ist in den ersten beiden Stellen
systematisch belegt, die beiden folgenden Stellen
sind reine Zählnummern und in der einzelnen Werkstoffnorm
belegt
Tabelle B3.14 für Roheisen, Vorlegierungen, Gußeisen
Tabelle B3.15 für Stahl und Stahlguß

Anhängeziffern (nur bei Bedarf)
für Stahlgewinnungsverfahren und für Behandlungszustände,
siehe Tabelle B3.13
wenn Anhängeziffer für Stahlgewinnungsverfahren nicht angegeben wird, muß die Ziffer 0 angegeben werden

Tabelle B 3.13 Anhängeziffern für
                    Stahlgewinnungsverfahren und Behandlungszustände

Stahlgewinnungsverfahren		Behandlungszustand	
Anhänge-ziffer 1. Stelle	Bedeutung	Anhänge-ziffer 2. Stelle	Bdeutung
0	unbestimmt, ohne Bedeutung	0	keine oder beliebige Behandlung
1	unberuhigter Thomasstahl	1	normalgeglüht
2	beruhigter Thomasstahl	2	weichgeglüht
3	unberuhigter Stahl sonstiger Er-schmelzungsart	3	wärmebehandelt auf gute Zerspan-barkeit
4	beruhigter Stahl sonstiger Erschmel-zungsart	4	zähvergütet
5	unberuhigter Siemens-Martin-Stahl	5	vergütet
6	beruhigter Siemens-Martin-Stahl	6	hartvergütet
7	unberuhigter Blasstahl	7	kaltverformt
8	beruhigter Blasstahl	8	federhart kaltverformt
9	Elektrostahl	9	behandelt nach besonderen Angaben

Tabelle B3.14   Werkstoffnummern Systematik der Hauptgruppe 0
                 Roheisen, Vorlegierungen, Gußeisen
                 (Auszug aus DIN 17007 Teil 3 Januar 1971)

nachfolgend sind aus der Normtabelle lediglich die festgelegten zweistelligen Sortenklassen wiedergegeben.

Roheisen (Sortenklassen sind nicht detailliert festgelegt)

Roheisen für Stahlerzeugung   00 bis 09
Roheisen für Gußerzeugung   10 bis 19
Sonderroheisen   20 bis 29

Vorlegierungen (Desoxydations- und Legierungsmittel einschließlich Ferrolegierungen)

Kennziffer	Sortenklasse	Kennziffer	Sortenklasse
30	Spiegeleisen	40	FeCr, FeCrSi, Cr
31	FeMn, Mn, FeSiMn	42	FeMo
33	FeSi, Si, FeSiZr	43	FeW
36	FeAlSi, FeAlSiMn, CaSi, CaSiAl	44	FeNi
37	FeSiMg, NiMg, CaSiMg, NiSiMg,	45	FeTi
	FeNiMg	47	FeNb, FeV, FeTa
38	SiC, CaC2	48	FeB, FeP

Beispiele: **0.3160** = FeMn 65 Si   **0.4748** = FeNb 65 Ta 0,2

Gußeisen

mit Lamellengraphit		mit Kugelgraphit		Temperguß		Sondergußeisen	
60	unlegiert	70	unlegiert	80	unlegiert	90	unlegiert
61	unlegiert	71	unlegiert	81	unlegiert	91	unlegiert
62	Cr	72	Cr	82	legiert	92	Cr
63	Cu	73	Cu			93	Cu
64	Mn	74	Mn			94	Mn
65	Mo	75	Mo			95	Mo
66	Ni	76	Ni			96	Ni
67	Si	77	Si			97	Si
68	sonstige	78	sonstige			98	sonstige
die Angabe eines chemischen Elementes, z.B. Cr, bedeutet legiertes Gußeisen							

Beispiele: **0.6025** = GG-25   **0.8170** = GTS-70-02   **0.7060** = GGG-60

            0.7688 = GGG-NiSiCr 35 5 2   **0.9645** = G-X 260 CrMoNi 20 2 1

Tabelle B3.15 Werkstoffnummern Systematik der Hauptgruppe 1
Stahl und Stahlguß *(Auszug aus DIN 17007 Teil 2 Februar 1961)*

Anmerkung: nachfolgend sind aus der Normtabelle lediglich die festgelegten zweistelligen Sortenklassen wiedergegeben.

Grund- und Qualitätsstähle, unlegierte Edelstähle

	Grund- und Qualitätsstahl		unlegierter Edelstahl
00	Grundstahlsorten	10	Stähle mit besonderen physikalischen Eigenschaften
01	allgemeine Baustähle mit Rm < 500 N/mm²	11	Baustähle mit < 0,50 % C
02	nicht für eine Wärmebehandlung bestimmte Baustähle, mit Rm < 500 N/mm²	12	Baustähle mit > 0,50 % C
03	Stähle mit < 0,12 % C oder Rm < 400 N/mm²		
04	Stähle mit > 0,12 < 0,25 % C oder Rm über> 400 < 500 N/mm²		
05	Stähle mit > 0,25 < 0,55 % C oder Rm > 500 < 700 N/mm²	15	Werkzeugstähle
06	Stähle mit über> 0,55 % C oder Rm > 700 N/mm²	16	Werkzeugstähle
07	Stähle mit höherem P- oder S-Gehalt	17	Werkzeugstähle
08	Stähle mit < 0,30 % C	18	Werkzeugstähle
09	Stähle mit über 0,30 % C		

Beispiele: **1.0023** = StSp 45   **1.0070** = St 70-2   **1.0160** = UPSt 37-2

1.1131 = GS-16 Mn 5   **1.1338** = C 22.8 S

Legierte Edelstähle

	Werkzeugstahl		verschiedene Stahlgruppen		chemisch beständige Stähle
20	Cr			40	nichtrostend, mit < 2,0 % Ni, ohne Mo, Nb, Ti
21	Cr-Si, Cr–Mn, CrMn-Si	31	Hartlegierungen	41	nichtrostend, mit < 2,0 % Ni, mit Mo, ohne Nb, Ti
22	Cr-V, Cr-V-Si, Cr-V-Mn, Cr-V-Mn-Si	32	Schnellarbeitsstähle mit Co		
23	Mo, Cr-Mo, Cr-Mo-V	33	Schnellarbeitsstähle ohne Co	43	nichtrostend, mit > 2,0 % Ni , ohne Mo, Nb, Ti
24	W, Cr-W	34	verschleißfeste Stähle	44	nichtrostend, mit > 2,0 % Ni, mit Mo, ohne Nb, Ti
25	W-V, Cr-W-V	35	Wälzlagerstähle	45	nichtrostend, mit Cu, Nb, Ti
26	W, außer Klassen 24,25,27	36	mit magnetischen Eigenschaften, ohne Co	46	Legierungen für die Luftfahrt
27	mit Ni	37	mit magnetischen Eigenschaften, mit Co	47	hitzebeständig, mit < 2,0 % Ni
28	sonstige Legierungen	38	mit physikalischen Eigenschaften, ohne Ni	48	hitzebeständig, mit > 2,0 % Ni
		39	mit physikalischen Eigenschaften, mit Ni	49	hochwarmfeste Werkstoffe

Beispiele: **1.2519** = 110WCrV5 **1.3202** = S 12-1-4-5 **1.3758** = AlNiCo 30/10

1.4027.95 = G-X 20Cr 14 EV **1.4008.05** = G-X 8 CrNi 13 V

1.4571 = X 6 CrNiMoTi 17 12 2

Legierte Edelstähle, Baustähle

50	Mn, Si, Cu	60	Cr-Ni mit > 2,0 < 3,0% Cr	70	Cr	80	Cr-Si-Mo, Cr-Si-Mn-Mo, Cr-Si-Mo-V, CrSiMnMoV
51	Mn-Si, Mn-Cr			71	Cr-Si, Cr-Mn, Cr-Si-Mn	81	Cr-Si-V, Cr-Mn-V, Cr-Si-Mn-V
52	Mn-Cu, Mn-V, Si-V, Mn-Si-V	62	Ni-Si, Ni-Mn, Ni-Cu	72	Cr-Mo mit < 0,35% Mo	82	Cr-Mo-W, Cr-Mo-W-V
53	Mn-Ti, Si-Ti, Mn-Si-Ti, Mn-Si-Zr	63	Ni-Mo, Ni-Mo-Mn, Ni-Mo-Cu, Ni-Mo-V, Ni-Mn-V	73	Cr-Mo mit > 0,35% Mo		
54	Mo, Mn-Mo, Si-Mo, Nb, Ti, V, W					84	Cr-Si-Ti, Cr-Mn-Ti, Cr-Si-Mn-Ti
55	mikrolegiert	65	Cr-Ni-Mo mit < 0,4% Mo und <2,0% Ni	75	Cr-V mit < 2,0% Cr	85	Nitrierstähle
56	Ni	66	Cr-Ni-Mo mit < 0,4% Mo und > 2,0 < 3,5% Ni	76	Cr-Ni-Mo mit < 0,4% Mo + >2,0 < 3,6% Ni		
57	Cr-Ni mit < 1% Cr	67	Cr-Ni-Mo mit > 3,5 < 5,0% Ni oder > 0,4% Mo	77	Cr-Mo-V		
58	Cr-Ni mit > 1,0 < 1,5% Cr	68	Cr-Ni-V, Cr-Ni-W, Cr-Ni-V-W			88	nicht für eine Wärmebehandlung beim Verbraucher bestimmte Stähle, außer 89
59	Cr-Ni mit > 1,5 < 2,0% Cr	69	Cr-Ni, außer 67,68	79	Cr-Mn-Mo, Cr-Mn-Mo-V	89	höherfeste schweißbare Baustähle, nicht für eine Wärmebehandlung beim Verbraucher bestimmt

Beispiele: **1.5415** = 15 Mo 3 **1.5430** = GS-8 MnMo 7 4 **1.6570** = GS-30 NiCrMo 8 5

1.7005 = 45 Cr 2 **1.8507** = 34 CrAlMo 5 **1.8910** = TStE 380

B 4   Einteilung von Stahlerzeugnissen

Aus Stahl oder Stahlguß hergestellte Erzeugnise werden nach ihrer Erzeugungsart eingeteilt und bezeichnet.

Die Grundeinteilung ist:

flüssiger Stahl
fester Rohstahl oder Halbzeug
Flacherzeugnisse
Langerzeugnisse
andere Erzeugnisse

B 4.1 Begriffsbestimmungen von Stahlerzeugnissen DIN EN 10079: 1993-02

Diese Norm legt die Begriffe für Stahlerzeugnisse fest. Da es sich um sehr umfangreiche Definitionen handelt, werden hier in der Tabelle B4.1 nur die Erzeugnisarten mit ihren Benennungen aufgeführt.

Tabelle B4.1 Benennungen von Stahlerzeugnissen

Stahlerzeugnisgruppe	Untergruppe
Flüssiger Stahl	für Blockguß, Strangguß, Stahlguß
Fester Rohstahl und Halbzeug *(Vorerzeugnisse der Stahlindustrie, kein Halbzeug der verarbeitenden Industrie)*	fester Rohstahl - Blöcke - Brammen Halbzeug - quadratisches Halbzeug - rechteckiges Halbzeug - flaches Halbzeug - rundes Halbzeug - vorprofiliertes Halbzeug

Flacherzeugnisse	- ohne Oberflächenveredelung
	 - warmgewalzte Flacherzeugnisse
	  - Breitflachstahl
	  - Blech (EN 10029)
	  - Band (EN 10051, EN 10048)
	 - kaltgewalzte Flacherzeugnisse
	  - Blech (EN 10131)
	  - Band (EN 10131)
	- Elektroblech und -band
	 - nichtkornorientiertes Elektroblech und -band
	 - kornorientiertes Elektroblech und -band
	- Verpackungsblech und -band
	 - Feinstblech (EN 10205)
	 - Weißblech und -band
	 - verzinntes Blech und Band (EN 10203)
	 - spezialverchromtes Blech oder Band (EN 10202)

Stahlerzeugnisgruppe	Untergruppe

Flacherzeugnisse (Fortsetzung)	- Warm- und kaltgewalzte Flacherzeugnisse mit Oberflächenveredelung
	  - Blech und Band mit metallischen Überzügen
	    - mit Überzügen aus einem Schmelzbad (EN 10143)
	    - mit elektrolytischen Überzügen (EN 10131)
	  - Blech und Band mit organischer Beschichtung
	  - Blech und Band mit anderen anorganischen Beschichtungen
	- Profilierte Bleche
	- Zusammengesetzte Erzeugnisse

Langerzeugnisse	- Walzdraht
	- Gezogener Draht (EN 10218-2)
	- Warmgeformte Stäbe
	  - gewalzte Vollstäbe
	    - Rundstäbe
	    - Vierkant-, Sechskant-, Achtkantstäbe
	    - Flachstäbe
	    - Spezialstäbe
	  - geschmiedete Stäbe
	  - Hohlbohrstäbe
	- Blankstahl
	  - gezogener Blankstahl
	  - geschälter Blankstahl
	  - geschliffener Blankstahl
	- gerippter und profilierter Beton- oder Spannstahl
	  - Walzdraht (EN 10138-5)
	  - Stäbe (EN 10138-4, EN 10080)
	  - gezogener Draht (EN 10138-2, EN 10080)
	- warmgewalzte Profile
	  - Gleisoberbauerzeugnisse
	  - Spundwanderzeugnisse
	- Grubenausbauprofille
	- Große I-, H-, U-Profile (früher Formstahl)
	  - I-Profile (EN 10034)
	  - H-Profile (EN 10034)
	  - U-Profile
	  - Fundamentprofile
	  - große I-, U-, H-Spezialprofile
	- andere Profile
	  - kleine U-, I- und H-Profile
	  - Winkelprofile (EN 10056-2)
	  - gleichschenklige T-Profile
	  - Wulstflachprofile
	  - kleine Spezialprofile
	- geschweißte Profile
	- Kaltprofile
	- Rohre
	- nahtlose Rohre (EN 10220)
	- geschweißte Rohre (EN 10216-1)
	- Hohlprofile (EN 10217-1)
	- Drehteilrohre (EN 10210-2, EN 10219-2)

Andere Erzeugnisse	- Freiformschmiedestücke
	- Gesenkschmiedestücke
	- Gußstücke
	- Pulvermetallurgische Erzeugnisse
	  - Stahlpulver
	  - Sinterformteile
	  - Sinterpreßteile

B 5   Bezeichnung von Stahlerzeugnissen

Ein Stahlerzeugnis wird bestimmt durch seine Form und seinen Werkstoff. Demzufolge müssen auch für *beide* Komponenten vollständige Bezeichnungen gebildet werden, die alle für die jeweiligen Eigenschaften erforderlichen Angben enthalten.

Vollständige Bezeichnung:

Dispositions-daten		Form			Werkstoff			
Menge	Lieferart 1)	Benennung	Norm-Nr. oder Zeichnung u.ä.	Form, Größe, Ausführung	Benennung Stahl	Norm-Nr. oder Spezifikation	Kurzname oder Werkstoff-nummer	Symbole für Erzeugnis

1) Lieferart = Stange bestimmter Länge, Blech bestimmter Tafelgröße, Draht in Ringen usw.

B 5.1 Bestellbezeichnungen in Normen

Bei genormten Erzeugnissen ist in den europäischen Normen meistens ein Bestellbeispiel angegeben, und in einer Auflistung sind Hinweise vorhanden, welche Angaben auf jeden Fall gemacht werden müssen, damit eine Bestellung vollständig ist und welche Angaben zusätzlich (optional) gemacht werden können.

Wo kein Bezug auf Normen genommen werden kann oder wo keine Kurzzeichen, Symbole u.ä. für bestimmte Eigenschaften festgelegt sind, müssen diese und etwaige Bedingungen über Prüfungen usw. verbal beschrieben werden.

B 5.2 Stücklistenbezeichnungen

Stahlerzeugnisse werden in der Regel für Fertigteile eingesetzt, die nach Zeichnung gefertigt werden. Deshalb ist eine Verknüpfung der Daten des Fertigteiles und des dafür eingesetzten Stahlerzeugnisses in der Stückliste erforderlich.

Beispiel:

Fertigteil:

Benennung	Bügel
Zeichnung Nr.	514122394
Werkstoff	X6CrNiTi18-10+2D

Rohteil:

Blech EN 10029 - 10Bx235x755
Stahl EN 10088 - X6CrNiTi18-10+2D

Ohne Angabe des Rohteiles wäre das Fertigteil mit obiger Angabe nicht vollständig bestimmt.

a) In der Zeichnung ist für die Blechdicke nur 10 mm angegeben; der Hinweis auf die Toleranzgruppe B (eingeschränkter Toleranzbereich) fehlt.

b) Die Werkstoffangabe ist unbestimmt, weil der Hinweis auf die Werkstoffnorm fehlt und somit nicht automatisch EN 10088 gilt!

Die Forderung nach vollständigen Angaben trifft auf Stücklisten zu, die auf der Zeichnung selbst vorhanden sind oder die getrennt erstellt wurden. Sie gilt gleichermaßen auch für Stammdatensätze von Fertigteilen in Stammdateien des Warenwirtschaftssystems und in PPS-Systemen.

TEIL C   GUSSEISEN

C 1   Allgemeines zur Metallgruppe Gußeisen

C 1.1 Einteilung der Gußeisenarten

Eisenguß (Cast iron) oder Gußeisen wird nach seinem Kohlenstoffgehalt definiert. Danach zählen alle überwiegend eisenhaltige Werkstoffe mit mehr als 2 % Kohlenstoff als Gußeisen.

Unterhalb dieses Grenzgehaltes an C wird von Stahlguß gesprochen.

Zu den genormten Gußeisenarten zählen:

Gußeisen mit Lamellengraphit (Grauguß) **Kugelgraphitguß** **Temperguß** **Vermikulargußeisen** **ledeburitisches Gußeisen (Hartguß)**

Eingeschlossen sind sowohl unlegierte als auch legierte Sorten.

C 1.2 Erzeugnisformen für Gußeisen

Gußeisen wird üblicherweise in folgenden Erzeugnisformen hergestellt:

Erzeugnisform	Erzeugnischarakteristik
Formguß	nach Modellen in den verschiedensten Geometrien
Strangguß	kontinuierlich stranggegossene Stäbe bis zu großer Länge unterschiedlicher Querschnitte, z.B. rund, quadratisch, vielkant symmetrisch oder asymmetrisch, rohrförmig
Schleuderguß	im Schleuderverfahren gegossene rotationssymmetrische Gußstangen (voll oder hohl) mit begrenzter Länge
Kokillenguß	in Kokillen, d.h. in Metallformen, gegossene Gußstücke symmetrischer Form
leider gibt es z.Z. in den europäischen Gußeisennormen noch keine Symbole für die Erzeugnisform	

C 2   Bezeichnungssystem nach Europäischen Normen (EN 1560)

C 2.1 Allgemeines

Das europäische Bezeichnungssystem für die Metallgruppe Gußeisen ist völlig neu gestaltet worden und hat keinerlei Entsprechung in einer bisherigen nationalen Norm oder internationalen Norm.

EN 1560 Gießereiwesen - Bezeichnungssystem für Gußeisen - Werkstoffkurzzeichen und Werkstoffnummern

Wie aus dem Titel der Norm bereits hervorgeht, sind für eine Gußeisensorte *zwei* Möglichkeiten der Bezeichnung gebildet worden, nämlich mittels eines Werkstoffkurzzeichen oder einer Werkstoffnummer.

Die Bezeichnungen werden nach folgender Klassifizierung gebildet:

a) Klassifizierung durch mechanische Eigenschaften

b) Klassifizierung nach der chemischen Zusammensetzung

C 2.2 Bezeichnung mit Werkstoff-Kurznamen (Haupt- und Zusatzsymbole)

Tabelle C1 Aufbau des Werkstoffkurzzeichens

Position	1	2	3	4	5	6
Zeichen	EN- *falls die Nummer der Werkstoffnorm in Verbindung mit dem Kurzzeichen genannt wird, darf die Vorsilbe EN- entfallen*	GJ *G für Gußstück* *J für Eisen* *(J aus dem englischen Iron = Eisen, statt I aber J)*	Zeichen für Graphitstruktur	Zeichen für Mikro- oder Makrostruktur	Zeichen für Klassifizierung durch a) mechanische Eigenschaften b) durch chemische Zusammensetzung	Zeichen für zusätzliche Forderungen

Beispiel 1: EN 1561-GJL-150 oder
              EN-GJL-150
              wenn die Werkstoffnorm EN 1561 nicht genannt wird

Beispiel 2: EN-GJS-350-22C

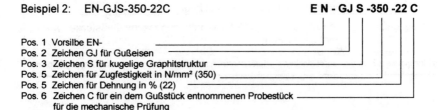

Pos. 1 Vorsilbe EN-
Pos. 2 Zeichen GJ für Gußeisen
Pos. 3 Zeichen S für kugelige Graphitstruktur
Pos. 5 Zeichen für Zugfestigkeit in N/mm² (350)
Pos. 5 Zeichen für Dehnung in % (22)
Pos. 6 Zeichen C für ein dem Gußstück entnommenen Probestück
       für die mechanische Prüfung

Beispiel 3: EN-GJMW-450-7S
Beispiel 4: EN-GJS-350-22U-LT
Beispiel 5: EN-GJN-HV350
Beispiel 6: EN-GJL-XNiMn13-7
Beispiel 7: EN-GJN-X300CrNiSi9-5-2

Da es sich bei der Gußeisengruppe um eine überschaubare Zahl von Werkstoffsorten handelt, läßt sich das Gesamtsystem einschließlich aller Symbole in einer einzigen Tabelle (Tabelle C2) darstellen.

Die Buchstaben für die Symbole sind meist der englischen Sprachfassung entlehnt, deshalb ist in der Tabelle C2 jeweils zusätzlich auch der englische Begriff zugefügt.

Tabelle C2 Gesamtaufbau der Bezeichnung von Gußeisenwerkstoffen durch Kurzzeichen mit Aufstellung aller Symbole mit deutschen und englischen Benennungen

Position	Bezeichnungs-bestandteil	Symbol	Benennung	
			deutsch	englisch
1	Normsymbol	EN-	Europäische Norm	European Standard 1)
2	Gußeisen	GJ	Gußeisen	Cast Iron 2)
3	Graphitstruktur			
		L	lamellar	Lamellar
		S	kugelig	Speroidal
		M	Temperkohle	Temper carbon (Mallea-ble)
		N	graphitfrei (Hartguß), ledeburitisch 3)	free of graphite (hard), ledeburitic 3)
		V	vermikular	vermicular
		Y	Sonderstruktur, in der Werkstoffnorm angegeben 3)	Special structure 3)
4	Mikro- oder Makrostruktur			
		A	Austenit	Austenitic
		F	Ferrit	Ferrite
		P	Perlit	Pearlite
		M	Martensit	Martensite
		L	Ledeburit	Ledeburite
		Q	abgeschreckt	Quenched
		T	vergütet	Quenched and Tempered
		B	nichtentkohlend ge-glüht (schwarz) 4)	Blackheart
		W	entkohlend geglüht (weiß) 4)	Whitehéart
5	mechanische Eigenschaften			
		Zahl	a) Zugfestigkeit: 3- oder 4stellige Zahl für den Mindestwert in N/mm²	
		-Zahl	b) Dehnung: Bindestrich und 1- oder 2stellige Zahl für den Mindestwert in %	
			c) Buchstabe für die Probenstückher-stellung:	

Position	Bezeichnungsbestandteil	Symbol	Benennung deutsch	Separately cast test sample englisch
		S	getrennt gegossenes Probestück	separately cast test sample
		U	angegossenes Probestück 3)	Cast-on test sample
		C	einem Gußstück entnommenes Probestück	Test sample cut from a casting
			d) Härte: 2 Buchstaben und 2- oder 3stellige Zahl für die Härte	
		HB	Brinellhärte	Brinell hardness
		HV	Vickershärte	Vickers hardness
		HR	Rockwellhärte	Rockwell hardness
			e) Schlagzähigkeit: Bindestrich und 2 Buchstaben für die Prüftemperatur	
		-RT	Raumtemperatur	Room Temperature
		-LT	tiefe Temperatur	Low Temperature
5	chemische Zusammensetzung			
		X	a) Buchstabensymbol, das Bezeichnung durch chemische Zusammensetzung anzeigt	
		Zahl	b) Kohlenstoffgehalt in Prozent x 100, jedoch nur, wenn C-Gehalt signifikant ist	
		Buchstaben	c) chemisches Symbol der Legierungselemente, z.B. Cr, Ni, Si	
		Zahl - Zahl - Zahl	d) Prozentsatz der Legierungselemente, durch Bindestriche getrennt, z.B. 9-5-2	
6	zusätzliche Anforderungen			
		D	Rohgußstück 3)	As-cast casting
		H	wärmebehandeltes Gußstück	Heat-treatet casting
		W	Schweißeignung für Verbindungsschweißungen	Weldeability for joint welds
		Z	zusätzliche Anforderungen, in der Bestellung festgelegt 3)	Additional requirements specified in the order

1) EN = aus dem französischen „Europeenne Normes"
2) weil I nach einer internationalen Regel wegen der Verwechselung mit der amerikanischen I = 1 nicht in Bezeichnungen alleine erscheinen darf, mußte auf J ausgewichen werden = „Juß"
3) Buchstabe des Symbols hat keinen Bezug auf die Benennung
4) gilt nur für Temperguß

In den einzelnen Werkstoffnormen, z.B. in EN 1561 für Gußeisen mit Lamellengraphit, sind dann die Werkstoffkurzzeichen für die verschiedenen Sorten nach dem zuvor gezeigten Aufbau und mit den Symbolen aus der Tabelle C2 einzeln festgelegt.

Für die Erzeugnisformen von Gußstücken aus Gußeisen (siehe Abschnitt 1.2) sind leider noch keine Kurzzeichen auf europäischer Ebene festgelegt worden, so daß man dies in der Bestellung und in anderen Dokumenten in Form eines Textes angeben muß.

C 2.3 Bezeichnung mit Werkstoff-Nummern

Die Bezeichnung von Gußeisen mit einer Werkstoffnummer ist eine zweite Möglichkeit, mit der eine vollständige Angabe möglich ist.

Das bedeutet, daß einem Werkstoffkurzzeichen eine vollständig entsprechende Werkstoffnummer zugeordnet werden kann. Dies geschieht konkret in den einzelnen Werkstoffnormen für die verschiedenen Werkstoffsorten.

Das neue Werkstoffnummernsystem hat keinerlei Ähnlichkeit mit dem bisher in Deutschland üblichen System, siehe Teil B Kapitel 3.

Tabelle C3 Aufbau der Werkstoffnummer

Stelle	1 bis 3	4	5	6	7 und 8	9
Zeichen	EN-	J	Zeichen für Graphit-struktur	Hauptmerk-mal Zugfestig-keit, Härte, chemische Zusammen-setzung	lfd. Nr. für jeweiligen Werkstoff, aus der Werkstoff-norm zu entnehmen	besondere Anforderung an den Werkstoff
entspricht der Position im Kurzzeichen	1	2	3	4	5	6

Beispiel 1:   EN 1561-JL1020   oder EN-JL1020, wenn die Werkstoffnorm EN 1561 nicht genannt wird

Beispiel 2: EN-JS1015

EN- J S 1 01 5

Pos. 1 bis 3 Vorsilbe EN-
Pos. 4 Zeichen J für Gußeisen
Pos. 5 Zeichen S für kugelige Graphitstruktur
Pos. 6 Ziffer 1 für Haupteigenschaft Zugfestigkeit
Pos. 7 und 8 laufende Nummer 01 aus Werkstoffnorm
Pos. 9 Ziffer 5 für Schlagzähigkeit bei tiefer Temperatur

Tabelle C4 zeigt eine Übersicht über alle Symbole, die im Rahmen der Werkstoffnummer für Gußeisen verwendet werden.

Tabelle C4 Gesamtaufbau der Bezeichnung von Gußeisenwerkstoffen durch Werkstoffnummern mit Aufstellung aller Symbole mit deutschen und englischen Benennungen

Stelle in der Nummer	Bezeichnungsbestandteil	Symbol	Benennung	
			deutsch	englisch
1 bis 3	Normsymbol	**EN-**	Europäische Norm	European Standard 1)
4	Gußeisen	**J**	Gußeisen	Cast Iron 2)
5	Graphitstruktur			
		L	lamellar	Lamellar
		S	kugelig	Spheroidal
		M	Temperkohle	Temper carbon (Malleable)
		N	graphitfrei (Hartguß), ledeburitisch 3)	free of graphite (hard), ledeburitic 3)
		Y	Sonderstruktur, in der Werkstoffnorm angegeben	Special structure 3)
6	Hauptmerkmal			
		1	Zugfestigkeit	
		2	Härte	
		3	chemische Zusammensetzung	
7 und 8	jeweilige Werkstoffsorte	**00 bis 99**	laufende Nummern aus der Werkstoffnorm	
9	zusätzliche Anforderung			
		0	keine besonderen Anforderungen	
		1	getrennt gegossene Probestück	
		2	angegossenes Probestück	
		3	einem Gußstück entnommenes Probestück	
		4	Schlägzähigkeit bei Raumtemperatur	
		5	Schlagzähigkeit bei tiefer Temperatur	
		6	Schweißeignung für Verbindungsschweißungen	
		7	Rohgußstück	
		8	wärmebehandeltes Gußstück	
		9	zusätzliche Anforderungen, in der Bestellung festgelegt	

1) EN = aus dem französischen „Europeenne Normes"
2) weil wegen der Verwechselungsgefahr mit der amerikanischen Zahl I = 1 der Buchstabe I nicht alleine in Bezeichnungen erscheinen darf, wurde auf J ausgewichen
3) Buchstabe des Symbols hat keinen Bezug auf die Benennung

In den einzelnen Werkstoffnormen, z.B. in EN 1563 für Gußeisen mit Kugelgraphit, sind dann die Werkstoffnummern für die verschiedenen Sorten nach dem zuvor gezeigten Aufbau und mit den Symbolen aus Tabelle C3 einzeln festgelegt.

C 3   Bezeichnungssystem nach bisherigen deutschen Regeln

Die Kenntnis der Grundstrukturen und Symbole der Werkstoffbezeichnungen mit Kurzzeichen oder mit Nummern ist für den Anwender von Bedeutung, auch wenn eine vollständige Umschlüsselung von deutscher Bezeichnung/Nummer auf europäische Bezeichnung/Nummer wegen anderer Strukturen kaum möglich ist.

Direkte Vergleiche der bisherigen deutschen und der neuen europäischen Bezeichnungen für Gußeisen sowie eine vollständige Aufstellung der genormten Gußeisensorten ist in Teil H Kapitel 2 enthalten.

C 3.1 Bezeichnung mit Kurznamen

Wegen der z.T. gleichen Systematiken bei Stahl und Gußeisen ist die bisherige deutsche Bezeichnungsweise für Gußeisen in Teil B Kapitel 3.1 dieses Buches mit behandelt.

Beispiele:

GG-25	GG-190 HB	GTW-35-04	GGG-40.3
DIN 1691	DIN 1691	DIN 1692	DIN 1693

C 3.2 Bezeichnung mit Werkstoffnummern

Wegen der gleichen Systematik bei Stahl und Gußeisen ist die bisherige deutsche Werkstoffnummer für Gußeisen in Teil B Kapitel 3.2 dieses Buches mit behandelt.

Beispiele: 0.6025   0.6022   0.8035   07043

Die 0. steht für Gußeisen.

TEIL D   NICHTEISENMETALLE

D 1   Einleitung

Unter dem (nichtgenormten) Begriff „Nichteisenmetalle" werden alle Reinmetalle und Metallegierungen verstanden, bei denen der Anteil an Eisen (Ferrum Fe) gering ist oder lediglich zur Erzielung bestimmter Eigenschaften einer Legierung absichtlich beigemengt ist oder als Begleitelement vorliegt.

Durch die Europäische Normung werden wesentliche Änderungen in der Bezeichnungsweise eintreten wie bei den noch nicht abgeschlossenen Arbeiten bei Titan, Zinn, Zink, Blei erkennbar oder sie sind bereits erfolgt wie bei Magnesium, Aluminium und Kupfer. Bei letzteren ist vor allem bedeutsam, daß die Bezeichnung mittels einer Nummer (alphanumerisch gebildet) den **Vorrang** vor der Bezeichnung mit einer aus der chemischen Zusammensetzung gebildeten Form hat . Das geht so weit, daß die Bezeichnung nach der chemischen Zusammensetzung der numerischen Bezeichnung lediglich in (eckigen) Klammern angehängt wird, z.B. EN AW-5052 [AlMg2,5].

Die bisherige in Deutschland bekannte „Werkstoffnummer" nach DIN 17007 Teil 3 und 4, z.B. 2.5413 (Kupfer) oder 3.4713 (Leichtmetalle) wird vollständig durch das ganz anders aufgebaute numerische Bezeichnungssystem nach den Europäischen Normen ersetzt, z.B. CW112W (Kupfer), AC-21000 (Aluminium), MC65220 (Magnesium).

Ein systematischer Vergleich der bisherigen DIN-Werkstoffnummern mit den europäischen numerischen Bezeichnungen ist nicht möglich.

Die Schreibweisen der Bezeichnungen mit Nummern oder mittels der chemischen Symbole sind in den Europäischen Normen *nicht* einheitlich für die verschiedenen Nichteisenmetalle geregelt, sondern durch die unterschiedliche Anwendung von Gliederungszeichen und Schreiblücken sowie durch die Verwendung unterschiedlicher Buchstaben für den Gußzustand (letzteres sogar in einem Fall sogar bei der gleichen Werkstoffgruppe) schwer erlernbar. Dies wird vor allem bei der Eingabe von Stammdaten und beim Fahren von Sortierprogrammen wegen der Fehler bei der stellengerechten Schreibweise zu Schwierigkeiten führen.

Tabelle D1 zeigt eine strukturierte Übersicht über die Europäischen Normen zur Bezeichnungsweise von Nichteisenmetallen auf der Basis von Kupfer, Aluminium und Magnesium.

D 2   Einteilung von Nichteisenmetallen

Nichteisenmetalle können eingeteilt werden

a) nach ihrer Dichte, siehe Tabelle D2,

b) bei legierten Nichteisenmetallen nach den charakteristischen
   Legierungstypen, siehe Tabelle D3,

c) nach ihren Erzeugnisformen, siehe Tabelle D4.

Wegen der unübersehbaren Vielfalt der jedoch oft sehr speziellen Legierungen und Erzeugnisformen sind diese Aufstellungen nicht vollständig. Ebenso wird das gesamte Gebiet der Raum- und Luftfahrtwerkstoffe hinsichtlich deren Bezeichnungsweise in dieser Auflage nicht dargestellt.

Tabelle D1 Übersicht über die Europäischen Normen zur Bezeichnungsweise von Nichteisenmetallen

Erzeugnisform	Bezeichnung	Magnesium und Magnesium-legierungen	Aluminium und Aluminium-legierungen	Kupfer und Kupfer-legierungen
Gußstücke	Numerisches System	EN 1754	EN 1780-1	EN 1412
	Chemische Symbole	EN 1754	EN 1780-2 u. -3	3)
	Zustände	-	-	EN 1173
Blockmetall, Anoden	Numerisches System	EN 1754	-	EN 1412
	Chemische Symbole	EN 1754	-	3)
Vorlegierungen, Masseln	Numerisches System	-	EN 1780-1	EN 1412
	Chemische Symbole	-	EN 1780-2 u. -3	3)
Halbzeug	Numerisches System	-	EN 573-1 1)	EN 1412
	Chemische Symbole	-	EN 573-2 2)	3)
	Zustände	-	EN 515	EN 1173
	Erzeugnisformen	-	EN 573-4	3)

1) EN 573-1 entspricht dem Internationalen Bezeichnungssystem (Empfehlung vom 15.12.1990 der Aluminium Association, Washington DC, USA.
2) das europäische System beruht auf den gleichen Prinzipien wie das nach der Internationalen Norm ISO 209-1, ist aber nicht völlig identisch.
3) Die Bezeichnungsweise nach chemischen Symbolen ist nicht in einer Bezeichnungsnorm, sondern in den Produktnormen für verschiedene Anwendungszwecke festgelegt. Eine komplette Übersicht kann daher hier nicht gegeben werden, sondern wird in einem ergänzenden Band mit Vergleichstabellen EN zu DIN (siehe Vorwort) erfolgen.

Tabelle D2 Einteilung von Nichteisenmetallen nach ihrer Dichte (Dichte in kg/dm³)

Leichtmetalle	Magnesium Mg	1,74
	Aluminium Al	2,7
	Titan Ti	4,5
Schwermetalle	Zink Zn	7,13
	Zinn Sn	7,28
	Nickel Ni	8,9
	Kupfer Cu	8,92
	Blei Pb	11,34

Tabelle D3 Charakteristische Legierungstypen
für die Basismetalle Cu, Al und Mg

1. Hauptlegierungs-element	Kombination mit Basiselement		
	Cu	**Al**	**Mg**
Al Aluminium	Cu Al	-	Mg Al
Be Beryllium	Cu Be	-	-
Co Kobalt	Cu Co	-	-
Cr Chrom	Cu Cr	-	-
Cu Kupfer	-	Al Cu	-
Fe Eisen	Cu Fe	Al Fe	-
Mg Magnesium	Cu Mg	Al Mg	-
Mn Mangan	Cu Mn	Al Mn	Mg Mn
Ni Nickel	Cu Ni	-	-
Pb Blei	Cu Pb	-	-
RE Seltene Erden	-	Al RE	Mg RE
Si Silizium	-	Al Si	Mg Si
Sn Zinn	Cu Sn	Al Sn	-
Y Yttrium	-	-	Mg Y
Zn Zink	Cu Zn	Al Zn	Mg Zn
Zr Zirkon	-	-	Mg Zr

Tabelle D4 Einteilung der Erzeugnisformen

Basiselement			
Gußerzeugnisse		**Halbzeug** W (Wrought)	
unlegiert	legiert	unlegiert	legiert
Anoden A (Anodes) nur bei Magnesium Blockmetall B (Bloc) Gußstück C (Casting) bei Kupfer G (Guß) 1) Vorlegierung M (Master alloy) Kathoden R (nur bei Kupfer)		Walzbarren Preßbarren Schmiedestücke und Vormaterial Draht und Vordraht Blech, Band, Platte Rohre, nahtlos, geschweißt Folie Preß- und Ziehprodukte Butzen Vormaterial für Dosen, Deckel, Verschlüsse	

1) bei Kupfer ist das Symbol für Guß bei der numerischen Bezeichnung C, bei der Bezeichnung nach chemischen Symbolen jedoch G wegen der Verwechselungsgefahr mit dem chemischen Symbol C für Kohlenstoff

Um alle in der Bezeichnung nach der chemischen Zusammensetzung verwendeten chemischen Symbole der Elemente entschlüsseln zu können, sind diese in Tabelle D5 zusammengestellt.

Tabelle D5 Liste der chemischen Symbole für Elemente (nach internationalen Regeln)

Aluminium	Al	Molybdän	Mo
Antimon (Stabium)	Sb	Nickel	Ni
Beryllium	Be	Niob	Nb
Blei (Plumbum)	Pb	Seltene Erden 1)	RE
Bor	B	Silber (Argentum)	Ag
Chrom	Cr	Silizium	Si
Eisen (Ferrum)	Fe	Strontium	Sr
Gallium	Ga	Titan	Ti
Kadmium (Cadmium)	Cd	Vanadium	V
Kobalt (Cobalt)	Co	Wismut (Bismut)	Bi
Kupfer (Cuprum)	Cu	Zer (Cer)	Ce
Lithium	Li	Zink	Zn
Magnesium	Mg	Zinn (Stannium)	Sn
Mangan	Mn	Zirkon	Zr

1) RE = Rear Earths

D 3   Bezeichnungssysteme von Kupferwerkstoffen

D 3.1 Grundsätzliche Festlegungen

Das Europäische Bezeichnungssystem für Kupfer und Kupferlegierungen weicht von dem für die anderen Nichteisenmetalle teilweise beträchtlich oder völlig ab. Dies trifft sowohl für die numerische Bezeichnung als auch für die Bezeichnung mit chemischen Symbolen zu.

Allgemeine Regeln zur Bezeichnungssystenmatik finden sich in:

> **EN 1412 Kupfer und Kupferlegierungen**
> **Europäisches Werkstoffnummernsystem**
>
> **EN 1173 Kupfer und Kupferlegierungen**
> **Zustandsbezeichnungen**

Für die Regeln zur Bezeichnung nach chemischen Symbolen gibt es keine eigene Norm. Vielmehr sind derartige Angaben lediglich in den erzeugnisgebundenen Normen zu finden.

Für eine Kupfersorte können *zwei* Bezeichnungen gebildet werden, nämlich

a) mittels einer Werkstoffnummer,

b) mittels eines Werkstoffsymbols.

Beide Bezeichnungsmöglichkeiten sind wie bei Stahl und Gußeisen gleichberechtigt und unabhängig voneinander einzeln verwendbar; im Gegensatz zu Aluminium, wo der numerischen Bezeichnung der Vorrang eingeräumt wird und das Werkstoffsymbol gar nur in eckigen Klammern hinzugefügt wird.

D 3.2 Bezeichnung mit Werkstoffnummern

Die *Werkstoff-Nummer* genannte numerische Bezeichnung ist alphanumerisch aufgebaut und umfaßt 6 Zeichen, siehe Tabelle D6a.

Tabelle D6a Aufbau der Werkstoff-Nummer

Position	1	2	3 bis 5	6
Zeichen	**C** für Kupfer, gemäß ISO/TR 7003	Buchstabe für Erzeugnisart, siehe Tabelle 7	lfd.Nr. zwischen 000 und 999	Buchstabe für Werkstoffgrupe, siehe Tabelle 7

D 3.3 Bezeichnung nach der chemischen Zusammensetzung oder nach anderer Art

Die *Werkstoffsymbol* genannte (sprechende) Bezeichnung ist nach der chemischen Zusammensetzung gebildet oder wird durch bestimmte Eigenaschaften verkörpernde Zeichen gebildet.

Es gibt keine Norm über eine systematische Bezeichnung für Kupferwerkstoffe für diese beiden Arten.

Vielmehr finden sich in den Werkstoff- und Produktnormen die vielfältigsten Festlegungen dazu.

Einige ausgewählte Beispiele zeigt Tabelle D6c.

Tabelle D6c Beispiele zur Bezeichnung von Kupferwerkstoffen

Bezeichnung	Erläuterung
Cu-OF	Sauerstofffreies Kupfer, unlegiert
CuSn8	Kupferlegierung mit Hauptlegierungselement Zinn mit einem Anteil von 8 %
Cu-DHP	Kupfer, unlegiert, DHP = sehr gut geeignet zum Schweißen, Hart- und Weichlöten
CuZn36Pb3	Kupferlegierung, mit Hauptlegierungselement Zink mit einem Anteil von 36 %, weiteres Legierungselement Blei mit einem Anteil von 3 %
(ohne)	es gibt Fälle, wo gemäß der Produktnorm feststeht, daß es sich um ein Kupfererzeugnis handelt, z.B. bei der Bezeichnung „Kupferrohr". In solchen Fällen wird meist keinerlei Angabe über die Werkstoffbezeichnung gemacht, sondern der Norm-Nummer des Produktes die Angabe der Zugfestigkeit (R220) mit Bindestrich direkt angehängt, z.B. Kupferrohr EN 1057 -R220 - 12 x 1,0

Da noch nicht alle Produktnormen für Kupfer in endgültiger Fassung vorliegen, werden die Bezeichnungen im Vergleich EN zu DIN in dem im Vorwort erwähnten Ergänzungsband aufgenommen.

D 3.4 Zustandsbezeichnungen von Kupferhalbzeug und Gußstücken

Nach EN 1173 können der Werkstoffbezeichnung (mittels Werkstoffnummer oder mittels Bezeichnung nach der chemischen Zusammensetzung oder nach anderen Eigenschaften) eine Bezeichnung des Produktzustandes in Bezug auf <u>verbindliche</u> Eigenschaften mit Bindestrich angefügt werden.

Beispiele: Band EN 1172 - Cu-DLP-**R240**

R240 = verbindliche Zugfestigkeit von 240 N/mm²

Tabelle D6d enthält alle Symbole und Zustände, für die in EN 1173 Festlegungen getroffen worden sind.

Tabelle D6d Zustandsbezeichnungen für Kupferprodukte
(für verbindliche Eigenschaften)

	1. Stelle	2. bis 4. Stelle	5. Stelle	6. Stelle	Beispiel
Buch-stabe	zu bezeich-nende verbindliche Eigenschaft	mit Ausnahme bei den Buchsta-ben D und M: dreistellige Zahl zur Bezeichnung der verbindlichen Eigenschaft 3)	Verwendung ei-ner Ziffer, wenn ein Eigenschafts-wert 4 Stellen umfaßt, z.B. bei der Zugfestigkeit, Verwendung des Zeichens S, wenn eine zusätzliche Behandlung zur Entspannung des Produktes erfor-derlich ist	Verwendung des Zeichens S, wenn eine zu-sätzliche Be-handlung zur Entspannung des Produktes erforderlich ist, und die Stelle 5 bereits besetzt ist	
A	Bruch-dehnung				Cu-OF-A007
B	Federbiege-grenze				CuSn8-B410
D	Gezogen 1)				ETP-D
G	Korngröße				CuZn37-G020
H	Härte 2)				CuZn37-H150
M	wie gefertigt 1)				CuZn36Pb3-M
R	Zugfestigkeit				CuZn39Pb3-R500 CuBe2-R1200 CuZn20Al2-R340S
Y	0,2%-Dehngrenze				CuZn30-Y460
Anmerkung: Herstellver-fahren und/oder Wärme-behandlungsverfahren werden durch diese Buchstaben nicht ange-zeigt					

1) ohne vorgeschriebene mechanische Eigenschaften
2) Brinell oder Vickers
3) Falls ein Wert, z.B. die Härte, aus 2 Ziffern besteht, ist an der Stelle 2 eine Null „0" vor dem festge-legten Wert anzugeben. Falls ein Wert aus nur einer Ziffer besteht, z.B. für die Bruchdehnung, sind an den Stellen 2 und 3 Nullen vor dem festgelegten Wert anzugeben

D 4 Bezeichnungssysteme von Aluminiumwerkstoffen

D 4.1 Grundsätzliche Festlegungen

Das Europäische Bezeichnungssystem für Aluminium und Alumiumlegierungen ist in folgenden Normen festgelegt, siehe Tabelle D7.

Tabelle D7   Europäische Normen zur Bezeichnung von Aluminiumwerkstoffen

Erzeugnisform	Numerisches Bezeichnungssystem	Bezeichnungssystem mit Chemischen Symbolen
Gußstücke, Vorlegierungen, Masseln	EN 1780-1 3)	EN 1780-2 und -3
Halbzeug	EN 573-1 1) 3)	EN 573-2 2)
Werkstoffzustände für Halbzeuge	EN 515	
Erzeugnisform für Halbzeug	EN 573-4	

1) entspricht dem Internationalen Bezeichnungssystem (Empfehlung vom 15.12.1970 der Aluminium Association, Washington DC, USA; eine Internationale Norm besteht jedoch nicht.
2) prinzipiell vergleichbar mit der Internationalen Norm ISO 209-1, aber nicht völlig identisch.
3) nicht mehr vergleichbar mit den bisherigen deutschen Werkstoffnummern, siehe DIN 17007 Teil 4.

Für eine Aluminiumsorte können *zwei* Bezeichnungen gebildet werden, nämlich

a) mittels einer Werkstoffnummer,

b) mittels eines Werkstoffsymbols (nach der chemischen Zusammensetzung).

Die Bezeichnung mit einer *Nummer* wird ausdrücklich bevorzugt!

Beispiel: **EN AW-5052**

Die Bezeichnung mit chemischen Symbolen muß mit *eckigen* Klammern der Nummer angehängt werden.

Beispiel: **EN AW-5052 [Al Mg2,5]**

Wenn die Bezeichnung nach chemischen Symbolen alleine angewendet werden soll, muß der erste Teil der Werkstoffnummer einschließlich des Bindestriches (EN AW-) vorangestellt werden.

Beispiel: **EN AW-Al Mg2,5**

Da Aluminium auch als Leichtbaustoff in der Luft- und Raumfahrt eingesetzt wird, sind die dafür vorgesehenen Aluminiumsorten in nur für diesen Sektor geltenden Europäischen Normen festgelegt. Dies gilt auch für das zugehörige Bezeichnungssystem, siehe EN 2032-1 und EN 2032-2.

D 4.2 Numerisches Bezeichnungssystem

Die numerische Bezeichnung ist alphanumerisch aufgebaut und umfaßt 10 Zeichen, siehe Tabelle D8.

Tabelle D8   Aufbau der numerischen Bezeichnung

Position	1 bis 3	4	5 und 6	7 bis 11
Zeichen	EN (Europäische Norm und Leerstelle)	A (Aluminium)	Zeichen für die Erzeugnisart und Bindestrich	verschiedene Zeichen und Buchstaben, siehe Tabelle D9 für: - Halbzeug - unlegiertes Gußaluminium - Aluminiumlegierungen (Masseln und Gußstücke - Aluminiumvorlegierungen
entspricht Position in der Bezeichnung nach chemischen Symbolen	1	2	3	4

Beispiel 1:   EN AW-5052

Beispiel 2:   EN AW-5154A (Aluminium, Halbzeug; gebildet nach EN 573-1)

EN AW-5154A

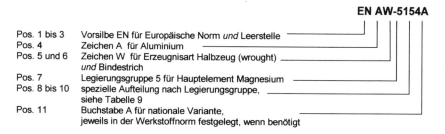

Pos. 1 bis 3	Vorsilbe EN für Europäische Norm und Leerstelle
Pos. 4	Zeichen A für Aluminium
Pos. 5 und 6	Zeichen W für Erzeugnisart Halbzeug (wrought) und Bindestrich
Pos. 7	Legierungsgruppe 5 für Hauptelement Magnesium
Pos. 8 bis 10	spezielle Aufteilung nach Legierungsgruppe, siehe Tabelle 9
Pos. 11	Buchstabe A für nationale Variante, jeweils in der Werkstoffnorm festgelegt, wenn benötigt

Beispiel 3:   EN AB-10970 (Blockmetall, Reinaluminium, gegossen; gebildet nach EN 1780-1)

EN AB-10970

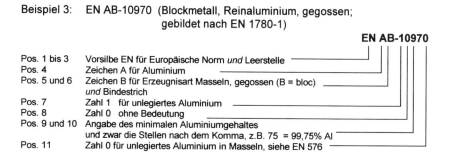

Pos. 1 bis 3	Vorsilbe EN für Europäische Norm und Leerstelle
Pos. 4	Zeichen A für Aluminium
Pos. 5 und 6	Zeichen B für Erzeugnisart Masseln, gegossen (B = bloc) und Bindestrich
Pos. 7	Zahl 1 für unlegiertes Aluminium
Pos. 8	Zahl 0 ohne Bedeutung
Pos. 9 und 10	Angabe des minimalen Aluminiumgehaltes und zwar die Stellen nach dem Komma, z.B. 75 = 99,75% Al
Pos. 11	Zahl 0 für unlegiertes Aluminium in Masseln, siehe EN 576

Beispiel 4: EN AC-24700 (Gußstück, Al SiMgTi-Legierung; gebildet nach EN 1780-1)

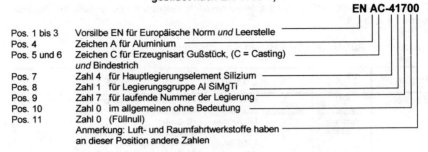

EN AC-41700

Pos. 1 bis 3	Vorsilbe EN für Europäische Norm *und* Leerstelle
Pos. 4	Zeichen A für Aluminium
Pos. 5 und 6	Zeichen C für Erzeugnisart Gußstück, (C = Casting) *und* Bindestrich
Pos. 7	Zahl 4 für Hauptlegierungselement Silizium
Pos. 8	Zahl 1 für Legierungsgruppe Al SiMgTi
Pos. 9	Zahl 7 für laufende Nummer der Legierung
Pos. 10	Zahl 0 im allgemeinen ohne Bedeutung
Pos. 11	Zahl 0 (Füllnull)
	Anmerkung: Luft- und Raumfahrtwerkstoffe haben an dieser Position andere Zahlen

Tabelle D9 Gesamtaufbau der Bezeichnung von Aluminiumwerkstoffen durch Werkstoffnummern, mit Aufstellung aller Symbole mit deutschen und englischen Benennungen

Position	Bezeichnungsbestandteil	Symbol oder Ziffer	Benennung deutsch	Benennung englisch
1 bis 3	Normsymbol <u>und</u> Leerstelle	EN	Europäische Norm	European Standard
4	Buchstabe für Aluminium	A	Aluminium	Aluminium
5 und 6	Buchstabe für Erzeugnisart <u>und</u> Bindestrich	B	Blockmetall (Masseln)	Bloc metal (Ingots)
		C	Gußstück	Casting
		M	Vorlegierung	Master alloy
		W	Halbzeug	Wrought products
7 bis 11	Halbzeug (EN 573-1)	Stelle 7	<u>Legierungsgruppe</u>: 1 Aluminium, mind. 99,00 % 2 bis 9 Legierung mit Hauptlegierungselement: 2 Kupfer 3 Mangan 4 Silizium 5 Magnesium 6 Magnesium und Silizium 7 Zink 8 sonstige Elemente 9 nicht besetzt	
		Stelle 8	bei <u>Reinaluminium</u>: Modifizierungen der Verunreinigung oder auch Legierungselemente bei <u>Aluminiumlegierungen</u>: 0 Originallegierung 1 bis 9 Legierungsabwandlungen	
		Stelle 9 und 10	bei <u>Reinaluminium</u>: Angabe der letzten beiden Ziffern des Mindestanteils an Al in % und zwar der Stellen nach dem Komma, z.B. 97 für 99,97 % Al bei <u>Aluminiumlegierungen</u>: laufende Nummer der Legierung	
		Stelle 11	Buchstabe A bis X für nationale Varianten	

Position	Bezeichnungs-bestandteil	Symbol oder Ziffer	Benennung deutsch	Benennung englisch
	Gußstücke, Masseln (EN 1780-1)	Stelle 7	Legierungsgruppe: 1 Aluminium, mind. 99,0 % 2 bis 7 Legierung mit Hauptlegierungselement: 2 Kupfer 4 Silizium 5 Magnesium 7 Zink	
		Stelle 8	bei Reinaluminium: 0	
		Stelle 7 und 8	bei Aluminiumlegierungen: Legierungsgruppe: 21 Al Cu 41 Al SiMgTi 42 Al Si7Mg 43 Al Si10Mg 44 Al Si 45 Al Si5Cu 46 Al Si9Cu 48 Al SiCuNiMg 51 Al Mg 71 Al ZnMg	
		Stelle 9 und 10	bei Reinaluminium: Angabe der letzten beiden Ziffern des Mindestanteils an Al in Prozent, und zwar der Stellen nach dem Komma, 7.B. 97 für 99,97 % Al	
		Stelle 9 und 10	bei Aluminiumlegierungen: Stelle 9: lfd. Nr. ohne spezielle Bedeutung Stelle 10: im allgemeinen 0 (Null)	
		Stelle 11	bei Reinaluminium: 0 für Masseln, allgemeine Anwendung (EN 576) 1,2 usw. für Masseln, besondere Anwendung (EN 576) bei Aluminiumlegierungen: 0 für allgemeine Anwendung 1,2 usw. bei Legierungen der Raum- und Luftfahrt	
	Vorlegierungen (EN 1780-1)	Stelle 7	9 Vorlegierung	
		Stelle 8 und 9	Ordnungszahl des Hauptlegierungselementes: 05 Bor 14 Silizium 29 Kupfer	
		Stelle 10 und 11	lfd. Nr. ungerade Zahl für geringen Verunreinigungsgrad gerade Zahl für hohen Verunreinigungsgrad	

D 4.3 Bezeichnung nach der chemischen Zusammensetzung

Neben der numerischen Bezeichnung ist für Aluminium und Aluminiumlegierungen auch ein sprechender Bezeichnungsschlüssel genormt, der sich weitgehend an der chemischen Zusammensetzung orientiert. Es gibt keine eigene Benennung für diese Bezeichnungsart. In diesem Buch wird die Benennung *Werkstoffsymbol* (wie bei Magnesium) verwendet.

Das Werkstoffsymbol muß normalerweise in *eckige* Klammern gesetzt und der numerischen Bezeichnung angehängt werden, z.B.

EN AW-5052[Al Mg2,5]   **EN AB-45400[Al Si5Cu3]**

Wenn ausnahmsweise nur das Werkstoffsymbol angewendet werden soll, so muß ihm in jedem Fall der erste Teil der numerischen Bezeichnung vorangestellt werden, für die obigen Beispiele:

EN AW-Al Mg2,5   **EN AB-Al Si5Cu3**

Das *Werkstoffsymbol* umfaßt, wenn es alleine, d.h. ohne Angabe der numerischen Betzeichnung verwendet wird, 5 Positionen, siehe Tabelle D10.

Tabelle D10 Aufbau des Werkstoffsymbols

Position	1	2	3	4	5
Zeichen	EN 1)	A		Al	2) 3)
	Europäische Norm und Leerstelle	Aluminium	Zeichen für Erzeugnisart und Bindestrich	Chemisches Symbol für Aluminium und Leerstelle	Zusammensetzung

1) falls die Nummer der Werkstoffnorm in Verbindung mit dem Werkstoffsymbol genannt wird, darf die Vorsilbe EN entfallen
2) und 3) siehe nachfolgende Tabelle

2) bei Reinaluminium	3) bei Aluminiumlegierungen

- Reinheitsgrad in Prozent, z.B. 99,99
- im Falle der Zugabe eines Elementes mit geringem Massenanteil wird dessen chemisches Symbol dem Reinheitsgrad angefügt, z.B. 99,0Cu
- Buchstaben vor der Angabe Al für besondere Anwendungen 5) 6)
  E elektrotechnische Anwendung, z.B. EAl MgSi
- Buchstaben nach der ersten Dezimalstelle möglich für besondere Anwendungen 4) 6)
  E elektrotechnische Anwendung, z.B. Al 99,7E
  A, B, C usw. für andere Anwendungen, in der Werkstoffnorm festgelegt
	- Angabe der Legierungselemente in fallender Reihenfolge ihrer Nenngehalte, z.B. Si5Cu3
	- wenn die Gehalte gleich sind, sind die Symbole in alphabetischer Reihenfolge zu schreiben, z.B. Si12CuMgNi
	- Kommastellen der Gehalte sind möglich, z.B. Al Sr10Ti1B0,2
	- falls Verunreinigungen durch bestimmte Elemente im Symbol erkennbar sein sollen, werden sie in Klammern hinzugefügt 4), z.B. Al Si12(Fe), Al Si9Cu3(Fe)(Zn)
	- wenn noch eine weitere Unterscheidung sehr ähnlicher Legierungen erforderlich wird, die nicht durch chemische Symbole und Anteile ausgedrückt werden kann. Dies ist jeweils in der Werkstoffnorm festgelegt.

2) bei Reinaluminium	3) bei Aluminiumlegierungen
	Gußstücke, Masseln, Vorlegierungen: einen kleinen Buchstabe in Klammern hinzufügen 4) 6) z.b. Al Si12(a) Halbzeug: einen großen Buchstaben in Klammern hinzufügen 5) 6) z.b. Al Cu4SiMg(A) - bei Vorlegierungen muß am Ende der che- mischen Bezeichnung ein zusätzlicher Buchsta- be in Klammern für den Grad der Verunreiniung verwendet werden 6) (A) geringer Verunreinigungsgrad (B) hoher Verunreinigungsgrad

4) gilt für Gußstücke, Masseln, Vorlegierungen nach EN 1780-2, nicht für Halbzeug
5) gilt für Halbzeug nach EN 573-2, nicht für Gußstücke, Masseln, Vorlegierungen
6) die unterschiedliche Bedeutung und Anordnung zusätzlicher Buchstaben sowie deren Schreibweise, groß oder klein, mit oder ohne Klammern, ist schwierig zu verstehen, deshalb hier vergleichende Beispiele auf einen Blick:

Al 99,7E   EAl Mg Si   Al Si12(a)   Al Cu4SiMg(A)

Beispiele für *unlegiertes Aluminium* (Reinaluminium)

Beispiel 1: EN AB-Al 99,80

.

EN AB-Al 99,80

Pos. 1 Vorsilbe EN und Leerstelle ─────────────────────┘ ║ │ │
Pos. 2 Zeichen A für Aluminium
Pos. 3 Zeichen B für Erzeugnisart Masseln (Blockmetall) *und* Bindestrich ────────┘ │ │
Pos. 4 Chemisches Symbol Al für Aluminium *und* Leerstelle ──────────┘ │
Pos. 5 Reinheitsgrad für Al in % ────────────────────────────────────┘

Beispiel 2: EN AW-Al 99,0Cu

EN AW-Al 99,0Cu

Pos. 1 und 2 wie Beispiel 1 ────────────────────────┘ ║ ║ │ │
Pos. 3 Zeichen W für Halbzeug (wrought) *und* Bindestrich ────────┘ ║ │ │
Pos. 4 wie Beispiel 1 ──────────────────────────────────────┘ │ │
Pos. 5 wie Beispiel 1 ──┘ │
zusätzlich: chemisches Symbol Cu für Kupfer mit geringem ──────────────────┘
                 Massenanteil

Beispiel 3: EN AB-Al 99,7E

EN AB-Al 99,7E

Pos. 1 bis 5 wie Beispiel 1 ──────────────────────────┘ │ │ │ │ │
zusätzlich: Zeichen E für elektrotechnische Anwendung ─────────────────────┘

Beispiel 4: EN AW-EAl 99,5

Pos. 1 und 2 wie Beispiel 1
Pos. 3 wie Beispiel 2
zusätzlich: Zeichen E für elektrotechnische Anwendung
Pos. 4 und 5 wie Beispiel 1

Achtung: Die Beispiele 3 und 4 enthalten die gleiche Aussage (E), aber an verschiedenen Positionen der Bezeichnung

Beispiele für *Aluminiumlegierungen*:

Beispiel 5: EN AC-Al Si12CuMgNi

Pos. 1 Vorsilbe EN *und* Leerstelle
Pos. 2 Zeichen A für Aluminium
Pos. 3 Zeichen C für Gußstück (Casting) *und* Bindestrich
Pos. 4 Chemisches Symbol Al für Aluminium
Pos. 5 Legierung:
    Si12 Hauptlegierungselement Silizium mit 12 % Anteil
    Cu (Kupfer), Mg (Magnesium), Ni (Nickel) für weitere
    Elemente, ohne Angabe von Anteilen

D 4.4 Bezeichnung von Werkstoffzuständen von Aluminiumhalbzeug

Die Gebrauchseigenschaften von Aluminiumwerkstoffen sind nicht nur von der chemischen Zusammensetzung und der Erzeugnisform abhängig, sondern in vielen Fällen auch maßgeblich von besonderen Behandlungen, die in EN 515 genormt sind und in den Tabellen D11 und D12 aufgeführt sind.

Tabelle D11 Werkstoffzustände von Aluminiumhalbzeug

Bezeichnung	Definition
Kaltumformung	Plastische Umformung eines Metalls bei einer Temperatur und Geschwindigkeit, die zu einer Kaltverfestigung führen.
Kaltverfestigung	Veränderung eines Metallgefüges durch Kaltumformung, die zu erhöhter Festigkeit und Härte führt, wobei die Formbarkeit abnimmt.
Lösungsglühen	Bei dieser Wärmebehandlung werden die Erzeugnisse auf eine geeignete Temperatur erwärmt und genügend lange auf dieser Temperatur gehalten, so daß die Elemente im Mischkristall in Lösung gebracht werden und beim anschließenden schnellen Abkühlen (Abschrecken) in Lösung bleiben.
Auslagern	Ausscheidung aus dem übersättigten Mischkristall, das zu einer Änderung der Eigenschaften einer Legierung führt; dies erfolgt üblicherweise langsam bei Raumtemperatur (Kaltauslagern) und schneller bei erhöhten Temoperaturen (Warmauslagern).
Weichglühen	Wärmebehandlung zum Erweichen des Metalls durch Entfestigen oder durch Vergrößerung der Ausscheidungen aus dem Mischkristall.

Die Zustandsbezeichnungen werden in der Reihenfolge der Behandlungen verschlüsselt. Sie werden der Legierungsbezeichnung (in der numerischen Bezeichnung, siehe Abschnitt D4.2, oder in der Bezeichnung nach der chemischen Zusammensetzung, siehe Abschnitt D4.3, mit einem Bindestrich angehängt.

Beispiele:

	EN AW-1080A-**H22**	nur Nummer
oder	EN AW-1080A[Al 99,8(A)]-**H22**	Nummer und in Klammern Symbol
oder	EN AW-Al 99,8(A)-**H22**	nur Symbol

	EN AW-7075-**T651**
oder	ENAW-7075[Al Zn5,5MgCu]-**T651**
oder	EN AW-Al Zn5,5MgCu-**T651**

D 4.4.1 Zustandskennzeichnung nach EN 515

Die Basiszustände werden gemäß Tabelle D12 mit Buchstaben bezeichnet.
Die Unterteilungen erfolgen mit 1 bis 5 Ziffern
Wegen der äußerst umfangreichen Tabelle in EN 515 entfällt hier eine Wiedergabe.

D 4.4.2 Aufbau der Zustandsbezeichnung

Beispiel (mit 5 Ziffern):   -**T79511**

Bindestrich (zum Anhängen an die Werkstoffnummer
            bzw. an das Werkstoffsymbol)
T = wärmebehandelt (auf andere Zustände als F, O oder H)
79 = lösungsgeglüht und sehr begrenzt überhärtet (warmausgelagert)
51 = durch kontrolliertes Recken entspannt
1 = geringfügiges Nachrichten zur Einhaltung der
    festgelegten Grenzabmaße zulässig

Tabelle D12 Aufbau der Zustandbezeichnung und Erläuterung der Hauptbestandteile der Bezeichnung nach EN 515

Buchstabe	Bedeutung	1. Ziffer	2. bis 5. Ziffer
F	**Herstellungszustand** Diese Bezeichnung gilt für Erzeugnisse aus Umformverfahren, bei denen die thermischen Bedingungen oder die Kaltverfestigung keiner speziellen Kontrolle unterliegen. Für diesen Zustand sind keine Grenzwerte der mechanischen Eigenschaften festgelegt.	keine weitere Unterteilung	keine weitere Unterteilung
O	**Weichgeglüht** Die Bezeichnung gilt für Erzeugnisse, die zur Erzielung eines Zustandes mit möglichst geringer Festigkeit geglüht werden. Dem Buchstaben O kann nur eine andere Ziffer als die Null folgen.	1 2 3	keine weitere Unterteilung
H	**Kaltverfestigt** Diese Bezeichnung gilt für Erzeugnisse, die zur Sicherstellung der festgelegten mechanischen Eigenschaften nach dem Weichglühen (oder nach dem Warmumformen) einer Kaltumformung oder einer Kombination aus Kaltumformung und Erholungsglühen bzw. Stabilisieren unterzogen werden. Dem Buchstaben H schließen sich immer mindestens zwei Ziffern an, die erste zur Kennzeichnung der Art der thermischen Behandlung, die zweite zur Kennzeichnung des Grades der Kaltverfestigung (in bestimmten Fällen wird noch eine dritte Ziffer zur Kennzeichnung besonderer Behandlungsverfahren verwendet).	1 2 3 4	2. Ziffer oder 2. und 3. Ziffer unterteilt
W	**Lösungsgeglüht** Diese Bezeichnung kennzeichnet einen instabilen Zustand. Sie gilt nur für Legierungen, die nach dem Lösungsglühen spontan bei Raumtemperatur aushärten. Diese Bezeichnung ist nur dann eindeutig, wenn die Zeitspanne des Kaltauslagerns angegeben ist, z.B. W1/2h.	5	2. Ziffer oder 2. und 3. Ziffer unterteilt
T	**Wärmebehandelt auf andere stabile Zustände als F, O oder H** Diese Bezeichnung gilt für Erzeugnisse, die zur Erzielung stabiler Zustände mit oder ohne zusätzliche Kaltverfestigung wärmebehandelt werden. An das T schließen sich immer mehrere Ziffern an, die die spezifische Reihenfolge der Behandlungen kennzeichnen.	1 2 3 4 5 6 7 8 9	ohne weitere Ziffer oder mit 2. Ziffer oder mit 2. und 3. Ziffer oder mit 2. bis 4. Ziffer oder mit 2. bis 5. Ziffer unterteilt

Erläuterung der Ziffern siehe DIN EN 515

D 5 Bezeichnungssysteme von Magnesiumwerkstoffen DIN EN 1754

D 5.1 Grundsätzliche Festlegungen

Das Europäische Bezeichnungssystem für Magnesium und Magnesiumlegierungen für die allgemeine Anwendung folgt in manchen Einzelheiten dem von Aluminium, weist aber einige strukturelle Unterschiede in der Schreibweise auf.

EN 1754 Magnesium und Magnesiumlegierungen Gußanoden, Blockmetalle und Gußstücke Bezeichnungssystem

Für eine Magnesiumsorte können *zwei* Bezeichnungen gebildet werden, nämlich

a) mittels einer Werkstoffnummer,

b) mittels eines Werkstoffsymbols.

Beide Bezeichnungsmöglichkeiten sind wie bei Stahl und Gußeisen gleichberechtigt und unabhängig voneinander einzeln verwendbar; im Gegensatz zu Kupfer und Aluminium, wo der numerischen Bezeichnung der Vorrang eingeräumt wird und das Werkstoffsymbol gar nur in eckigen Klammern hinzugefügt wird.

Ein europäisches System für Magnesiumhalbzeug für allgemeine Anwendung besteht z.Z. noch nicht.

Da Magnesium hauptsächlich als Leichtbaustoff in der Luft- und Raumfahrt eingesetzt wird, sind die dafür vorgesehenen Magnesiumsorten in nur für diesen Sektor geltenden Europäischen Normen festgelegt. Dies gilt auch für das zugehörige Bezeichnungssystem, siehe EN 2032-1 und EN 2032-2.

D 5.2 Bezeichnungssystem mit Werkstoffnummern

Die *Werkstoff-Nummer* genannte numerische Bezeichnung ist alphanumerisch aufgebaut und umfaßt 10 Zeichen, siehe Tabelle D13.

Tabelle D13 Aufbau der Werkstoff-Nummer

Position	1 bis 3	4	5	6	7 und 8	9	10
Zeichen	EN- (Europäische Norm und Bindestrich)	**M** (Magnesium)	Zeichen für die Erzeugnis-art	Ziffer für Hauptle-gierungs-element	Ziffern für Legie-rungstyp	lfd. Nr. der Legie-rung	Ziffer 0 oder Nummer der Legie-rungsver-sion
entspricht Position im Kurz-zeichen	1	2	3	4	5		

Beispiel 1:   EN 1753-MB21210   oder

EN-MB21210   für den Fall, daß die Werkstoffnorm EN 1753 nicht genannt wird, als Zeichen, daß es sich um eine europäisch genormte Magnesiumsorte handelt.

Beispiel 2:   EN-MC65220

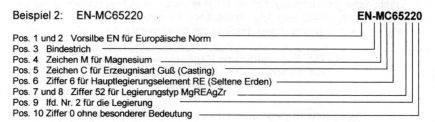

EN-MC65220

Pos. 1 und 2   Vorsilbe EN für Europäische Norm
Pos. 3   Bindestrich
Pos. 4   Zeichen M für Magnesium
Pos. 5   Zeichen C für Erzeugnisart Guß (Casting)
Pos. 6   Ziffer 6 für Hauptlegierungselement RE (Seltene Erden)
Pos. 7 und 8   Ziffer 52 für Legierungstyp MgREAgZr
Pos. 9   lfd. Nr. 2 für die Legierung
Pos. 10 Ziffer 0 ohne besonderer Bedeutung

Tabelle D14 Gesamtaufbau der Bezeichnung von Magnesiumwerkstoffen durch Werkstoffnummern, mit Aufstellung aller Symbole mit deutschen und englischen Benennungen

Position	Bezeichnungsbestandteil	Symbol	Benennung deutsch	Benennung englisch
1 bis 3	Normsymbol und Bindestrich	**EN-**	Europäische Norm	European Standard
4	Buchstabe für Magnesium	**M**	Magnesium	Magnesium
5	Erzeugnisart			
		A	Anoden (gegossen)	Anodes (casted)
		B	Blockmetall (Masseln)	Bloc metal
		C	Gußstück	Casting
6	Hauptlegierungselement			
		1	Mg (Reinmagnesium)	
		2	Al (Aluminium)	
		3	Zn (Zink)	
		4	Mn (Mangan)	
		5	Si (Silizium)	
		6	RE (Seltene Erden)	Rear Earths
		7	Zr (Zirkon)	
		8	Ag (Silber, Argentum)	
		9	Y (Yttrium)	
7 und 8	Legierungstyp			
		11	Mg AlZn	
		12	Mg AlMn	
		13	Mg AlSi	
		21	Mg ZnCu	
		51	Mg REZr	
		52	Mg REAgZr	
		53	Mg REYZr	
9	laufende Nummer		ohne Systematik	
10	Nummer der Legierungsversion	**0**	normale Legierung	
		1 bis 9	Abweichungen von der normalen Legierung	

D 5.3 Bezeichnung nach der chemischen Zusammensetzung

Die *Werkstoffsymbol* genannte (sprechende) Bezeichnung ist nach der chemischen Zusammensetzung gebildet.

Sie umfaßt 5 Positionen, siehe Tabelle D15.

Tabelle D15 Aufbau des Werkstoffsymbols

Position	1	2	3	4	5
Zeichen	EN 1)	**M**		Mg	2) 3)
	Europäische Norm und Leerstelle *falls die Nummer der Werkstoffnorm in Verbindung mit dem Werkstoffsymbol genannt wird, darf die Vorsilbe EN entfallen*	Magnesium	Zeichen für Erzeugnisart und Bindestrich	Chemisches Symbol für Magnesium und Leerstelle	bei unlegiertem Magnesium: Reinheitsgrad in %, z.B. 99.75, auch mit Kommastellen, legiertem Magnesium: Angabe der chemischen Symbole der Elemente in Kombination mit deren Anteil in %

1) im Gegensatz zur Werkstoffnummer wird beim Werkstoffsymbol nach EN statt eines Bindestriches eine Leerstelle gesetzt.
2) Anordnung nach fallendem Anteil der Elemente.
3) die Angabe des Anteils kann auch entfallen, wenn das Element nur als charakteristischer Unterschied zu einer anderen Legierung aufgeführt wird.

Beispiel 1: EN 1753-MC-Mg 99,75 oder
EN MC-Mg 99,75 wenn die Werkstoffnorm EN 1753 nicht genannt wird, als Zeichen, daß es sich um eine europäisch genormte Magnesiumsorte handelt.

Beispiel 2: EN MB-Mg RE3Zn2Zr   **EN MB-Mg RE3Zn2Zr**

Vorsilbe EN
Leerstelle
Zeichen M für Magnesium
Zeichen B für Blockmetall
Bindestrich
Chemisches Symbol Mg für Magnesium
Leerstelle
Chemisches Symbol für Hauptlegierungselement RE (Seltene Erden) mit einem Anteil von 3 %
Chemisches Symbol Zn für Zink, mit einem Anteil von 2 %
Chemisches Symbol Zr für Zirkon, ohne Angabe des Anteils

Tabelle D16 Gesamtaufbau der Bezeichnung von Magnesiumwerkstoffen durch Werkstoffsymbole mit Aufstellung aller Symbole mit deutschen und englischen Benennungen

Position	Bezeichnungsbestandteil	Symbol	Benennung deutsch	Benennung englisch
1	Normsymbol <u>und</u> eine Leerstelle	**EN**	Europäische Norm	European Standard
2	Buchstabe für Magnesium	**M**	Magnesium	Magnesium
3	Buchstabe für Erzeugnisart <u>und</u> Bindestrich			

		A	Anoden (gegossen)	Anodes (casted)
		B	Blockmetall (Masseln)	Bloc metal
		C	Gußstück	Casting

5a	bei Reinmagnesium: Reinheitsgrad in %	Angabe mit 1 bis 3 Stellen nach dem Komma, z.B. 99,75		
5b	bei Magnesiumlegierungen: Legierungsbestandteile	Chemische Symbole der zugesetzten Elemente, jeweils gefolgt von einer Ziffer, die den gerundeten Anteil in % angibt, z.B. Zn2. Die Anteile können auch mit einer Kommastelle angegeben sein. Die Angabe des Anteils kann entfallen, wenn das Element nur als charakteristischer Unterschied zu einer anderen Legierung aufgeführt wird, z.B. Zr. Die Elemente werden in fallender Reihenfolge ihrer Anteile aufgeführt, z.B. RE3Zn2Zr		

TEIL E ALLGEMEINE UND BESONDERE TECHNISCHE LIEFERBEDINGUNGEN

E 1 Allgemeines

Der Begriff „Technische Lieferbedingung" ist weder im Europäischen noch im Deutschen Normenwerk eindeutig definiert.

Nach DIN 820-3 ist eine „Liefernorm" *eine Norm, in der technische Grundlagen und Bedingungen für Lieferungen festgelegt sind; Benennung auch z.B. technische Lieferbedingung.*

Man kann daraus entnehmen, daß es sich offenbar um Dokumente handelt, die im Rahmen von Kaufverträgen zwischen Käufern/Bestellern und Herstellern/Lieferanten Vertragsgrundlagen bilden und keine kaufmännischen Vertragsbedingungen behandeln, sondern solche Bedingungen, die mit dem zu liefernden Gegenstand oder der bestellten Dienstleistung zusammenhängen.

Dazu zählen beispielsweise
- Produktmerkmale/-eigenschaften wie Formen, Ausführungen, Maße, Toleranzen
- Herstellverfahren
- Bestellangaben
- Prüfverfahren/Prüfeinheiten/Probenstücke
- Prüfumfang
- Kennzeichnungen
- Dokumentationsforderungen
- Beanstandungen

An folgendem Beispiel (siehe auch Teil A Abschnitt 4.2) soll das verdeutlicht werden:

Geliefert werden soll laut Bestellung Stahlblech mit folgender Spezifikation:

Blech EN 10029 - 4,5Bx1500NKx2800S G
Stahl EN 10025 - S355J2G4 - Zusätzliche Forderung 4
Bescheinigung EN 10204 - 3.1.B
Oberflächenbeschaffenheit EN 10163-2 - Klasse A Untergruppe 3
Anstrich WN 4711 - A17.4 BA

Alle diese Normen stellen „Technische Lieferbedingungen" dar. Über EN 10029 kommt dann noch der Verweis auf EN 10021 Allgemeine technische Lieferbedingungen für Stahl und Stahlerzeugnisse hinzu. Das bedeutet, daß letztere Norm, ohne selbst in der Bestellung erwähnt zu sein, automatisch mitgilt. Darauf müssen Besteller und Hersteller unbedingt achten, weil dort Bedingungen festgelegt sind, durch die beide vertraglich gebunden sind. Im Eingriff stehen also 5 Primärnormen.

Im „Hintergrund" dieser Normen kommen nun durch entsprechende Verweise eine große Zahl weiterer Normen in Eingriff, von deren Inhalt im allgemeinen der Anwender beim Besteller und beim Hersteller/Lieferant keine Notiz nimmt. Durch die Verweistechnik ist es nur mit großem Aufwand möglich, ein vollständiges Bild eines Gegenstandes mit all seinen Bedingungen zu zeichnen. Im folgenden soll das Bestellbeispiel näher erläutert werden:

Blech EN 10029 - 4,5Bx1500NKx2800S G	**Blech** Definition nach EN 10079: Warmgewalztes Flacherzeugnis mit nicht festgelegter Verformung der Kanten, das walzroh oder entzundert in Tafeln mit einer Mindestbreite von 600 mm geliefert wird. Die Kanten sind walzroh, mechanisch geschnitten, brenngeschnitten oder zum Schweißen vorbereitet **EN 10029:** Warmgewalztes Stahlblech von 3mm Dicke an; Grenzabmaße, Formtoleranzen, zulässige Gewichtsabweichungen **4,5** = Nenndicke in mm **B** = Grenzabmaße für die Dicke, hier konstantes unteres Grenzabmaß von 0,3 mm (oberes Abmaß + 0,9 mm bei 4,5 mm Nenndicke) **1500** = Breite des Bleches von 1500 mm **NK** = mit Naturwalzkanten **2800** = Länge des Bleches von 2800 mm **S** = eingeschränkte Ebenheitstoleranz **G** = eingeschränkte Abweichung von der Seitengeradheit, 0,2% der tatsächlichen Blechlänge und eingeschränkte Abweichung von der Rechtwinkligkeit 1 % der tatsächlichen Blechbreite
Stahl EN 10025 - S355J2G4 - Zusätzliche Anforderung 4	**Stahl:** Benennung kann entfallen, wenn in Verbindung mit Erzeugnis angegeben **EN 10025:** Warmgewalzte Erzeugnisse aus unlegierten Stählen, Technische Lieferbedingungen **S355J2G4:** S = Stahl für den Stahlbau 355 = Mindeststreckgrenze 355 N/mm² für den kleinsten Dickenbereich J2 = Kerbschlagarbeit 27 J, Prüftemperatur -20°C G4 = Desoxydationsgrad FF = vollberuhigter Stahl **zusätzliche Anforderung 4:** Kupfergehalt von 0,25 bis 0,40 %
Bescheinigung EN 10204 - 3.1.B	**EN 10204:** Bescheinigungen über Prüfungen **3.1.B** = Abnahmeprüfzeugnis, ausgestellt durch den Hersteller, bestätigt durch den Werkssachverständigen, mit spezifischen Prüfungen an der Lieferung selbst oder zugehörigen Prüfeinheiten; mit Angabe nach EN 10168 zu: A Angaben zum Geschäftsvorgang und den daran Beteiligten B Beschreibung der Erzeugnisse C Angaben zum Zugversuch, Kerbschlagbiegeversuch, chemische Zusammensetzung Z Bestätigungen
Oberflächenbeschaffenheit EN 10163-2 Klasse A Untergruppe 3	**EN 10163-2:** Lieferbedingungen für die Oberflächenbeschaffenheit von warmgewalzten Stahlerzeugnissen; Teil 2 Blech und Breitflachstahl **Klasse A:** bestimmte größte zulässige Tiefen von Unvollkommenheiten und Ungänzen an der Oberfläche **Untergruppe 3:** Ausbesserung (von Unvollkommenheiten und Ungänzen) durch Schweißen nicht erlaubt
Allgemeine technische Lieferbedingungen für Stahl und Stahlerzeugnisse EN 10021	diese Norm ist durch Verweis in EN 10025 automatisch mitgeltend

Das Beispiel zeigt sehr auffällig, welche Informationslücken entstehen, wenn diese Analyse der Bedingungen nicht durchgeführt wird. Es ist daher sehr wichtig, die über die Verweise im Eingriff stehenden Normen mit zu betrachten und sich nicht alleine auf die Primärnorm zu beschränken, wenn Details von Bedeutung sind.

E 2 Allgemeine technische Lieferbedingungen für Stahl und Stahlerzeugnisse (außer Stahlguß) DIN EN 10021: 1993-12

DEUTSCHE NORM	Dezember 1993
Allgemeine technische Lieferbedingungen für Stahl und Stahlerzeugnisse Deutsche Fassung EN 10021:1993	$\overline{\text{DIN}}$ EN 10021

Ersatz für DIN 1701/06.85

Die Europäische Norm EN 10021:1993 hat den Status einer Deutschen Norm.

In den Anwendungsbereich dieser Norm sind alle in EN 10079 erfaßten Stahlerzeugnisse einbezogen wie

- Flacherzeugnisse (Blech, Band)
- Langerzeugnisse (Draht, Stäbe, Profile, Rohre)
- Schmiedestücke (Freiform- und Gesenkschmiedestücke).

Ausgenommen sind ausdrücklich

- Gußstücke aus Stahlguß
- Pulvermetallurgische Stahlerzeugnisse.

Die Norm ist so angelegt, daß sie möglichst alle Einzelheiten im Sinne von Lieferbedigungen festlegt, die *nicht* stahlsortentypisch oder erzeugnistypisch sind.

Damit wird vermieden, daß diese Festlegungen in mehreren Normen aufgeführt werden müßten.

Im einzelnen werden geregelt:

- Definitionen
- Bestellangaben
- Herstellverfahren
- Lieferung durch Weiterverarbeiter oder Händler
- Anforderungen
- Prüfung
- Sortieren sowie Nachbehandeln und Ausbessern
- Kennzeichnung
- Beanstandungen.

In dieser Norm, aber auch in anderen technischen Lieferbedingungen, wird die Verbindlichkeit von Festlegungen nach drei Kriterien unterschieden, siehe Tabelle E1.

Tabelle E1   Kriterien zur Verbindlichkeit von Festlegungen

Kriterium	Verbindlichkeitsgrad	Erläuterung
1	obligatorische Vereinbarung	die betreffende Festlegung ist obligatorisch und muß nicht zwischen den Vertragspartnern besonders vereinbart werden; *sie wird durch direkten oder indirekten Verweis auf EN 10021 wirksam, beide Partner sind daran gebunden*
2	Mußvereinbarung	die betreffende Festlegung muß zwischen den Vertragspartnern vereinbart werden; *geschieht das nicht, ist der Vertrag nicht vollständig*
3	Kannvereinbarung (optional)	die betreffende Fstlegung kann zwischen den Vertragspartnern vereinbart werden; *geschieht das nicht, ist der Hersteller/Lieferant frei in seiner Wahl und nicht an die betreffende Festlegung in der Norm gebunden*

Leider ist es mühsam, diese Logik aus den von verschiedenen Expertenkreisen formulierten Normtexten zu erkennen. In manchen Normen gibt es Hilfen in Form sogenannter Einpunkt-, Zweipunkt-, Dreipunktregelungen, die dann jeweils am Beginn der Norm erläutert sind, in anderen Normen sind die obligatorischen Forderungen ohne Kennzeichnung und nur die optionalen, also die anzugebenden Forderungen, sind mit Einpunkt- bzw. Zweipunktmarkierungen versehen.

Nachfolgend wird auf einige Abschnitte von EN 10021 eingegangen, wobei es sich nicht immer um wortgetreue Wiedergaben handelt:

4 Bestellangaben

Auswahl der Stahlsorte, der Erzeugnisform und der Maße sind unter Berücksichtigung der vorgesehenen Weiterverarbeitung und der Verwendung Sache des Bestellers, wobei er die Beratung des Herstellers in Anspruch nehmen kann.

Die Bestellung muß alle Angaben enthalten, die
- zur Beschreibung des gewünschten Erzeugnisses,
- seiner Eigenschaften,
- zur Beschreibung der Lieferung
erforderlich sind. Dazu zählen u.a.
- Masse (Gewicht, Menge), Länge, Oberfläche und Stückzahl der Lieferung
- Erzeugnisform (nach Norm oder Zeichnung)
- Nennmaße
- Grenzabmaße (Toleranzen) von den Merkmalen
- Bezeichnung der Stahlsorte (einschließlich deren Normnummer)
- Lieferzustand (Art der Wärme- und/oder Oberflächenbehandlung)
- besondere Anforderungen an die Oberflächengüte und/oder die innere Beschaffenheit
- Art der Prüfbescheinigung
- Einzelheiten der Prüfung, falls diese nicht in der Liefernorm (Werkstoffnorm) angegeben sind
- gegebenenfalls Forderung nach Anwendung eines bestimmten Qualitätssicherungssystems,
* z.B. nach ISO 9001, 9002 oder 9003 (nach Ablauf der Übergangsfrist Ende 2003 nur noch ISO 9001)*
- Art der Kennzeichnung, Verpackung und Verladung
- weitere Anforderungen, auf die Wert gelegt wird.

Die Angaben sind entweder durch Hinweis auf eine oder mehrere Normen oder durch andere Art der Angabe der erforderlichen Merkmale oder Bedingungen festzulegen.

Weitere in der Bestellung aufzunehmende oder vereinbare Angaben sind z.T. in den Erzeugnisnormen oder in den zugehörigen Werkstoffnormen aufgeführt, so daß der Besteller stets mehrere Normen nebeneinander legen und vergleichen muß, um festzustellen, ob er alle Angaben zusammengestellt hat.

7 Anforderungen, 7.1 Allgemeines

Das Erzeugnis muß den bei der Bestellung vereinbarten Anforderungen entsprechen. Folglich hat der Hersteller geeignete Verfahrenskontrollen und Prüfungen (am Produkt) durchzuführen, um sich selbst zu vergewissern, daß die Lieferung den in der Bestellung festgelegten Güte- und Maßforderungen entspricht.

Daraus folgt also, daß der Hersteller/Lieferant alleine für die Produktqualität verantwortlich ist und nicht einen Teil der Prüfverantwortung auf den Besteller abwälzen kann.

7.4.3 Beseitigung von Ungänzen und 7.4.4 Ausbesserungen durch Schweißen

Ungänzen der Oberfläche dürfen durch mechanische oder thermische Verfahren (z.B. Flämmen) beseitigt werden, sofern die Eigenschaften und Maße der Erzeugnisse innerhalb der vorgegebenen Grenzen bleiben.

Dieser Satz stellt eine obligatorische Festlegung dar, d.h. der Hersteller kann ohne Befragen des Bestellers diese Nachbesserung vornehmen.

Wenn die Liefernorm oder Bestellung keine anderen Festlegungen enthält, kann der Besteller oder der Abnahmebeauftragte örtliche Ausbesserungen durch Schweißen für die ganze Lieferung oder einen Teil der Lieferung zulassen. Dabei können auch Vereinbarungen über das Schweißverfahren getroffen werden.

Aus diesen Sätzen ist herauszulesen, daß der Hersteller von sich aus *nicht* ohne Zustimmung des Bestellers oder Abnahmebeauftragten Schweißarbeiten zur Ausbesserung von Fehlern vornehmen darf; d.h. es besteht eine Informationspflicht. Stimmt der Besteller einer Schweißausbesserung zu, verlangt jedoch kein bestimmtes Schweißverfahren , so legt dies der Hersteller in eigener Verantwortung fest und muß es auch nicht dem Besteller mitteilen.

Ein letztes Beispiel macht nochmals deutlich, wie verwickelt die Zusammenhänge zwischen den im Eingriff stehenden Normen sind.

Der **Kennzeichnung** von Erzeugnissen kommt häufig eine große Bedeutung vor allem im Hinblick auf die Lagerverwaltung und die Rückverfolgbarkeit in Schadens- und Haftungsfällen zu. Deshalb finden sich dazu in den allgemeinen technischen Lieferbedingungen ebenso wie in den Erzeugnisnormen und/oder in den Werkstoffnormen Abschnitte mit diesbezüglichen Festlegungen. Leider sind diese oft wenig präzise und widersprechen sich sogar, wenn man einen Vergleich vornimmt.

Ausgehend von dem im Kapitel E1 aufgeführten Blech-Beispiel wird der Sachverhalt zur *Kennzeichnung* der Produkte, also der Bleche dargestellt, um zu verdeutlichen, wie genau man derartige Festlegungen analysieren muß, um Sicherheit über das Lieferergebnis zu erhalten:

Kennzeichnung

EN 10021 Technische Lieferbedingungen	EN 10025 Werkstoffnorm
Abschnitt 10 Kennzeichnung	Abschnitt 9 Kennzeichnung
Der Hersteller hat die Lieferung entsprechend den Angaben in der betreffenden Liefernorm *(hier EN 10025)* durch Kennzeichnung der Erzeugnisse oder der einzelnen Versandeinheiten zu identifizieren. Wenn die Liefernorm oder die Bestellung keine entsprechenden Angaben enthält, bleibt dem Hersteller die Wahl der Identifizierung überlassen, wobei jedoch zu beachten ist: a) wenn eine spezifische Prüfung bestellt wurde, d.h. wenn eine Prüfbescheinigung nach EN 10204 - 2.3, 3.1.A, 3.1.B, 3.1.C oder 3.2 auszustellen ist, sind die Versandeinheiten oder Erzeugnisse so zu kennzeichnen, daß deren Zuordnung zu der Prüfbescheinigung möglich ist. b) In allen anderen Fällen sind die Lieferungen oder Erzeugnisse so zu kennzeichnen, daß zumindest - der Stahlhersteller - die Stahlsorte und, falls erforderlich, - der Behandlungszustand zurückverfolgbar sind.	Wenn bei der Bestellung nichts anderes vereinbart wurde, sind die Erzeugnisse durch Farbauftrag *(es gibt aber keine Norm über anzuwendende Farben und Farbmaterialien)*, Stempelung oder dauerhafte Klebezettel mit folgenden Angaben zu kennzeichnen: - Kurzname für die Stahlsorte - Schmelzennummer (falls nach Schmelzen geprüft wird) - Name oder Kennzeichen des Herstellers Die Kennzeichnung ist nach Wahl des Herstellers in der Nähe eines Endes jeden Stückes oder auf der Stirnfläche anzubringen. Es ist zulässig, leichtere Erzeugnisse in festen Bunden zu liefern. In diesem Fall muß die Kennzeichnung auf einem Anhängeschild erfolgen, das am Bund oder an dem obenliegenden Stück des Bundes angebracht wird.

Diese beiden Abschnitte im Vergleich zeigen, daß bereits bei der Wortwahl z.T. unerklärliche Unterschiede vorliegen:

Beispiele: EN 10021 Stahlhersteller
 EN 10025 Name oder Kennzeichen des Herstellers

 EN 10021 Stahlsorte
 EN 10025 Kurzname für die Stahlsorte

 EN 10021 Versandeinheiten oder Erzeugnisse
 EN 10025 Präzisierung auf:
 in der Nähe eines Endes eines jeden Stückes oder auf der Stirnfläche
 Der Hinweis auf die Lieferung in Bunden und die dabei vorzunehmende Kennzeichnung mittels Anhängeschild klärt <u>durchaus nicht</u>, ob in diesen Fällen <u>nur die Bundkennzeichnung</u> erforderlich ist (und keine Kennzeichnung der Stücke im Bund) oder ob es sich um eine <u>zusätzliche Kennzeichnung</u> handelt, weil man im Bund die Kennzeichnung der innenliegenden Stäbe nicht sehen kann.

Anmerkung: Auch eine Rückfrage beim zuständigen Normenausschuß hat zum Kennzeichnungsproblem keinerlei zusätzliche Erkenntnisse gebracht. In der Praxis wird jedoch von den liefernden Händlern die Einzelkennzeichnung von Stäben mit dem Hinweis auf die genormte Bundkennzeichnung oft abgelehnt oder es werden Mehrkosten verlangt.

E 3   Technische Lieferbedingungen für Gußstücke

Technische Lieferbedingungen für Gußstücke unterteilen sich in den Europäischen Normen in

allgemeine technische Lieferbedingungen	besondere technische Lieferbedingungen
unabhängig von der Werkstoffgruppe	abhängig von der Werkstoffgruppe
EN 1559-1 Gießereiwesen Technische Lieferbedingungen Teil 1: Allgemeines	EN 1559-2 Gußstücke aus Stahlguß EN 1559-3 Gußstücke aus Gußeisen EN 1559-4 Gußstücke aus Aluminiumguß EN 1559-5 Gußstücke ausMagnesiumguß für Gußstücke aus Kupferguß sind eigene techni- sche Lieferbedingungen festgelegt

Es ist zu beachten, daß sich alle diese Normen *nur* mit dem Guß*stück* selbst, nicht aber mit dem Guß*werkstoff* befassen.

E 3.1   Allgemeine technische Lieferbedingungen für Gußstücke
DIN EN 1559-1: 1997-08

Aus dieser Norm werden in Tabelle E2 einige interessante Begriffsbestimmungen aufgeführt.

Tabelle E2 Begriffe zu Gußstücken

Benennung	Definition
Gußstück	Werkstück, das seine Gestalt durch Erstarren von flüssigem Metall oder einer Legierung in einer Form erhalten hat
Rohgußstück	Gußstück, das nach dem Gießen keiner Nachbehandlung unterzogen wurde (ausgenommen das Entfernen von Angüssen, wie Anschnitten, Speisern und Grat, sowie das Entfernen von Formstoffresten)
Gußstück im Lieferzu-stand	Gußstück, das entsprechend den Lieferanforderungen in der Bestellung ge-fertigt ist *(dies kann eine Vorbearbeitung oder Fertigbearbeitung, eine Wär-mebehandlung, Konstruktions- und Ausbesserungsschweißungen usw. ent-halten)*
Vormuster	Gußstück, welches nicht oder nur teilweise unter Verwendung der Einrich-tungen und Verfahren der Serienproduktion gefertigt wurde
Erstmuster	Gußstück, welches vollständig unter Verwendung von Einrichtungen und Verfahren unter geeigneten Bedingungen der Lenkung der Serienfertigung hergestellt wurde. Mit dem Erstmuster soll der Beweis erbracht werden, daß der Hersteller in der Lage ist, die Qualitätsforderungen (Maße, Werkstoff, Funktion usw.) zu erfüllen

Um zu verdeutlichen, an wie viele Dinge bei der Bestellung von Gußstücken gedacht werden muß, ist eine Checkliste (nach dem Beispiel in EN 1559-1) in Tabelle E3 zu-sammengestellt. Dabei ist in „MUSS"- und „KANN"-Angaben unterschieden.

Tabelle E3   Checkliste zur Bestellung von Gußstücken
(die Abschnittsnummern beziehen sich auf EN 1559-1)

Abschnitt aus EN 1559-1	Titel	Vereinbarung muß festgelegt werden	Vereinbarung darf/kann festgelegt werden	Bemerkung siehe
4 Vom Käufer anzugebende Informationen				
4.1	Verbindliche Informationen			
	- Anzahl der Gußstücke	X		
	- Gußwerkstoff und Werkstoffnorm	X		
	- Spezifikation	X		
	- Modelle	X		4.3.1, 4.3.2
	- äußere und innere Beschaffenheit	X		7.3.3.1
4.2	Wahlfreie Informationen		X	
4.3	Zeichnungen, Modelle und andere Werkzeuge			
	- Formschräge	X		4.3.1
	- zu bearbeitende Flächen	X		4.3.1
	- Bearbeitungszugaben	X		4.3.1
	- zur Verfügung gestelltes Modell		X	4.3.2
	- Bearbeitungszugabe nicht nach Norm	X		4.3.3
4.4	Information über die Masse		X	7.3.5
4.5	Vormuster		X	
4.6	Erstmuster		X	
6 Herstellung				
6.1	Herstellungsverfahren		X	
6.2	Schweißungen			
	- Produktionsschweißungen			6.2.2.1
	- Schweißverfahren		X	6.2.2.2
	- Bereiche, wo Schweißen zulässig		X	6.2.2.2
	- besondere Beanspruchungen		X	6.2.2.3
	- Dokumentation über geschweißte Bereiche		X	6-2-2-4
	- Wärmebehandlung nach dem Schweißen		X	6.2.2.5
7 Anforderungen				
7.2.1	Chemische Zusammensetzung des Werkstoffes			in der Werkstoffnorm festgelegt
7.2.2	Mechanische Eigenschaften des Werkstoffes			in der Werkstoffnorm festgelegt
7.2.3	andere Werkstoffeigenschaften		X	
7.3.1	Chemische Zusammensetzung des Gußstücks -Lage der Probenahme		X	
7.3.2	Mechanische Eigenschaften des Gußstücks		X	
7.3.3	Zerstörungsfreie Prüfung			
	- äußere Beschaffenheit		X	7.3.3.1
	- innere Beschaffenheit		X	7.3.3.1
	- kleinere Oberflächenfehler		X	7.3.3.2
	- Ausbesserungsverfahren		X	7.3.3.3
	- Oberflächenzustand		X	7.3.5
7.3.4	Gußstückbeschaffenheit			
	- Maßtoleranzen	X		7.3.4.1
	- Bearbeitungszugaben	X		7.3.4.1
	- Vereinbarung über Vormuster		X	7.3.4.1
	- Putzen		X	7.3.4.2
Fortsetzung der Tabelle E3				

Abschnitt aus EN 1559-1	Titel	Vereinbarung muß festgelegt werden	Vereinbarung darf/kann festgelegt werden	Bemerkung siehe
7.3.5	Masse des Gußstücks		X	
7.3.6	Besondere Anforderungen		X	
8 Ermittlung von Prüfmerkmalen und Bescheinigung über Werkstoffprüfung				
8.1	Allgemeines			
	- Niveau der Qualitätsprüfungen		X	8.1.2
	- Qualifikation/Zertifikation von Prüfern		X	8.1.2
8.2	Prüfung			
	- Arten der Prüfung	X		8.2.1
	- nichtspezifische Prüfungen		X	8.2.2
	- spezifische Prüfungen		X	8.2.3
	- laufende Überwachung		X	8.2.4
	- Ort der spezifischen Prüfungen		X	8.2.5
	- Vorlage zur spezifischen Prüfung		X	8.2.6
	- Rechte und Pflichten der Abnahmebeauftragten		X	8.2.7
8.3	Probenahme bei Prüfeinheiten			
	- Bildung von Prüfeinheiten		X	8.3.1
	- Größe von Prüfeinheitn		X	8.3.2
	- Prüfhäufigkeit		X	8.3.3
8.4	Probestücke			
	- Art			8.4.1
	- Lage			8.4.2
	- Anzahl und Größe		X	8.4.3
	- Kennzeichnung			8.4.5
8.5	Prüfverfahren			siehe Normtext
8.6	Ungültigkeit von Prüfungen			siehe Normtext
8.7	Wiederholungsprüfungen			siehe Normtext
8.8	Aussortieren und Nachbehandlung			siehe Normtext
9	Kennzeichnung		X	

E 3.2 Besondere technische Lieferbedingungen für Stahlguß
DIN EN 1559-2: 1997-08
Besondere technische Lieferbedingungen für Gußeisen
DIN EN 1559-3: 1997-08

In diesen Normen sind für die Werkstoffgruppe Stahlguß bzw. Gußeisen typische zusätzliche technische Lieferbedingungen festgelegt. Dabei wird die gleiche Abschnittsnumerierung wie in EN 1559-1 verwendet und jeweils die zusätzliche Festlegung unter dem gleichen Abschnitt aufgeführt. Es wird jedoch nicht der bereits in EN 1559-1 enthaltene Text des Abschnittes wiederholt.

E 4 Prüfverfahren

Im Rahmen der europäischen Normung von metallischen Werkstoffen und daraus hergestellter Erzeugnisse ist die Übereinstimmung der Prüfverfahren und Prüfbedingungen von ausschlaggebender Bedeutung, weil sonst eine Vergleichbarkeit der Prüfergebnisse nicht möglich wäre. Aus diesem Grund sind neben den Werkstoffnormen und technischen Lieferbedingungen auch alle Prüfverfahrensnormen auf europäischer Ebene beraten und in EN-Normen aufgenommen worden oder es wurden bestehende ISO-Normen übernommen.

Bei der Überarbeitung wurden teilweise die Bedingungen für den Versuch sowie die Proben, z.B. Nennmaße, Toleranzen, verändert, so daß nicht in jedem Fall eine Vergleichbarkeit alt-neu möglich ist.

Es ist nicht Gegenstand dieses Buches, die neuen und bisherigen Prüfverfahren detailliert zu behandeln und zu vergleichen. Dazu wird auf die Normen selbst verwiesen sowie auf die spezifische Fachliteratur.

Tabelle E4 Prüfverfahren für verschiedene Eigenschaftsgruppen
(die Tabelle erhebt keinen Anspruch auf Vollständigkeit)

Eigenschafts-gruppe	Eigenschaft	typische Prüfverfahren
Chemische Zusammensetzung	quantitative und qualitative Elementanteile	- Naßanalyse-Gravimetrie - Naßanalyse-Photometrie - Spektroskopie - Röntgenfluoreszenz - Kupfer-Sulfat-Test - Shomdichte-Potential-Kurve
Mechanisch-technologische Eigenschaften	Zugfestigkeit Streckgrenze Dehnung Kerbschlagarbeit technologische Eigenschaft	- Zugversuch - Zugversuch - Zugversuch - Kerbschlagbiegeversuch - Biegeversuch, Faltversuch, Aufdornversuch
Physikalische Eigenschaften	Dichte Struktur Dehnung/Drillung spez. Wärmekapazität Wärmedehnung Wärmeleitung elektrischer Widerstand magnetische Eigenschaften	- Pyknometer, Senkwaage, Federwaage - Spektroskopie, SIMS - Interferometer, Verwinde- messer - Flüssigkeitskaloriemeter, Vakuumkalorimeter - Dilatometer - Zylindermethode, Kugelverfahren - Brückenverfahren (Wheatstone-Kirchhoff) - Joch-Isthmus-Apparat
Gefügeeigenschaften (metallographische)	Korngröße Kornverteilung Mikrohärte	
Oberflächenzustand von Produkten	Rauhigkeit/Glätte Oberflächenausbildung Oberflächenfehler (Risse, Poren)	- Rauhheitsmessung, Pert-O-Meter - Sichtprüfung - Sichtprüfung, Magnetpulverprüfung, Eindringprüfung (Penetration)
Innerer Zustand von Produkten	Materialtrennungen Risse, Lunker u.ä.	- Ultraschallprüfung, Wirbelstromprüfung - Röntgenprüfung, Prüfung mit Gammastrahlen, Prüfung mit radioaktiven Isotopen, Prüfung mit Teilchenbe- schleunigern (z.B. Betatron), Durchleuchtung, Ultraschallprüfung, Wirbelstromprüfung

TEIL F   QUALITÄTSNACHWEISE
GEGENÜBER VERTRAGSPARTNERN

F 1   Einleitung

Weltweite Herstellung und weltweiter Vertrieb von Erzeugnissen des täglichen Lebens sowie von Dienstleistungen ebenso wie von Investitionsgütern machen es erforderlich, daß gewisse Mindestbedingungen und Anforderungen an einzelne Merkmale eines Produktes oder einer Dienstleistung nachweislich eingehalten werden, um Schäden an Gesundheit und Leben von Mensch, Tier und Pflanze sowie Beschädigungen von Sachen – auch während längeren Gebrauchs - zu verhindern. In der Fundamentalebene regelt das normalerweise der Gesetzgeber. Die ergänzende Detaillierung der gesetzlichen Forderungen oder der Markterwartungen erfolgt üblicherweise in Form technischer Regeln und Normen oder auch von branchenbezogenen Richtlinien.

Die Vollendung des gemeinsamen europäischen Marktes durch die Schaffung der Europäischen Union (EU) hat zu einer Fülle von EG-Richtlinien für die verschiedensten Produktgruppen geführt, die inzwischen in nationales Recht überführt sind. Ihnen gemeinsam ist der Grundgedanke, daß in erster Linie die Selbstverantwortung des Herstellers oder Anbieters greifen soll und erst in zweiter Linie oder bei einem erheblichen Gefährdungspotential eines Produktes eine neutrale Aufsicht/Überwachung einsetzt. In vergleichbarer Weise bilden sich auch internationale Vereinbarungen heraus, z.B. im Rahmen der Welthandelsorganisation WTO.

Der Nachweis der Konformität von Produkten oder von Dienstleistungen mit Forderungen aus einem Kaufvetrag, mit technischen regeln, normativen Dokumenten, Vorschriften und Gesetzen muß häufig mittels bestimmter Nachweisdokumente erfolgen. Ebenso ist die Dokumentation der Prüfergebnisse zu einzelnen Qualitätsmerkmalen in Prüfbescheinigungen verschiedenster Art zwecks Rückverfolgbarkeit von Produkten weit verbreitet.

Darüberhinaus ist die Zertifizierung von Managementsystemen wie Qualitäts- und Umweltmanagement sowie von Verfahren, Prozessen und Personen mit speziellen Aufgaben wie z.B. Auditoren, Schweißer, Werkstoffprüfer usw. ein wichtiges Teilgebiet vertrauensbildender Maßnahmen, mit deren Hilfe die Qualitätsfähigkeit zu vermuten ist.

Ganz wichtig ist es dabei, daß in einem bestimmten Markt mit einem großen Güteraustausch vergleichbare Regeln bestehen, um keine technischen Handelshemmnisse entstehen zu lassen. Dies bedeutet u.a. auch ein abgehen von nationalen Eigenheiten und hin zu im Konsens erarbeiteten übernationalen Festlegungen. Dies geschieht mit Unterstützung der EU durch die europäischen Normenorganisationen CEN und CENELEC sowie anderer branchenbegrenzter Normenorganisationen wie ECISS, AECMA usw. Diese Harmonisierungsarbeiten, die dann in der Regel in Europäischen Normen (EN) enden, bilden die Ergänzung zu den gesetzgeberischen Aktionen der EU.
Im Rahmen dieses Beitrages geht es um die Vergleichbarkeit bzw. Identität von konkreten Forderungen, z.B. an Merkmale eines Produktes wie Maße, Oberflächenausführung, Funktionen, Gebrauchseigenschaften, Sicherheit usw., um dazu erforderliche Prüf- und Untersuchungsmethoden und –verfahren, um Prüfnachweise und Kon-

formitätsaussagen sowie um unabhängige Zertifizierung und schließlich auch noch um die Konformitätszeichen, die dem Anwender „optisch" die Konformität vermitteln.

Im Abschnitt F 7 wird eine generelle Übersicht vermittelt, während in den daran anschließenden Abschnitten F 8 bis F 11 auf einzelne Prüf- oder Konformitätsdokumente eingegangen wird, die in Deutschland bzw. europäisch gebräuchlich sind.

F 2 Normative Begriffe

Damit der Leser bei den speziellen Fachbegriffen erkennen kann, was damit gemeint ist, werden in nachfolgender Tabelle 1 die wichtigsten Begriffe mit ihrer Definition sowie einer kurzen Erläuterung aufgeführt. Die Begriffe und Definitionen stammen aus DIN EN 40020 (Allgemeine Fachausdrücke und deren Definitionen betreffend Normung und damit zusammenhängende Tätigkeiten), aus DIN EN 45014 (Allgemeine Kriterien für Konformitätserklärungen des Anbieters) oder aus DIN EN ISO 9000 (Qualitätsmanagementsysteme, Grundlage und Begriffe).

Tabelle F1 Begriffe und Definitionen

Begriff	Definition	Norm und lfd.Nr.	Erläuterungen
Prüfmerkmal	Qualitätsmerkmal, das geprüft werden soll	-	*siehe Qualitätsmerkmal*
Prüfverfahren	festgelegtes technisches Verfahren für die Durchführung einer Prüfung	EN 45020-13.2	
Prüfung	Technischer Vorgang, der aus Ermitteln eines oder mehrerer Merkmale eines Produktes, eines Prozesses oder einer Dienstleistung nach einem festgelegten Verfahren besteht	EN 45020-13.1	
Inspektion	Konformitätsbewertung durch Beobachten und Beurteilen, begleitet – soweit zutreffend – durch Messen, Prüfen oder Vergleichen	EN 45020-14.2	
Konformitätsprüfung	Konformitätsbewertung durch Prüfen	EN 45020-14.4	
Qualitätsnachweis	Produktbezogene Qualitätsaufzeichnung (mit Ergebnissen einer Qualitätsprüfung an Produkten, die eine Organisation anbietet), die als Nachweis über die Qualität eines materiellen oder immateriellen Produktes dient	DIN 55350-11	*- „anbietet" bedeutet, daß unter der „Organisation" nicht nur ein Hersteller zu verstehen ist, sondern auch ein Weiterverarbeiter, ein Händler, ein Importeur* *- der Nachweis wird stets gegenüber dem unmittelbaren Vertragspartner (im Sinne eines Rechtsgeschäftes) erbracht* *- Qualitätsnachweise haben häufig nur repräsentativen Charakter, da nicht alle Qualitätsmerkmale eines Produktes und nicht jedes Qualitätsmerkmal vollständig geprüft wird*
Prüfbericht	Dokument, das einer Prüfung und andere, für die Prüfung relevante Informationen enthält	EN 45020-13.2	*weitere Informationen können sein die Beschreibung des Gegenstandes, angewendete Prüfverfahren, Prüfer usw.*

Begriff	Definition	Norm und lfd.Nr.	Erläuterungen
Prüfergebnisbewertung	Verfahren, die Prüfergebnisse mit den Forderungen zu vergleichen und zu beurteilen, ob diese Forderungen erfüllt sind	-	
Prüfbescheinigung	spezielle Art eines Konformitätsdokumentes, siehe z.B. EN 10204	-	
Konformität	= Übereinstimmung: Erfüllung festgelegter Anforderungen durch ein Produkt, einen Prozeß oder eine Dienstleistung	EN 45020-12.1	
Konformitätssicherung	Tätigkeit, die zu einer Erklärung führt, die Vertrauen schafft, daß ein Produkt, ein Prozeß oder eine Dienstleistung mit festgelegten Anforderungen konform ist	EN 45014-15.1	
Konformitätsbewertung	Systematische Untersuchung, in wieweit ein Produkt, ein Prozeß oder eine Dienstleistung festgelegte Anforderungen erfüllt	EN 45020-14.1	
Anbieter-Erklärung Konformitätserklärung	Verfahren, in dem ein Anbieter schriftlich bestätigt, daß ein Produkt, ein Prozeß oder eine Dienstleistung festgelegte Anforderungen erfüllt	EN 45020-15.1.1 EN 45014-2.4	*Der Anbieter ist diejenige Seite, die das Erzeugnis, das Verfahren oder die Dienstleistung liefert bzw. erbringt, und kann Hersteller, Lieferer, Importeur, Montagebetrieb, Dienstleistungsunternehmen usw. sein*
Konformitätsbescheinigung, Zertifikat	Dokument, das nach den Regeln eines Zertifizierungssystems ausgestellt wird, um Vertrauen zu schaffen, daß ein Produkt, ein Prozeß oder eine Dienstleistung mit einer bestimmten Norm oder einem anderen normativen Dokument konform ist	EN 45020-15.5	*hier sind vor allem die Bestätigungssysteme für Managementsysteme, z.B. QM nach ISO 9001 oder UM nach ISO 14001 zu nennen sowie die zahlreichen z.T. seit langem bestehenden Produktzertifizierungen im Rahmen von Gütegemeinschaften wie RAL, DVGW usw.*
Konformitätszeichen	Geschütztes Zeichen, das gemäß den Regeln eines Zertifizierungssystems verwendet oder vergeben wird und das zum Ausdruck bringt, daß Vertrauen besteht, daß das betreffende Produkt, der Prozeß oder die Dienstleistung mit einem bestimmten Norm oder einem anderen normativen Dokument konform ist	EN 45020-15.6	
Zertifizierung	Verfahren, nach dem eine (unparteiische) dritte Stelle schriftlich bestätigt, daß ein Produkt, ein Prozeß oder eine Dienstleistung mit festgelegten Anforderungen konform ist	EN 45020-15.1.2	*als „erste Stelle" wird der Hersteller/ Anbieter/ Lieferanten bezeichnet, als „zweite Stelle" der Auftraggeber/ Kunde*
Zertifikat	siehe Konformitätsbescheinigung	EN 45020-15.5	*Zertifikate dürfen nicht durch Hersteller/ Anbieter/ Lieferanten (erste Stelle) oder deren Kunden (zweite Stelle) ausgestellt werden*
Zertifizierungsstelle	Stelle, die eine Zertifizierung (der Konformität) durchführt	EN 45020-15.2	
Qualität	Vermögen einer Gesamtheit inhärenter Merkmale eines Produkts, Systems oder Prozesses zur Erfüllung von Forderungen von Kunden und anderen interessierten Parteien	ISO 9000-2.1.1	

Begriff	Definition	Norm und lfd.Nr.	Erläuterungen
Forderung	Erfordernis oder Erwartung, angegeben, üblicherweise vorausgesetzt oder vorgeschrieben	ISO 9000-2.1.2	
Qualitätsforderung	Forderung bezüglich der inhärenten Merkmale eines Produktes, eines Prozesses oder eines Systems	ISO 9000-2.1.3	
Fähigkeit	Vermögen einer Organisation, eines Systems oder eines Prozesses zur Realisierung eines Produkts, das die Forderung für dieses Produkt erfüllt	ISO 9000-2.1.7	
Qualitätsmerkmal	Inhärentes (ihm eigenes, anhaftendes) Merkmal eines Produkts, Prozesses oder Systems, das aus einer Forderung abgeleitet wird	ISO 9000-2.5.2	*Merkmal = kennzeichnende Eigenschaft, z.B.: physische, sensorische, verhaltensbezogene, zeitbezogene, ergonomische, funktionale Merkmale*
Produkt	Ergebnis eines Prozesses	ISO 9000-2.4.2	*Es gibt 4 anerkannte übergeordnete Produktgruppen:* - *Hardware, z.B. mechanisches Motorteil)* - *Software, z.B. Rechnerprogramm,* - *Dienstleistungen, z.B. Transport)* - *verfahrenstechnische Produkte, z.B. Schmiermittel*

Leider kommt man um diesen „trockenen" Stoff nicht herum, wenn man die Fachbegriffe sicher auseinanderhalten und zielsicher anwenden möchte.

F 3   Dinge, die konform bestätigt werden können

Konformität kann immer dann bestätigt werden, wenn für ein „Ding" die Bedingungen (Forderungen, Anforderungen) festgelegt sind. Eine reine Erwartungshaltung, z.B. eines Kunden gegenüber einem Hersteller oder Dienstleister, reicht dazu nicht aus, weil ja kein Vergleich zwischen einem vorgegebenen Wert und dem erreichten Ergebnis stattfinden kann.

Für viele „Dinge" gibt es festgelegte Konformitätsverfahren, z.B. Systemzertifizierungen nach ISO 9001, Produktzertifizierungen nach EG-Produktrichtlinien mit CE-Zeichen, nationale Verfahren wie z.B. GS (geprüfte Sicherheit) der RAL-Gütegemeinschaften mit dem RAL-Zeichen, Zeichen des DVGW, usw.

Abbildung F1 zeigt eine Übersicht über Dinge, die konform bestätigt werden können.

Abbildung F1 Dinge, die konform bestätigt werden können

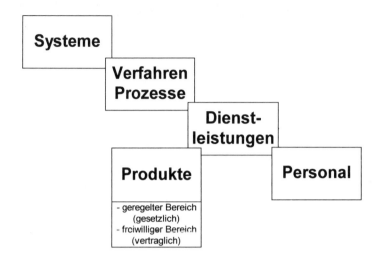

F 4   Arten der Bestätigung, bezogen auf den Bestätiger

Die Bestätigung eines Prüfergebnisses oder einer Konformität kann grundsätzlich durch ganz unterschiedliche Personen/Organisationen erfolgen. Je nachem, wie sehr man darauf angewiesen ist, daß eine solche Bestätigung auch glaubwürdig ist, greift man zu neutralen Bestätigern, die also nichts mit der Erzeugung des zu bestätigenden Gegenstandes oder der Durchführung der zu bestätigenden Dienstleistung zu tun hatten.

Man kann diese Wertigkeit auch etwa folgendermaßen darstellen, siehe Abbildung 2.

Abbildung F2 Bestätigungsstufen in Bezug auf den Bestätiger

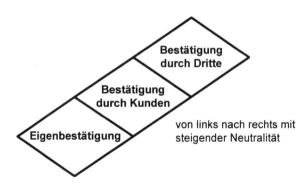

von links nach rechts mit steigender Neutralität

Bei der Eigenbestätigung, die durch den Hersteller oder Lieferer erfolgt, besteht eine rechtliche Verantwortung für die Konformitätsaussage, die je nachdem, ob einzelne Merkmale bestätigt werden oder eine Gesamtaussage erfolgt, bei festgestellten Mängeln dann mit zur rechtlichen Beurteilung auf etwaiges Verschulden herangezogen werden.

Bei der Bestätigung durch einen Kunden, die z.B. aufgrund der Teilnahme an einer Prüfung oder der Durchführung einer Prüfung erfolgt, tritt keine rechtliche Wirkung ein, weil etwaige Mängel grundsätzlich in der Verantwortung des Herstellers oder Lieferers bleiben.

Gleiches gilt auch für eine Bestätigung durch Dritte, d.h. durch sowohl vom Hersteller oder Lieferer als auch vom Kunden wirtschaftlich oder vertraglich unabhängige Organisationen (Prüflaboratorium, Abnahmegesellschaft, wie z.B. TÜV, DEKRA, Zertifizierungsstellen wie z.B. DQS, GZQ usw.). Auch hier wird die Verantwortung für den als konform erklärten Gegenstand nicht vom Hersteller oder Lieferer auf die Organisation übertragen, die die Konformität bestätigt hat.

> *In jedem einzelnen Fall verbleibt die* **volle** *Qualitätsverantwortung und somit die* **alleinige** *Verantwortung für die Konformität mit festgelegten Forderungen beim* **Hersteller oder beim Lieferanten***!*

Da beim Hersteller/Lieferant im besonderen, aber auch bei einem Kunden aufgrund einer bestimmten Interessenlage heraus, z.B. Kosten- und Termindruck, die Bewertung einer etwaigen Abweichung im Hinblick auf die Forderungen großzügiger ausfallen könnte, wird häufig der –Bewertung durch eine wirtschaftlich unabhängige Stelle bevorzugt. Dies ist auch der Grundsatz in solchen Bereichen, wo die Sicherheit von Menschen usw. tangiert ist. Hier sei nur an den Bereich der überwachungspflichtigen Anlagen erinnert.

F 5   Qualitative und quantitative Aussagen in Bestätigungen

In schriftlichen Bestätigungen zur Konformität oder zu Prüfungen sind Aussagen enthalten, die unterschiedlicher Natur sind. Man unterscheidet:

- qualitative oder quantitative Feststellungen
- ganzheitliche oder partielle Feststellungen.

Qualitative Feststellungen bedeuten, daß lediglich zum Ausdruck gebracht wird, daß eine Forderung erfüllt (oder nicht erfüllt) ist oder daß Konformität besteht (oder nicht). Dies wird auch als „gut-schlecht-Ergebnis" bezeichnet.

Beispiel 1:   Prüfung eines Elektromotors

Bestätigung: Die Leistungsdaten des Motors XYZ erfüllen die Spezifikation Nr. 34567.

Quantitative Feststellungen bedeuten hingegen, daß Messungen durchgeführt wurden und deren zahlenmäßige Werte dokumentiert sind.

Beispiel 2:   *Prüfung eines Bleches*

Bestätigung: Chemische Zusammensetzung C = 0,05 %, Cr = 18,1 %, Ni = 9,95 %
Die Sollwerte aus der Norm DIN EN 10088-2 sind eingehalten.

Bei einer *ganzheitlichen* Feststellung gilt die Aussage stets für *alle festgelegten* Merkmale eines Produktes, die einen Qualitätseinfluß haben. Dies hat natürlich zur Voraussetzung, daß ein vereinbarter Umfang von Merkmalen besteht, was bereits durch den Bezug auf eine Zeichnung, eine Norm usw. geschehen kann.

Beispiel 3:   *Gußstück nach Kundenzeichnung GZ 456-359871-21,*
Werkstoff GGL-250 nach DIN EN 1561

Bestätigung: Wir bestätigen, daß die gelieferten Gußstücke zum Zeitpunkt der Liefe-
rung den Vereinbarungen bei der Bestellung, d.h. Ihrer Zeichnung
GZ 456-359871-21 und DIN EN 1561 entspricht.

Das bedeutet, daß alle Maße innerhalb der auf der Zeichnung festgelegten Toleranzen oder der genormten Allgemeintoleranzen liegen, die Oberflächengüten den Forderungen entsprechen und daß alle in der Norm aufgeführten chemischen, mechanisch-technologischen, physikalischen Bedingungen usw. ganzheitlich erfüllt sind.

Bei einer *partiellen* Feststellung bezieht sich die Bestätigung nur auf einige aus vielen Merkmalen eines Produktes.

Beispiel 4:   *Konformitätserklärung für ein Spielzeug*

Bestätigung: Wir (Hersteller) erklären, daß das Spielzeug „nähere Bezeichnung" mit
den grundlegenden Anforderungen der EG-Richtlinie Nr. XYZ überein-
stimmt.

Da in dieser Bestätigung keine Merkmale oder Merkmalswerte aufgeführt sind, bezieht sie sich auf alle Forderungen, die in der Spielzeugrichtlinie spezifiziert sind (grundlegende Sicherheitsforderungen).

Weil in der Spielzeugrichtlinie keine Leistungsmerkmale wie Abmessungen, Beweglichkeit, Farbe usw. festgelegt sind, werden derartige Eigenschaften/Merkmale natürlich nicht durch die obige Konformitätserklärung erfaßt.

Diese Bestätigung enthält darüber hinaus jedoch lediglich eine *qualitative* Aussage.

Beispiel 5:   *Prüfprotokoll für einen Ring nach Zeichnung (einfache geometrische*
Form, nur Außen-/Innendurchmesser und Dicke,
Oberflächen alle Ra 3,2)

Bestätigung: Außendurchmesser Nennmaß 250 +0,03   Istmaß 250,005
Innendurchmesser Nennmaß 185,6 –0,05   Istmaß 185,596

In der Bestätigung sind längst nicht alle Merkmale bestätigt worden, deshalb liegt auch keine ganzheitliche Aussage vor. Es fehlen z.b. der Wert der Dicke sowie die erreichten Oberflächengüten.

Für die Beurteilung einer Bestätigung kommt es also sehr darauf an, *wie* präzise und vollständig vorgeschrieben wurde, *was* bestätigt werden sollte.

F 6 Erforderliche Grundlagen für Konformitätsaussagen

Wie die Beispiel in dem vorhergehenden Abschnitt zeigen, ist die Festlegung einiger Dinge unerläßlich, wenn keine Differenzen entstehen sollen zwischen demjenigen, der eine Konformität bestätigt haben will und demjenigen, der das zu konfirmierende Produkt hergestellt oder geliefert hat.

Es sind im wesentlichen:

- Genaue Beschreibung des zu konfirmierenden Gegenstandes
- Forderung, gegen die die Konformität ausgesprochen werden soll
- Festlegung, ob qualitative oder quantitative Prüfung erfolgen soll
- Festlegung, ob die Prüfergebnisse qualitativ oder quantitativ zu dokumentieren sind
- Bezeichnung der Art des Konformitätsdokumentes
- Angabe der autorisierten Stelle/Person

F 7 Genormte Bestätigungsdokumente

Es bestehen eine ganze Reihe von Normen und anderen technischen Regeln, in denen Festlegungen zu Art und Form von Bestätigungsdokumenten festgelegt sind. In den Abschnitten F 8 bis F 11 sind die am meisten verbreiteten Dokumente detailliert behandelt. Eine Aufstellung zeigt Abbildung F 3.

Abbildung F3 Normen zu Bestätigungsdokumenten

F 8   Prüfbescheinigungen nach DIN EN 10204: 1995-08 (ehemals DIN 50049)

F 8.1 Einleitung

Aus Kostengründen kommen viele Unternehmen zu einer vertraglichen Einigung mit ihren Lieferanten, Prüfungen im Wareneingang zu reduzieren und als Gegengewicht dafür vermehrt Prüfbescheinigungen oder Konformitätserklärungen zu erhalten. Einige Voraussetzungen für eine Reduzierung der Eingangsprüfung sind

- Absprache mit vertraglicher Regelung
- Abstimmung des Prüfplanes und Prüfvergleich des
  Lieferanten/Kunden
- Sicht- und Identitätsprüfung vor dem Einsatz
- Lieferantenaudit
- Prüfaudit im Wareneingang des Bestellers
- Prüfung der Bescheinigungen und Auswertung der dort aufgeführten Prüfergebnisse
- Aufbewahrung von Erstmuster-/Rückmuster-/Serienmuster

Ob unter diesen Voraussetzungen oder unter anderen vertraglichen Situationen, in beiden Fällen spielt folgende Norm eine überragende Rolle:

Prüfbescheinigungen nach EN 10204 (ehemals DIN 50049)

In Bestellspezifikationen, Technischen Lieferbedingungen und Verträgen ist bis zur 1992 erfolgten Ablösung durch EN 10204 weltweit häufig auf DIN 50049 hingewiesen worden, wenn es darum ging, Prüfbescheinigungen als Qualitätsnachweise zu deklarieren. Sie werden bestellt für Materialien, Halbzeuge, Bauteile und komplexe Erzeugnisse, auch wenn dies früher durch den Anwendungs-/Geltungsbereich der Norm durchaus nicht immer gedeckt war.

Im Zuge der Erarbeitung Europäischer Normen zur Beseitigung der technischen Handelshemmnisse auf dem Wege zum gemeinsamen Europäischen Markt bildete DIN 50049 die wesentliche Grundlage für die heutige Europäische Norm EN 10204 (Erstausgabe 1991, in Deutschland als DIN EN 10204 August 1995).

Dieser Sachverhalt ist in Hersteller- und Lieferantenkreisen, also auch des Handels, weitgehend bekannt, jedoch nicht in gleichem Umfang in Besteller- und Anwenderkreisen bekannt. Damit verbunden ist auch eine nach wie vor recht hohe Unsicherheit über die korrekte Interpretation des Normeninhaltes und der einzelnen Bescheinigungsarten vorhanden.

F 8.2 Anwendungsbereich der Norm

Durch die letzte Änderung des Anwendungsbereiches der Europäischen Norm EN 10204 Mitte 1995 ist endgültig klar, daß sie *„für Erzeugnisse aus allen metallischen Werkstoffen, wie immer sie auch hergestellt sein mögen"* gilt. Weiterhin ist festgelegt , daß sie auch *„auf andere Erzeugnisse als solche aus metallischen Werkstoffen angewendet werden"* darf.

Anlysiert man den Anwendungsbereich, so kann man feststellen, daß die Prüfbescheinigungen nach dieser Norm praktisch für alle Erzeugnisse (metallisch oder nichtmetallisch) und für alle Konkretisierungsstufen (ob Roherzeugnis, Halbfertigerzeugnis, Fertigerzeugnis als Einzelteil oder Gerät, für Werkstoffeigenschaften oder funktionale Eigenschaften) ausgestellt werden können, sofern die Vertragspartner eine der Prüfbescheinigungen nach EN 10204 vereinbaren. Diese nunmehr auch offiziell mögliche breite Anwendung verlangt mehr Information für die Mitarbeiter in Unternehmen, die einerseits Prüfbescheinigungen fordern (Besteller), andererseits zu liefern haben (Lieferanten, Hersteller, Händler).

Diesem Ziel dient die einfache, aus der Norm selbst heraus zusammengestellte Tabelle F2, in der durch eine spezielle Anordnung und durch umfangreiche Fußnoten ein Wegweiser zur korrekten Anwendung der Norm bereitgestellt wird. Es wird bewußt auf eine umfangreiche = wortreiche Interpretation verzichtet, weil sie sich durch die Angaben selbst ergeben sollte. Die Aussagen befassen sich mit folgenden Sachverhalten:

- Anwendungsbereich der Norm
- Kurzzeichen und Gruppenbildung der Bescheinigungsarten
- Arten der Prüfungen, die Grundlage der Bescheinigungen
  bilden
- Erfordernis der Angabe von Prüfergebnissen
- Aussagen zum Prüfer
- Aussagen zum Aussteller der Bescheinigung und seiner
  Stellung im Unternehmen
- welche Arten von Lieferbedingungen als Grundlage für
  die Prüfungen
- Charakter von Konformitätsbestätigungen für einige Bescheinigungarten
- Forderungen an Verarbeiter und Händler

Die Darstellung in der Tabelle F2 weicht von der in der Originalnorm vorhandenen Tabelle entscheidend ab, weil sie in einer bestimmten Anordnung versucht, *Gleichheiten* und *Unterschiedlichkeiten* der verschiedenen Bescheinigungsarten deutlich zu machen.

F 8.3 Bescheinigungsarten und –grundlagen

Die Norm enthält insgesamt 7 Bescheinigungsarten, die in zwei Gruppen gegliedert sind, die wesentliche Unterschiede aufweisen.

2.1 Werksbescheinigung
2.2 Werkszeugnis
2.3 Werksprüfzeugnis

3.1.A Abnahmeprüfzeugnis A
3.1.B Abnahmeprüfzeugnis B
3.1.C Abnahmeprüfzeugnis C
3.2 Abnahmeprüfprotokoll

Eine vollständige Übersicht über die Bezeichnungen sowie die Bedingungen enthält Tabelle F2 (siehe nächste Seite).

Prüfbescheinigungen nach DIN EN 10204 (August 1995)

Bezeichnungsbeispiel: Abnahmeprüfzeugnis EN 10204 - 3.1.B

Anwendungs-bereich	für Erzeugnisse aus allen Werkstoffen, unabhängig von der Art der Herstellung 9)			
Bezeichnung	**Werks**		**Abnahme**	
	bescheinigung	**zeugnis**	**prüfzeugnis**	**prüfprotokoll**
Gruppe	2		3	
Kurzzeichen	**2.1**	**2.2** **2.3** 12)	**3.1**	**3.2**
Art der Prüfung 1)	nichtspezifische Prüfung 2)		spezifische Prüfung 3)	
Prüfergebnisse	keine Angabe		mit Angabe	
Prüfer	vom Hersteller beauftragt 7), kann der Stelle angehören, in der die geprüften Merkmale erzeugt wurden		beauftragt zur Durchführung oder Beaufsichtigung 7) 8), muß unabhängig von der Stelle sein, in der die geprüften Merkmale erzeugt wurden	
Aussteller der Bescheinigung	Hersteller *(juristische Person)*		Sachverständiger *(Einzelperson)*	
Grad	-		.A .B .C	-

Stellung des Bestätigers	vertretungsberechtigte Person 6)	in den amtlichen Vorschriften genannt	vom Hersteller beauftragt (Werks-sach-verstän-diger) 7)	vom Bestel-ler beauf-tragt	a) vom Hersteller beauftragt und b) vom Be-steller beauf-tragt 13)
Liefer-bedingungen	gemäß der Bestellung 11)	nach amtli-chen Vor-schriften und den zugehörigen Techni-schen Regeln	gemäß der Bestellung 11)		
geforderte zusätzliche Bestätigung	...daß die gelieferten Erzeugnisse den Vereinbarun-gen bei der Bestellung entsprechen 4)	**keine** *die Bestätigung bezieht sich ausschließlich auf die geprüften Merkmale 5)*			

Verarbeiter und Händler 10)	bei Lieferung durch einen Verarbeiter oder Händler muß dieser die völlig unveränderten Bescheinigungen des Herstellers oder Sachverständigen der Lieferung beifügen und eine geeignete Identifizierung zwischen Erzeug-nis und Bescheinigung sicherstellen; gegebenenfalls durch eine entsprechende Bestätigung/ Stempelung und Beifügung einer eigenen Bescheinigung mit Verweis auf die Ursprungsbescheinigungen für eigene, zusätzlich durchgeführte Prüfungen übernimmt der Verarbeiter oder Händler die Funktion des Her-stellers oder Sachverständigen und stellt eigene Prüfbescheinigungen nach DIN EN 10204 aus
Fußnoten siehe nächste Seite	

1) Grundlage der Ausstellung von Prüfbescheinigungen nach EN 10204 sind in allen Fällen tatsächlich durchgeführte Prüfungen

2) die Prüfungen müssen nicht an Erzeugnissen aus der Lieferung selbst durchgeführt werden; es können statistische Aufschreibungen von Prüfergebnissen verwendet werden

3) die Prüfungen müssen an den zu liefernden Erzeugnissen (bzw. an Prüfeinheiten daraus) durchgeführt werden; eine unmittelbare Zuordnung der Prüfergebnisse zu den Erzeugnissen , z.B. über Schmelzen-Nr., Erzeugnis-Nr., Serien-Nr., muß hergestellt werden

4) dies ist eine in der Norm geforderte Bestätigung, die eine *Konformitätsbescheinigung* darstellt und sich auf die *Gesamtheit* festgelegter Merkmale eines Erzeugnisses bezieht (gemäß Bestellangaben, z.B. Norm, Zeichnung, Spezifikation)

5) aus einer solchen Bescheinigung kann *keine* Konformität für das *gesamte* Erzeugnis abgeleitet werden, sondern nur für die geprüften Merkmale

6) während der „Sachverständige" in der Gruppe der 3er-Bescheinigungen eine definierte, als Sachverständiger beauftragte „Person" ist, wird der „Hersteller" als juristische Person von Personen vertreten, die den Bestimmungen des HGB und des Gesellschaftsrechts genügen müssen. Sie müssen jedoch keine Sachverständige sein

7) die Beauftragung sollte schriftlich mit Angabe des Beauftragungsumfanges hinsichtlich der räumlichen Beauftragung, z B. in Filialbetrieben, der fachlichen Eignung hinsichtlich der Beurteilung der Prüfergebnisse im Verhältnis zu den Lieferbedingungen sowie der Prüftechnologie erfolgen

8) die Beauftragung erfolgt bei 3.1.A praktisch kraft gesetzlicher Bestimmungen (Hersteller und Besteller haben keinen Einfluß), bei 3.1.B durch den Hersteller, bei 3.1.C durch den Besteller und bei 3.2 durch Hersteller und Besteller

9) das bedeutet auch die Anwendung auf Halbzeuge, Erzeugnisformen wie Profile, Bleche, Rohre u.a., Gußstücke, Schmiedestücke, Einzelteile nach Zeichnung oder Norm, zusammengesetzte Erzeugnisse wie Geräte usw., für alle Qualitätsmerkmale wie z.B. chemische Zusammensetzung, mechanisch-technologische Eigenschaften, Sicherheitsmerkmale, Funktionsmerkmale

10) Verarbeiter = Veränderer bestimmter Qualitätsmerkmale durch einen Fertigungsprozeß wie z.B. Wärmebehandlung, Umformen usw. (Bearbeiter verändert keine ursprünglichen Merkmale, sondern erzeugt neue)

11) vertraglich können zwischen Besteller und Lieferer beliebige Lieferbedingungen vereinbart werden, auch solche nach amtlichen Vorschriften und zugehörigen Technischen Regeln sind freiwillig vereinbar. Letztere wirken dann aber nicht in der Bedeutung als Vorschrift

12) falls die Prüfabteilung des Herstellers von der Fertigungsabteilung jedoch unabhängig ist, muß anstelle 2.3 ein Abnahmeprüfzeugnis 3.1.B ausgestellt werden (dies kann leider zu Mißverständnissen mit einem Besteller führen, der 2.3 bestellt hat)

13) Protokoll hat stets mindestens 2 Bestätigungen/Unterschriften

F 8.4 Bestätigung der Konformität und reine Bestätigung einzelner Prüfungen und deren Ergebnisse

Aus Tabelle F2 geht hervor, daß bei allen Bescheinigungsarten mit dem Wortbestandteil „**Werks...**" gemäß EN 10204 die Forderung besteht, daß der Hersteller bestätigt,

... daß die gelieferten Erzeugnisse den Vereinbarungen bei der Bestellung entsprechen.

Wenn also in einer Bestellung Bezug genommen wird auf eine Norm, ein anderes normatives Dokument oder z.B. auf eine Zeichnung, eine Spezifikation o.ä. und gleichzeitig eine Werksbescheinigung, ein Werkszeugnis oder ein Werksprüfzeugnis bestellt wird, so bezieht sich dieses jeweils *auf die Gesamtheit aller Merkmale*, die in den angezogenen Dokumenten mit oder ohne Toleranzen oder Grenzwerten festgelegt sind; bei einer Zeichnung also auf alle Maße und Oberflächen, bei einer Werkstoffspezifikation auf alle chemischen, mechanisch-technologischen und physikalischen Merkmale, unabhängig davon, ob die Prüfergebnisse in der Bescheinigung aufgeführt sind oder nicht und unabhängig davon, ob überhaupt Prüfungen stattgefunden haben.

Damit liegt also eine reinrassige *Konformitätserklärung* vor, wie sie z.B. auch bei einer *Konformitätserklärung des Anbieters nach EN 45014* vorliegt, siehe Abschnitt F 11.9, wo ebenfalls ein vergleichbarer Satz formuliert ist *„Das oben beschriebene Erzeugnis ist in Konformität mit ....".*

Debei ist es unerheblich, ob der oben zitierte Satz in der Bescheinigung wörtlich oder sinngemäß wiedergegeben ist. Alleine der Bezug auf EN 10204 - 2.1, 2.2 oder 2.3 inkorporiert die Konformitätsaussage.

Im Gegensatz dazu sind alle Bescheinigungsarten mit dem Wortbestandteil **„Abnahme..."** *nicht* mit einer solchen Konformitätsaussage verbunden. Hier werden von den verschiedenen „Sachverständigen" ausschließlich *nur* Aussagen zu den einzelnen dokumentierten Prüfergebnissen aufgrund durchgeführter Prüfungen gemacht, d.h. es wird bestätigt, daß die Prüfungen gemäß der festgelegten Prüfverfahren durchgeführt wurden und die Ergebnisse die geforderten Merkmalswerte erfüllen. Für den Fall, daß in den der Bestellung zugrundeliegenden Spezifikationen usw. Sollwerte (mit oder ohne Toleranzen und Grenzwerten) angegeben sind, ist mit der Bestätigung auch die Aussage verbunden, daß die Prüfergebnisse diese Forderungen erfüllen.

Eine Konformitätsaussage über das gesamte gelieferte Produkt ist jedenfalls damit nicht verbunden!

Jeder *Besteller* derartiger Dokumente sollte also abwägen, ob er nicht mit einem Dokument der 2er-Gruppe wegen der ganzheitlichen Wirkung besser bedient ist als mit den Zeugnissen der 3er-Gruppe, vor allem unter dem Gesichtspunkt des Vertragsrechtes, wo die 2er-Gruppe mehr Ansatzmöglichkeiten für Regreßnahme bietet als die 3er-Gruppe.

Jeder *Aussteller* von „Werks..."-Dokumenten muß hingegen eine Risikoabschätzung durchführen, ob er für die Konformitätsaussage auch die erforderlichen Informationen besitzt.

Jedenfalls sind aus rechtlicher Sicht die Bescheinigungen 2.1, 2.2 und 2.3 (*...in welcher der Hersteller bestätigt,...*) genau wie Konformitätserklärungen nach EN 45014 Dokumente der „juristischen Person", des Unternehmens also. Im Gegensatz dazu sind die Abnahmeprüfzeugnisse 3.1.A, 3.1.B und 3.1.C sowie das Abnahmeprüfprotokoll 3.2 Bestätigungen durch Einzelpersonen (Sachverständige), mit denen nur eine unwesentliche Rechtswirksamkeit im vertraglichen Sinne verbunden ist.

F 8.5 Ausstellende Person oder Organisation

Bei den Prüfbescheinigungen nach EN 10204 gibt es zwei Personenkreise, die zu ihrer Ausstellung berechtigt sind. Dabei handelt es sich um absolut unterschiedliche Kreise.

Nachfolgende Abbildung F4 verdeutlicht dies.

Abbildung F4 Berechtigte Personenkreise zur Ausstellung von Prüfbescheinigungen

Bescheinigungsart						
Werks.....			Abnahmeprüf....			
2.1	2.2	2.3	3.1.A	3.1.B	3.1.C	3.2
.... in welcher der Hersteller bestätigt, daß ...			... herausgegeben und bestätigt von einem ... Sachverständigen ...			
berechtigt sind demnach die den Hersteller (oder Lieferer) im gesellschaftsrechtlichen Sinne vertretenden Personen wie z.B. - Vorstände, - Geschäftsführer, - Prokuristen, - Handlungsbevollmächtigte, - Inhaber jedoch nicht Sachbearbeiter (auch nicht, wenn Sachgebietsvollmacht), Prüfer, Sachverständige, Leiter, Meister usw.			berechtigt sind demnach Sachverständige (des betreffenden Gebietes), die unterschiedlichen Organisationen angehören können, je nach Art des Abnahmeprüfzeugnisses (A, B, C) jedoch nicht Personen, die die betreffende Organisation gesellschaftsrechtlich vertreten, es sei denn der Betreffende sei zugleich auch Sachverständiger			
gegebenenfalls kann durch eine ganz spezielle Beauftragung zum Gebiet der Bestätigung von Prüfbescheinigungen der 2er Art eine rechtwirksame Vertretung im Sinne des Gesellschaftsrechts begründen. Dies wäre mit der Rechtsabteilung im Unternehmen zu klären			*wenn eine Person als Sachverständiger beauftragt werden soll, so kann sich diese Beauftragung immer nur auf solche Bereiche beziehen, in der die Person auch Sachverstand hinreichend nachweisen kann. Eine Generalbeauftragung über alle Produkt- und Prüfgebiete kann es üblicherweise nicht geben*			

Für die **Beauftragung von Werkssachverständigen** sind folgende Hinweise wichtig.

Ein spezifisches - immer wieder bei der Ausstellung von Abnahmeprüfzeugnissen 3.1.B diskutiertes - Problem ist die Beauftragung zum Werkssachverständigen und dessen sogenannter „Unabhängigkeit" von der Fertigungsabteilung.

EN 10204 benennt den vom „Hersteller beauftragten Sachverständigen" mit dem speziellen Ausdruck „Werkssachverständiger". Damit verbunden ist eine Formulierung, die dessen „Un-abhängigkeit von der Fertigungsabteilung" fordert (...von einem dazu beauftragten, von der Fertigungsabteilung unabhängigen, Sachverständigen des Herstellers"). Das bedeutet, daß er eine Person sein muß, die *nicht* an der Erzeugung der von ihm zu bestätigenden Eigenschaften (die er selbst geprüft haben kann oder nicht) beteiligt gewesen ist.

Bei kleinen Firmen führt dies zu Problemen, weil u.U. genau derjenige, der ein Gerät entworfen, verkauft, gefertigt und geprüft hat, nun auch noch ein Abnahmeprüfzeugnis EN 10204-3.1.B ausstellen soll, er aber auch der einzige *Sach*verständige im Hause ist, d.h. in der Lage ist, die Prüfung und die Prüfungsergebnisse zu beurteilen.

Diesem Dilemma kann man nur dadurch entgehen, daß, z.B. im Rahmen des einge-richteten Qualitätsmanagementsystems, eine formelle, schriftliche) Beauftragung zum Werkssachverständigen durch die juristische Firmenleitung erfolgt, auch wenn diese Person in Personalunion auch andere Funktionen in der Herstellungskette, u.U. sogar leitender Art, wahrnimmt.

Ein Beispiel einer solchen Beauftragung ist in Abbildung F5 wiedergegeben.

Abbildung F5 Beauftragungsschreiben für Werkssachverständige

Musterfirma Gießerei GmbH
Am Hochofen 10
65432 Eisenheim

Herrn
Anton Meister
Abteilung GA, Personal-Nr. 234   *10. Dezember 1999*

Beauftragung zum Werkssachverständigen gemäß EN 10204
bzw. zum Prüfbeauftragten gemäß DIN 55350 Teil 18

Sehr geehrter Herr Meister,

mit Wirkung vom 1. Januar 2000 beauftragen wir Sie in Ergänzung Ihrer Stellenbeschreibung mit der Wahrnehmung der Aufgaben eines Werkssachverständigen nach EN 10204 Abschnitt 3.1 und eines Prüfbeauftragten nach DIN 55350 Teil 18 in unserem Unternehmen (in unserem Werk ..... bei Konzernen ist gegebenenfalls eine Gegenseitigkeitsvereinbarung mit anderen Standorten/Werken/Bereichen zweckmäßig).

Damit verbunden ist die Berechtigung, in unserem Namen Qualitätsnachweise gegenüber Kunden und Abnahmeorganisationen auszustellen und/oder verbindlich zu bestätigen.

„Qualitätsnachweise" in diesem Sinne sind z.B.

- Prüfbescheinigungen nach EN 10204 - 3.1.B
- Qualitätsprüfzertifikate nach DIN 55350 Teil 18

Achtung: Konformitätserklärungen des Anbieters, z.B. solche nach EN 45014, sowie Werksbescheinigungen/-zeugnisse/-prüfzeugnisse nach EN 10204 - 2.1 bis 2.3 fallen nur unter diese Beauftragung, wenn Sie gleichzeitig befugt sind, uns nach den Bestimmungen des Gesellschaftsrechts zu vertreten. Dies ist zur Zeit nicht der Fall.

Die Beauftragung erstreckt sich aufgrund Ihrer Befähigung und Qualifikation auf folgende Prüfverfahren:

(Aufzählung der Prüfverfahren vornehmen, z.B.:
- zerstörende Werkstoffprüfungen,
- zerstörungsfreie Prüfverfahren (einzeln aufführen, z.B. Ultraschallprüfung, Eindringprüfung)

Die zur Ausstellung und/oder Bestätigung der Qualitätsnachweise erforderlichen Feststellungen der Übereinstimmung der Prüfergebnisse mit den Forderungen aus der Bestellung/dem Auftrag treffen Sie in unserem direkten Auftrag und unabhängig von Ihren weiteren Aufgaben sowie unabhängig von ihrer organisatorischen Zuordnung in unserem Unternehmen. Sie dürfen jedoch keine Konformitätserklärungen in irgendeiner Form abgeben.

Zum Kennzeichen dieser Beauftragung erhalten Sie einen persönlichen Stempel mit unserem Firmensymbol und einer für Sie reservierten Nummer ..., mit dem Sie die von Ihnen per Unterschrift bestätigten Qualitätsnachweise bzw. die zur Bescheinigung gehörigen Gegenstände zusätzlich zu versehen

---

haben. Sorgen Sie bitte dafür, daß dieser Stempel nicht durch andere Personen benutzt werden kann, da in diesem Falle eine Verletzung des zwischen uns bestehenden Arbeitsvertrages eintritt.

Anmerkung: Falls Bescheinigungen per DV erstellt und ohne Unterschrift gültig sein sollen, so ist der vollständige Name und die Nummer des Stempels anzugeben. Es muß dafür dann ein besonderes Paßwort festgelegt werden.

Wir machen Sie darauf aufmerksam, daß diese persönliche Beauftragung auch widerrufen werden kann, wenn Ihre Tätigkeit als Werkssachverständiger/Prüfbeauftragter Anlaß zu schwerwiegender Kritik seitens unserer Kunden oder hausinterner Stellen gibt.

Wir behalten uns vor, aus sachlichen und organisatorischen Erwägungen heraus zu jedem uns zweckmäßig erscheinenden Zeitpunkt die Beauftragung schriftlich als beendet zu erklären, wovon Ihre sonstigen Aufgaben unberührt bleiben.

Bei Widerruf der Beauftragung haben Sie den Ihnen übergebenen Stempel unverzüglich zurückzugeben und von diesem Zeitpunkt an die Bestätigung von Qualitätsnachweisen in unserem Auftrag zu unterlassen.

Eine Kopie des Beauftragungsschreibens bitten wir unterschrieben zurückzugeben.

Mit freundlichen Grüßen

(Firmenleitung/Geschäftsführer/usw.)

Stempelabdruck:

Bestätigung

Ich bestätige hiermit, die obige Beauftragung anzunehmen und versichere die Einhaltung der vorgenannten Regeln. Den mit der Beauftragung verbundenen Stempel mit der Nr. .... habe ich erhalten und werde diesen nur persönlich verwenden.

Anmerkung: Bei Bestätigung der Bescheinigungen per DV verwende ich ein Paßwort, welches beim Datenschutzbeauftragten hinterlegt ist und von mir nicht weitergegeben wird.

Ich bin einverstanden, daß im Bedarfsfall Informationen über diese Beauftragung und gegebenenfalls auch Kopien dieses bestätigten Beauftragungsschreiben im Rahmen von Geschäftsbeziehungen mit Kunden und Abnahmeorganisationen weitergegeben werden.

Datum: *Unterschrift:*

_____   _____

Einen weiteren Ausweg bildet die Beauftragung eines externen Sachverständigen, wobei allerdings dessen Eignung zur Beurteilung des Ergebnisse von Prüfungen in dem betreffenden Fachgebiet nachgewiesen werden müßte.

Sachverstand des Werkssachverständigen bedeutet aber in allen Fällen, daß die betreffende Person die Herstellungsverfahren/modalitäten, die Forderungen an die spezifischen Produkte sowie die üblichen Prüfverfahren kennt und einzuschätzen weiß. Anderenfalls wäre sie als „Werkssachverständiger" (und übrigens auch als der vom Besteller beauftragte Sachverständige oder der aufgrund gesetzlicher Bestimmungen tätige Sachverständige) nicht geeignet.

F 8.6 Ausstellung von Prüfbescheinigungen EN 10204 durch einen Verarbeiter oder Händler

„Verarbeiter" ist ein Unternehmen, das ein Produkt in einigen seiner Qualiätsmerkmale gegenüber dem Anlieferzustand (Herstellungszustand) verändert. Diese Veränderungen können durch Umformen, durch Bearbeiten, durch Wärmebehandlungen, durch Mischen (z.B. bei Flüssigkeiten, Pulvern usw.) erfolgen, wodurch neue Eigenschaften entstehen oder sich gegenüber vorher ändern.

*Beispiel 6: Schweißkonstruktion nach Zeichnung aus Blechen und Profilstählen, die **nach** dem Schweißen einer kompletten Wärmebehandlung (Vergütung) unterzogen wird.*

Hier lag eine Prüfbescheinigung für die verschiedenen Bleche mit Angabe der Festigkeitswerte vor. Durch die Wärmebehandlung haben sich diese natürlich verändert und müssen somit neu ermittelt und bestätigt werden.

Hingegen liegt bei der Veränderung von Maßen, z.B. dem Drehen einer Welle aus Rundstahl, keine „Verarbeitung" im Sinne der Norm vor, weil z.B. die chemischen oder mechanisch-technologischen bzw. physikalischen Werte sich durch die spanende Bearbeitung normalerweise nicht verändern. Das bedeutet, daß die Dreherei kein „Verarbeiter" ist.

„Händler" ist ein Unternehmen, das normalerweise lediglich eine Verteilerfunktion ausübt, d.h. außer etwa der Separierung einer Teilmenge, z.B. durch Abtrennen, Abfüllen, keine Veränderung von Qualitätsmerkmalen durchführt oder verursacht.

In aller Deutlichkeit ist in EN 10204 geregelt, unter welchen Bedingungen ein „Verarbeiter" oder „Händler" die Forderungen des Bestellers nach Prüfbescheinigungen zu handhaben hat. Nähere Einzelheiten ergeben sich aus Tabelle F2.

F 8.7 Inhaltsangaben in Prüfbescheinigungen nach EN 10204 gemäß EN 10168

Zunächst enthält die Norm keinerlei Hinweise darauf, was alles und in welcher Anordnung bestätigt werden soll. Allgemeine sind solche normativen Festlegungen auch nicht sinnvoll, da man eine unzählige Zahl von fachbezogenen Beispielen erstellen müßte und außerdem auch noch die verschiedensten Erstellungsmöglichkeiten für die Dokumente wie Ausstellung von Hand, mit Schreibmaschine, mit PC, rechnerintern über Anwendersoftware usw. berücksichtigen müßte.

Lediglich für das große Gebiet Stahl und Stahlerzeugnisse besteht eine europäische Norm, in der eine Liste und die Beschreibung von Angaben, die in Prüfbescheinigungen der verschiedenen Arten nach EN 10204 festgelegt sind und die dann auch in die Produktnormen auf dem Gebiet der Stahlerzeugnisse in unterschiedlicher Zusammensetzung aufgenommen worden sind. Es handelt sich um

DIN EN 10168: Entwurf 2000-08 Stahl und Stahlerzeugnisse
                                      Prüfbescheinigungen
                                       Liste und Beschreibung der Angaben

Diese aus einer z.Z. (im September 2000) noch bestehenden und gültigen EURONORM 168 entwickelten Norm hat noch den Status eines Entwurfes, wird aber in den Stahlgütenormen bereits angewendet.

Zweck dieser Norm ist es, durch die Festlegung genormter Bezeichnungen und Definitionen von für die Aufnahme in Prüfbescheinigungen gedachten Angaben und durch die Einführung von Kennummern für jede derartige Bezeichnung zur Beseitigung von Verständigungsschwierigkeiten im europäischen Handel beizutragen, was insbesondere durch die mehrsprachige Ausgabe unterstützt wird.

Der Umfang der Norm ist nicht geeignet, hier abgebildet und besprochen zu werden, dafür bezieht sich die Norm auch nur auf eine Branche.

Die Angabenblöcke sind gemäß Abbildung F6 unterteilt.

Abbildung F6 Angaben in Prüfbescheinigungen (für Stahl und Stahlerzeugnisse)

Kurz-zeichen	Angabenblöcke für	innerhalb der Angabenblöcke sind die Felder		frei verfüg-bar
		fest vergeben		
		von - bis	siehe Tabelle (in der Norm)	von bis
A	Angaben zum Geschäftsvorgang und zu den daran Beteiligten Herstellerwerk, Art der Prüfbescheinigung, Bescheinigungs-Nr., Herstellerzeichen, Aussteller der Bescheinigung, Besteller/ Empfänger, Kunden-Bestell-Nummer, Werksauftragsnummer und gegebenenfalls Artikelnummer, ergänzende Angaben	A01 – A08	2	A09 – A99
B	Beschreibung der Erzeugnisse Bezeichnung des Erzeugnisses, Stahlsorte und Gütegruppe, zusätzliche Anforderungen, Lieferzustand, Referenzbehandlung von Probeabschnitten, Kennzeichnung des Erzeugnisses, Identifizierung des Erzeugnisses, Schmelzennummer, Artikelnummer des Kunden, Stückzahl, Maße des Erzeugnisses, Theoretisches Gewicht, Istgewicht	B01 – B15	3	B16 – B99
C	Prüfung allgemeine Angaben, Zugversuch, Härteprüfung, Kerbschlagbiegeversuch, Faltversuch, sonstige mechanische Prüfungen, Stahlherstellungsverfahren und chemische Zusammensetzung	C00 – siehe Tabelle	4	C siehe Tabelle
D	Sonstige Prüfungen	D01 – D03	5	D04 – D99
Z	Bestätigung Datum der Ausstellung und Bestätigung, Stempel des Abnahmebeauftragten	Z01 – Z02	5	Z03 – Z99

F 8.8 Zukünftige Änderungen

Im August 2000 ist ein neuer Entwurf zu den Prüfbescheinigungen nach EN 10204 erschienen, der eine ganze Reihe wesentlicher Änderungen mit sich bringen wird. Allerdings ist kaum vor Ende 2001 mit der neuen Norm zu rechnen. Nachfolgend sind die wichtigsten Änderungen aufgeführt:

Änderungen DIN EN 10204 Entwurf August 2000 gegenüber Ausgabe August 1995

- Anwendungsbereich präzisiert auf Erzeugnisformen, d.h. im allgemeinen Sprachgebrauch „Halbzeuge"

- Hinweis auf EN 10168 Angabenblöcke in Prüfbescheinigungen für Stahl und Stahlerzeugnisse aufgenommen

- Werksprüfzeugnis entfällt (Ersatz ist Abnahmeprüfzeugnis 3.1 durch den Werkssachverständigen)

- Abnahmeprüfzeugnis 3.1.A entfällt (Ersatz ist Abnahmeprüfzeugnis 3.2 durch den in amtlichen Vorschriften genannten Sachverständigen und den Werkssachverständigen)

- Abnahmeprüfzeugnis 3.1.B wird Abnahmeprüfzeugnis 3.1 (vorbehalten dem Werkssachverständigen)

- Abnahmeprüfzeugnis 3.1.C entfällt (Ersatz Abnahmeprüfzeugnis 3.2 durch den vom Besteller beauftragten Sachverständigen und den Werkssachverständigen)

- Abnahmeprüfprotokoll 3.2 entfällt (Ersatz Abnahmeprüfzeugnis 3.2 mit 2 Sachverständigenbestätigungen)

Es bleiben also zukünftig:

Werksbescheinigung	2.1	
Werkszeugnis	2.2	
Abnahmeprüfzeugnis	3.1	
Abnahmeprüfzeugnis	3.2	(mit 2 Alternativen)

Durch das Einspruchsverfahren können jedoch noch Änderungen eintreten, deshalb ist erst nach Erscheinen der Norm auf die neue Situation Rücksicht zu nehmen, die jedoch durch die Reduzierung von 7 auf 4 Bescheinigungsarten beachtliche Vereinfachungen mit sich bringen wird..

F 9   Bescheinigungen über die Ergebnisse von Qualitätsprüfungen
Qualitätsprüf-Zertifikate) nach DIN 55350-18: 1987-07

Während der Anwendungsbereich von EN 10204 formal auf metallische Erzeugnisse beschränkt ist, steht mit DIN 55350-18 eine Norm zur Verfügung, die ganz universell angewendet werden kann. Sie ist vor allem terminologisch schlüssig und regelt zusätzlich einige Voraussetzungen zur Erstellung von Prüfbescheinigungen (noch „Zertifikate" genannt).

Sie ist in einigen Industriesektoren eingeführt und wird auch von Ämtern wie z.b. dem BWB (Bundesamt für Wehrtechnik und Beschaffung) vorgeschrieben.

Der entscheidende Nachteil und somit auch nur eine begrenzte Anwendungsmöglichkeit ergibt sich aus der Tatsache, daß diese Norm keine europäische oder internationale Entsprechung gefunden hat, also rein national auf Deutschland beschränkt ist.

In dieser Norm gibt es (siehe auch obige Überschrift) leider einen weiteren – aus heutiger Sicht widersprüchlichen Sachverhalt. Der Begriff „Zertifikat", wie er bei diesen Qualitätsprüf-Zertifikaten derzeit verwendet wird, ist nach EN 45020 nicht für alle der festgelegten Arten zulässig. Darauf wird in der Tabelle F3 durch den Autor hingewiesen. Der heute korrekte Ausdruck wäre „Bescheinigung", was aber bisher mangels der Notwendigkeit anderer Überarbeitungen der Norm noch nicht berücksichtigt worden ist.

F 9.1 Anwendungsbereich

Bescheinigungen nach dieser Norm können im Rahmen von Lieferverträgen (Bestellung und Lieferung) für jegliche materielle oder immaterielle Produkte, d.h. auch für Dienstleistungen usw., bestellt und ausgestellt werden, soweit festgelegt ist, welche Merkmale geprüft und die Ergebnis bestätigt werden sollen. Diese Bescheinigungen stellen in keinem Fall eine ganzheitliche Konformitätsbescheinigung dar, weil sie sich nicht auf die Gesamtheit aller an einem Produkt vorhandenen Merkmale bezieht, sondern nur auf die in der Bescheinigung aufgeführten Merkmale.

Produkthändler dürfen keine Bescheinigungen nach dieser Norm ausstellen, sondern müssen ihrer Lieferung die Originalbescheinigung des Prüfbeauftragten des Herstellers oder des vom Abnehmer/Auftraggeber vorgeschriebenen Prüfbeauftragten beifügen.

F 9.2 Bescheinigungsarten und -grundlagen

Die Norm enthält insgesamt 8 Bescheinigungsarten, die in zwei Gruppen gegliedert sind, die wesentliche Unterschiede aufweisen.

Eine vollständige Übersicht über die Bezeichnungen sowie die Bedingungen enthält Tabelle F3. Dabei sind auch Hinweise zu finden, daß keine allgemeine, auf das ganze Erzeugnis bezogene Konformitätsaussage mit einer solchen Bescheinigung verbunden ist, sondern nur bezogen auf die speziellen Qualitätsmerkmale, die geprüft wurden.

Bescheinigungen über Ergebnisse von Qualitätsprüfungen nach DIN 55350-18 (Juli 1987)

Bezeichnungsbeispiel: Herstellerzertifikat M DIN 55350-18 – 4.2.2

Anwendungsbereich	für Produkte aller Art 10)							
Bezeichnung 1)	Hersteller		prüf		Abnahmeprüf			
			zertifikat 11)					
ausstellende Organisation	Hersteller				Unabhängig vom Hersteller			
Art 3)	O	M	O	M	O	OS	M	MS
Angabe festgestellter Merkmalswerte 2)	nein	ja	nein	ja	nein		ja	
Art des Prüfergebnisses	nichtauftragsbezogenes Ergebnis 8)				auftragsbezogenes Ergebnis 9)			
Kurzbezeichnung der Bescheinigung	**4.1.1**	**4.1.2**	**4.2.1**	**4.2.2**	**4.3.1**	**4.3.2**	**4.3.3**	**4.3.4**

Aussteller der Bescheinigung	**Prüfbeauftragter** zur Beurteilung der Prüfergebnisse Befähigter, der die Erfüllung der Qualitätsforderung im Hinblick auf die Qualitätsmerkmale feststellt und bestätigt. Die Befähigung schließt ein, daß er die Verfahren und Ergebnisse der Qualitätsprüfungen im Hinblick auf die Forderung und auf die Prüfspezifikation in Bezug auf die Qualitätsmerkmale beurteilen kann.
Beauftragung	**Hersteller**-Prüfbeauftragter 4) von der Unternehmensleitung des Herstellers benannt, in ihrem unmittelbaren Auftrag handelnd und in den Qualitätsfeststellungen (von anderen Personen oder Stellen des Unternehmens) unabhängig · · · **Abnehmer**-Prüfbeauftragter 5) vom Abnehmer oder Auftraggeber (Besteller) benannt, in dessen unmittelbaren Auftrag handelnd
rechtliche Stellung	keine gesellschaftsrechtliche Voraussetzung erforderlich 6)
anzugebende Lieferbedingungen	gemäß der Bestellung 7)
spezielle Qualitätsmerkmale	diejenigen Qualitätsmerkmale, zu denen die Bescheinigung quantitative und/oder qualitative Merkmalswerte enthalten soll
Verarbeiter und Händler 12)	bei Lieferung durch einen Verarbeiter oder Händler muß dieser die <u>völlig unveränderten</u> Bescheinigungen des Hersteller- oder Abnehmer-Prüfbeauftragten der Lieferung beifügen und eine geeignete Identifizierung zwischen Erzeugnis und Bescheinigung sicherstellen; gegebenenfalls durch eine entsprechende Bestätigung/ Stempelung und Beifügung einer eigenen Bescheinigung mit Verweis auf die Ursprungsbescheinigungen. Für <u>eigene</u>, zusätzlich durchgeführte Prüfungen übernimmt der Verarbeiter oder Händler die Funktion des Herstellers oder Abnehmers und kann eigene Bescheinigungen nach DIN 55350-18 ausstellen
Angaben, die in einer Bescheinigung enthalten sein sollen	-Aussteller des Zertifikates und Datum -Hersteller/Auftragnehmer/Lieferer -Abnehmer/Auftraggeber/Besteller -Auftrags-/Bestellnummer -Liefergegenstand, Stückzahl usw. -Qualitätsforderung, z.B. technische Lieferbedingung -Prüfspezifikation -Art des Qualitätsprüf-Zertifikates -Angabe der speziellen Qualitätsmerkmale, für die Prüfergebnisse gefordert werden -Prüfergebnisse
Fußnoten siehe nächste Seite	

Fußnoten zu Tabelle F3

1) Für die Bescheinigungen 4.1.1, 4.1.2, 4.2.1, 4.2.2, 4.3.1 und 4.3.2 ist eigentlich der Ausdruck „Zertifikat" nach EN 45020 nicht zulässig und müßte „Bescheinigung" heißen. Hingegen ist bei den Bescheinigungen 4.3.3 und 4.3.4 der Ausdruck „Zertifikat" in Einklang mit EN 45020.

2) Grundlage der Ausstellung von Prüfbescheinigungen nach DIN 55350-18 sind in allen Fällen tatsächlich durchgeführte Prüfungen

3) O = ohne Angabe der festgestellten Merkmalswerte, M = mit Angabe der festgestellten Merkmalswerte

4) kann auch der Unternehmer selbst oder der Prüfende selbst sein, kann auch ein angehöriger einer externen Stelle, z.B. einer Abnahmeorganisation sein, jedoch nicht des Abnehmers

5) kann auch Mitarbeiter einer externen Stelle, z.B. einer Abnahmeorganisation, jedoch nicht des Herstellers

6) das bedeutet, daß eine einfache Beauftragung ohne Vertretungsfunktion der juristischen Person (des Unternehmens) ausreicht

7) vertraglich können zwischen Besteller und Lieferer beliebige Lieferbedingungen vereinbart werden, auch solche nach amtlichen Vorschriften und zugehörigen Technischen Regeln sind freiwillig vereinbar. Letztere wirken dann aber nicht in der Bedeutung als Vorschrift, soweit nicht der Liefergegenstand gesetzlichen Vorschriften unterliegt

8) Prüfergebnis, erzielt an Produkten, die unter gleichen Bedingungen entstanden sind wie die Produkte die zur Lieferung gehören

9) Prüfergebnis, erzielt an Produkten, die zur Lieferung gehören, z.B. am Produkt selbst oder an festgelegten Prüfeinheiten, die unter gleichen Bedingungen hergestellt wurden

10) das bedeutet die Anwendung auf Halbzeuge, Erzeugnisformen wie Profile, Bleche, Rohre u.ä., Gußstücke, Schmiedestücke, Einzelteile nach Zeichnung oder Norm, zusammengesetzte Erzeugnisse wie Geräte usw., für alle Qualitätsmerkmale wie z.B. chemische Zusammensetzung, mechanisch-technologische Eigenschaften, Sicherheitsmerkmale, Funktionsmerkmale

11) aus einer solchen Bescheinigung kann keine Konformität für das gesamte Erzeugnis abgeleitet werden, sondern nur für die geprüften Merkmale, es sei denn, zwischen Besteller und Lieferer wurde eine uneingeschränkte Aussage in Bezug auf die Übereinstimmung der Lieferung mit allen Einzelheiten einer in Bezug genommenen Produktnorm oder einem anderen normativen Dokument, z.B. einer Zeichnung, ohne Angabe von speziellen Qualitätmerkmalen und ihrer Werte vereinbart

12) Verarbeiter = Veränderer bestimmter Qualitätsmerkmale durch einen Fertigungsprozeß wie z.B. Wärmebehandlung, Umformen usw. (Bearbeiter verändert keine ursprünglichen Merkmale, sondern erzeugt neue)

**F 10 Konformitätserklärungen nach DIN EN 45014: 1998-03
(= ISO/IEC-Guide 22)**

F 10.1 Einleitung, Anwendungsbereich und allgemeine Anforderungen

Ein ganz universelles, national, europäisch und international gleichermaßen anwendbares Konformitätsdokument ist die

KONFORMITÄTSERKLÄRUNG
NACH EN 45014 = ISO/IEC 22

Wie bei allen anderen Bescheinigungsarten ist auch hier nicht geregelt, welche Merkmale bescheinigt werden sollen. Ganz im Gegenteil. Bei der Konformitätserklärung nach EN 45014 handelt es sich stets um eine Erklärung über die Übereinstimmung eines Produktes eines Prozesses/Verfahrens oder einer Dienstleistung mit normativen Dokumenten, die Normen, Vorschriften, Richtlinien und kundenbezogene Dokumente sein können. Der entscheidende Wortlaut heißt beispielhaft für ein Produkt:

Das oben beschriebene Produkt ist konform mit: ......

Dies stellt in jedem Fall eine ganzheitliche Aussage dar und bezieht sich demzufolge auf alle Merkmale, die für das Produkt in der in Bezug genommenen Norm festgelegt sind. Da Normen häufig eine erhebliche Zahl sekundärer und tertiärer Verweise auf andere Normen usw. enthalten, kann dies auch über die in der primären Bezugsnorm enthaltenen Merkmale hinausreichen.

Die Konformitätserklärung ist ein Dokument, das die Eigenverantwortung des Anbieters herausstreicht. Deshalb muß auch klar erkennbar sein, wer für diese Konformität verantwortlich ist.
Der Anbieter ist diejenige Organisation, die das Erzeugnis oder den Prozeß liefert bzw. die Dienstleistung erbringt und kann demzufolge sein

- Hersteller
- Lieferer (Händler)
- Importeur
- Montagebetrieb
- Dienstleistungsunternehmen/organisation.

Durch gesetzliche Vorgaben kann die Ausstellung einer Konformitätserklärung nach EN 45014 vorgeschrieben sein, auch ohne daß der Besteller oder Erwerber dies verlangt. Dies trifft beispielsweise auf den Bereich der Produktrichtlinien der Europäischen Union, wie z.B. die Maschinenrichtlinie, zu. In anderen Fällen wird im Rahmen eines Liefer- oder Dienstleistungsvertrages die Konformitätserklärung vereinbart.

Ausschließlich der Anbieter ist für die Merkmale der Produkte, Prozesse oder Dienstleistungen verantwortlich, die in den Bezugsdokumenten, die in der Erklärung aufgeführt sind, beschrieben werden. Es ist aber nicht erforderlich, daß er selbst die Prüfung oder Begutachtung vornimmt. Dies kann er auch auf andere Organisationen, z.B. auf den Abnehmer (Besteller) oder an eine dritte Stelle, z.B. Abnahmeorganisation, Inspektions- und Zertifizierungsstellen usw. übertragen.

In Bezug auf diejenige Person, die die Konformitätserklärung bestätigt, liegt der gleiche Sachverhalt vor wie bereits in Abschnitt F 8 für Werksbescheinigung / Werkszeugnis / Werksprüfzeugnis dargelegt. Es muß sich um einen gesellschaftsrechtlich berechtigten Vertreter der Firma handeln.

Recht interessant ist die Regelung, daß bei Produkten nicht erforderlich, die Konformitätserklärung in einem separaten Schriftstück zu erstellen, sondern es ist auch zulässig, daß die Erklärung in Form eines Etiketts oder anderer gleichwertiger Mittel wie z.b. einer auf das Produkt bezogenen Mitteilung, in einem Katalog, einer Rechnung, einem Benutzerhandbuch usw., gedruckt bzw. angebracht werden kann. Dies trifft im Schwerpunkt auf Serienerzeugnisse zu.

Wenn man z.b. eine Betriebsanleitung für einen DV-Bildschirm aufschlägt, so findet man eine solche Erklärung abgedruckt, wo die Konformität mit der EMV-Richtlinie (elektromagnetische Verträglichkeit) bestätigt wird.

Falls allerdings eine solche Erklärung direkt am Produkt angebracht wird, z.b. durch Aufdruck, so darf keinerlei Verwechselung mit einer Zertifizierungskennzeichnung (Zertifizierung des Produktes) verbunden sein.

Eine weitere Bestimmung untersagt die Kennzeichnung eines Produktes mit dem Hinweis auf ein zertifiziertes Qualitätsmanagementsystem (Ausnahme: gesetzliche Festlegung).

F 10.2 Inhalt von Konformitätserklärungen nach EN 45014

Die in der Norm festgelegten Bedingungen sind in Tabelle F4 tabellarisch zusammengestellt.

Konformitätserklärung von Anbietern
nach DIN EN 45014 (März 1998)

Bezeichnungsbeispiel: Konformitätserklärung nach EN 10204 oder Konformitätserklärung nach ISO/IEC-Guide 22 1)

Anwendungsbereich	für Produkte aller Art 2)
Bezeichnung	**Konformitätserklärung 5)**
ausstellende Organisation	Anbieter (Hersteller, Lieferer, Importeur, Montagebetrieb, Dienstleistungsunternehmen)
Angabe festgestellter Merkmalswerte	nicht erforderlich, aber zusätzlich möglich 3)
Aussteller der Bescheinigung	**Rechtlicher Vertreter des Unternehmens des Anbieters** die Anzahl der erforderlichen Unterschriften ergibt sich aus der Rechtsform des Unternehmens des Anbieters
Beauftragung und rechtliche Stellung	nicht speziell erforderlich, ergibt sich aus der Rechtsform des Unternehmens des Anbieters 4)
anzugebende Dokumente	Nummer, Titel und Ausgabedatum des Dokumentes, gegenüber dem die Konformität erklärt wird

Angaben, die in einer Konformitätserklärung enthalten sein sollen	-Anbieter mit Anschrift;
	  bei größeren Unternehmen u.U. mit Angabe des Geschäftsbereiches oder von Abteilungen
	-das konform bestätigte Objekt (das Produkt, der Prozeß, die Dienstleistung)
	-eindeutige Beschreibung des Objektes;
	  bei Massenprodukten ist die Angabe individueller Seriennummern nicht erforderlich
	-Dokumente mit ihrer Nummer, dem Titel und dem Ausgabedatum, gffls der Revisionsnummer
	-evtl. zusätzliche Angaben, z.B. Prüfergebnisse
	-Ort und Datum der Ausstellung
	-Name und Funktion des Ausstellers sowie dessen Unterschrift

1) EN 45014 ist die europäische Übernahme des ISO/IEC-Guide 22, der keine ISO- oder IEC-Norm ist., sondern ein Internationales Dokument der nachfolgenden Regelebene. Da der Guide keine Norm ist, mußte eine eigene europäisdche Norm-Nummer gebildet werden

2) es gibt keinerlei Einschränkung zum Begriff Produkt; dieser schließt Hardware, Software, verfahrenstechnische Produkte und Dienstleistungen ein

3) da die Konformitätserklärung eine gesamtheitliche, sich auf den Gesamtinhalt der in Bezug genommenen Norm oder einem anderen normativen Dokument, z.B. Zeichnung, Bestätigung darstellt, sind Angaben zu den einzelnen Merkmalen nicht erforderlich. Sie können aber zusätzlich in der Bestätigung oder einer Anlage dazu aufgeführt werden, beeinflussen aber nicht die Konformitätsbestätigung

4) Je nach der Rechtsform des Anbieterunternehmens können sogar zwei Unterschriften erforderlich werden, z.B. Prokurist und Handlungsbevollmächtigter, zwei Prokuristen, ein Vorstand und ein Prokurist usw.

5) Beispiel siehe Abbildung 6

Ein Formblatt zu einer Konformitätserklärung sowie ein ausgefülltes Beispiel zeigen die Abbildungen F5 und F6.

Konformitätserklärung

nach EN 45014 / ISO/IEC-Guide 22

Nummer der Erklärung	
Anbieter Name	
Anschrift	
Produktbeschreibung	

Das oben beschriebene Produkt ist konform mit

Dokument-Nr.	Titel	Ausgabe/Ausgabedatum/Revision

Zusätzliche Angaben	
Ort und Datum der Ausstellung	
Name und Funktion des Ausstellers	
Unterschrift	

Abbildung F5 Formblatt für Konformitätserklärung nach EN 45014

Konformitätserklärung
nach EN 45014 / ISO/IEC-Guide 22

Nummer der Erklärung	KB 2000-1220-12
Anbieter Name	Gebrüder Berghaus AG Maschinenfabrik und Anlagenbau
Anschrift	Ringstraße 4 D - 67259 Heuchelheim
Produktbeschreibung	Kolbenverdichter mit Elektroantrieb Baureihe XSL 350-450-32

Das oben beschriebene Produkt ist konform mit:

Dokument-Nr.	Titel	Ausgabe/Ausgabedatum/Revision
Richtlinie 89/392/EWG	Maschinenrichtlinie	14. Juni 1989 mit Änderungen
DIN EN 292-1	Sicherheit von Maschinen	September 1991
DIN EN 12345	ABCDEF	MMJJ

Zusätzliche Angaben	Die Verdichter sind mit dem Konformitätskennzeichen CE versehen
Ort und Datum der Ausstellung	Heuchelheim, 17. Mai 1995
Name und Funktion des Ausstellers	Dr.-Ing. Alfred Weber Leiter des Verkaufs
Unterschrift	gez. A. Weber

Abbildung F6 Beispiel einer ausgefüllten Konformitätserklärung nach EN 45014

F 11 Konformitätserklärung nach DIN EN 1655: 1997-06

F 11.1 Einleitung und Anwendungsbereich

In einem bestimmten Produktbereich, nämlich bei den Erzeugnissen aus *Kupfer und Kupferlegierungen*, hat die Europäische Normenorganisation CEN eine Norm zu einer Gruppe von Konformitätserklärungen für Produkte herausgegeben, bei denen es sich nicht um die Konformität des Produktes mit Forderungen an das Produkt handelt, sondern um die Konformität mit bestimmten Systemanforderungen zum Qualitätsmanagementsystem des Herstellers und zur Akkreditierung von Prüflaboratorien, die die Prüfungen durchführen.

Da andere Normenausschüsse nicht zu diesem Vorhaben eingeladen waren, gelang es nicht, einen breiteren Anwendungsbereich festzulegen. Allerdings kann jeder Besteller per Vertrag auf diese Norm Bezug nehmen, auch wenn er Erzeugnisse aus anderen Materialien beziehen will.

F 11.2 Arten von Erklärungen und Grundlagen zur Ausstellung

Es sind 4 Erklärungen festgelegt und die dazu erforderlichen Bedingungen:

Typ A	kein zertifiziertes QM-System nach ISO 9001/9002/9003 erforderlich, kein akkreditiertes oder begutachtetes Prüflaboratorium erforderlich
Typ B	kein zertifiziertes QM-System nach ISO 9001/9002/9003 erforderlich, aber akkreditiertes oder begutachtetes Prüflaboratorium erforderlich
Typ C	zertifiziertes QM-System nach ISO 9001/9002/9003 erforderlich, aber kein akkreditiertes oder begutachtetes Prüflaboratorium erforderlich
Typ D	zertifiziertes QM-System nach ISO 9001/9002/9003 erforderlich, und akkreditiertes oder begutachtetes Prüflaboratorium erforderlich

Eine vollständige Übersicht über die Bedingungen an die einzelnen Erklärungen enthält Tabelle F7.

Tabelle F7 Konformitätserklärungen nach EN 1655

Konformitätserklärung nach DIN EN 1655 (Juni 1997)

Bezeichnungsbeispiel: Konformitätserklärung EN 1655 – Typ D

Anwendungsbereich	für Produkte aus Kupfer und Kupferlegierungen			
Bezeichnung	**Konformitätserklärung 1)**			
Typ 3)	**A**	**B**	**C**	**D**
Voraussetzungen zur Ausstellung	QM-System nicht zertifiziert 2)		QM-System zertifiziert	
	Prüflabor nicht akkreditiert	Prüflabor akkreditiert	Prüflabor nicht akkreditiert	Prüflabor akkreditiert
ausstellende Organisation	Lieferer			
Angabe festgestellter Merkmalswerte	nicht erforderlich, aber zusätzlich möglich, dann aber in einer Prüfbescheinigung nach EN 10204			
Aussteller der Bescheinigung	benannter (schriftlich beauftragter) Vertreter des Unternehmens des Lieferers			
Inhalt von Konformitätserklärungen (erforderliche Angaben)				
Name und Anschrift des Lieferers, Kenn-Nummer und Ausstellungsdatum der Erklärung, Name und Anschrift des Käufers, Auftragsnummer des Käufers, Auftragsbestätigungsnummer des Lieferers, vollständige Beschreibung der Produkte 4), Menge der gelieferten Produkte	X			
die Erklärung:	*Die Produkte, auf die sich diese Erklärung bezieht, entsprechen den Bedingungen und Anforderungen des Käufers sowie der Beschreibung, der Menge und den aufgeführten Festlegungen*			
zusätzliche Erklärung: *Die Prüfergebnisse wurden durch ein begutachtetes oder akkreditiertes Prüflaboratorium festgestellt*		X		
zusätzliche Erklärung: *Diese Produkte wurden unter einem zertifizierten QM-System hergestellt*			X	
zusätzliche Erklärung: *Diese Produkte wurden unter einem zertifizierten QM-System hergestellt* *Die Prüfergebnisse wurden durch ein begutachtetes oder akkreditiertes Prüflaboratorium festgestellt*				x
Unterschrift oder gleichwertige Kennzeichnung (im Datensystem) sowie Funktion des bevollmächtigten Vertreters der Organisation	X			
Zertifizierungsstelle des QM-Systems mit Registriernummer des Zertifikates			X	
Kennung des Prüfberichtes des Prüflaboratoriums		X		x
Begutachtungs- oder Akkreditierungsstelle für das Prüflaboratorium und Seriennummer oder Kennung der Begutachtung oder Akkreditierung des Prüflaboratoriums		X		x

13) Beispiel siehe Abbildung F8

14) QM-System nach ISO 9001, 9002 oder 9003 (nach Ablauf der Übergangsfrist Ende 2003 nur noch ISO 9001)

15) Typ B und C schließen Typ A ein, Typ D schließt Typ A, B und C ein

16) einschl. Benennung, Normnummer, Werkstoffbezeichnung sowie alle anderen wesentlichen Angaben wie Werkstoffzustand, Form, Maße, Toleranzklasse, Zeichnungsnummer und Kantenausführung, Oberflächenausführung usw.

154

Eine ausgefüllte Konformitätserklärung nach EN 1655 zeigt Abbildung F8.

Abbildung F3 Beispiel einer ausgefüllten Konformitätserklärung nach EN 1655

Konformitätserklärung Type D

nach EN 1655

Nummer der Erklärung	Cu 2000-365412
Lieferer	Metallfabrik Zwengker GmbH Brunner Weg 17 D-55412 Burgdorf AB 00-12315 vom 21.4.2000
Käufer	SPQM Ringstraße 4 D - 67259 Heuchelheim Bestellung Nr. 40-955-3756 vom 11.4.2000
Produktbeschreibung	Stange EN 12163 – RND50 Kupfer EN 12163 – CuAl10Ni5Fe4-R680
Liefermenge	10 Stück zu je 6000 mm Länge
Bestätigung	Die zuvor genannten Stangen entsprechen den angegebenen Normen und der Bestellung sowie der Beschreibung und Menge Diese Stangen wurden unter einem QM-System nach ISO 9001 hergestellt, zertifiziert durch DEKRA, Registrier-Nr. 94-0277 Die Prüfergebnisse wurden durch ein akkreditiertes Prüflaboratorium festgestellt, akkred. durch DQS Kenn-Nr. 96-0124, Prüfbericht Nr. 75522-12
Zusätzliche Angaben	-
Ort und Datum der Ausstellung	Burgdorf, 12. Mai 2000
Name und Funktion des Ausstellers	Gerald Friederici Leiter Verkauf Kupferhalbzeug
Unterschrift	gez. G. Friederici

TEIL G BEISPIELSAMMLUNG FÜR ERZEUGNISSE UND WERKSTOFFE ALT - NEU AUS STAHL UND GUSSEISEN

Nachfolgendes Verzeichnis enthält eine Aufstellung von Beispielen, die anschließend abgebildet sind. Darin ist eine detaillierte Gegenüberstellung der Bezeichnungsweise für Erzeugnisse und Werkstoffe nach den bisherigen deutschen Normen und den neuen europäischen Normen enthalten.

G 1 Verzeichnis der Beispiele

a) GUSSEISEN	Werkstoff	Seite
Gußstücke nach Zeichnung	GG-25	158
Gußstücke nach Zeichnung	GGG-50	159
Gußstücke nach Zeichnung	GS-52.3	160

b) STAHLBLECH/BAND	Werkstoff	
warmgewalztes Blech -> 3 mm	RSt 37-2	161
warmgewalztes Blech -> 3 mm	St 52-3	162
warmgewalztes Blech -> 3 mm	St 52-3 + APZ 3.1.B	163
warmgewalztes Band	RSt 37-2	164
warmgewalztes Band	RSt 37-2 verzinkt	165
kaltgewalztes Blech >- 3 mm	St 1203	166
kaltgewalztes nichtrostendes Blech	X 5 CrNi 18 10	167

c) BLANKSTAHL	Werkstoff	
blanker Rundstahl geschält	9 SMnPb 28 SH	168
blanker Flachstahl	C 45 K	169
blanker Sechskantstahl	9 SMn 28 K	171
blanker scharfkantiger Winkelstahl	St 37 K	173

d) WARMGEWALZTE STÄBE	Werkstoff	
warmgewalzter Rundstahl	St 60-2	174
warmgewalzter Rundstahl	42 CrMo 4 V	175
Rundstab geschmiedet	X 5 CrNiMo 17 12 2	176
warmgewalzter Flachstahl	RSt 37-2	177
warmgewalzter Breitflachstahl	RSt 37-2	178

e) PROFILSTÄHLE	Werkstoff	
warmgewalzter Winkelstahl	RSt 37-2	179
warmgewalzter U-Profilstahl	RSt 37-2	180
warmgewalztes gleichschenkliges T-Profil	RSt 37-2	181
warmgewalztes I-Profil	RSt 37-2	182

f) HOHLPROFILE UND STAHLROHRE	Werkstoff	
warmgefertigte nahtlose Hohlprofile	St 52-3	183
kaltgefertigte geschweißte Hohlprofile	St 52-3	184
mittelschwere nahtlose Gewinderohre	St 33-2	185
Rohr (nahtlos)	St 35.8 I	186

g) ALUMINIUM	Werkstoff	Seite
Aluminiumblech	AlZnMgCu0,5 F45	187
Rundstange Aluminium stranggepreßt	AlMgSi0,5 F25	189
Gußstück Aluminium	G-AlSi10Mg	191
h) KUPFER	Werkstoff	
Kupferblech (Reinkupfer)	SF-Cu	193
Kupferblech (legiert)	CuZn39Pb2 W	194
Rundstange aus Kupfer	CuAl10Ni5Fe4 F63	195
Gußstück aus Kupfer	G-CuSn7ZnPb	196

Erzeugnisform:

Gußstücke nach Zeichnung

Werkstoff alt:

GG-25   W.-Nr. 0.6025

	bisherige Angaben	künftige Angaben
Bezeichnung Erzeugnisform	Gußstück (oder Formbezeichnung)	Gußstück (oder Formbezeichnung)
Maßnorm	Zeichnung	Zeichnung
Toleranznorm	siehe Zeichnung	siehe Zeichnung
Werkstoff-Kurzname	GG-25	GJL-250
Werkstoff-Nummer	1.0625	JL1040
Werkstoffnorm	DIN 1691	DIN EN 1561
Bestellbeispiel neu	**Gehäuse Z.-Nr. XYZ**	
	Gußeisen EN 1561 – GJL-250	

Erläuterung Werkstoff-Kurzname **a l t**:

G G - 25

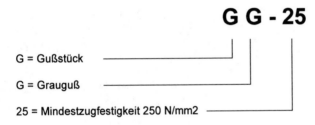

G = Gußstück

G = Grauguß

25 = Mindestzugfestigkeit 250 N/mm2

Erläuterung Werkstoff-Kurzname **n e u**:

G J L - 250

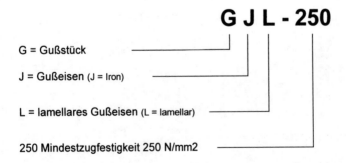

G = Gußstück

J = Gußeisen (J = Iron)

L = lamellares Gußeisen (L = lamellar)

250 Mindestzugfestigkeit 250 N/mm2

158

Erzeugnisform: Werkstoff alt:

Gußstücke nach Zeichnung   **GGG-50**   W.-Nr. 0.7050

	bisherige Angaben	künftige Angaben
Bezeichnung Erzeugnisform	Gußstück (oder Formbezeichnung)	Gußstück (oder Formbezeichnung)
Maßnorm	Zeichnung	Zeichnung
Toleranznorm	siehe Zeichnung	siehe Zeichnung
Werkstoff-Kurzname	GGG-50	GJS-500-7
Werkstoff-Nummer	1.07050	JS1050
Werkstoffnorm	DIN 1693	DIN EN 1563
Bestellbeispiel neu	**Gehäuse Z.-Nr. XYZ**	
	Gußeisen EN 1563 – GJS-500-7	

Erläuterung Werkstoff-Kurzname **a l t**:

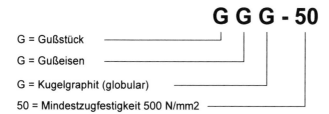

G G G - 50

G = Gußstück

G = Gußeisen

G = Kugelgraphit (globular)

50 = Mindestzugfestigkeit 500 N/mm2

Erläuterung Werkstoff-Kurzname **n e u**:

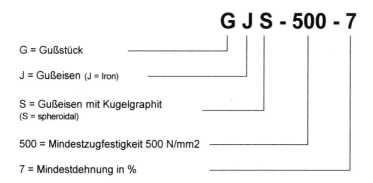

G J S - 500 - 7

G = Gußstück

J = Gußeisen (J = Iron)

S = Gußeisen mit Kugelgraphit
(S = spheroidal)

500 = Mindestzugfestigkeit 500 N/mm2

7 = Mindestdehnung in %

Beispiel 1:   CW024A

Beispiel 2:   CC383H   **CC383H**

Pos. 1 Zeichen C für Kupfer
Pos. 2 Zeichen C für Gußerzeugnis (C = Casting)
Pos. 3 bis 5 lfd. Nr.
Pos. 6 Zeichen H für Legierungsgruppe Kupfer-Nickel

Tabelle 6b   Gesamtaufbau der Bezeichnung von Kupferwerkstoffen durch
              Werkstoffnummern, mit Aufstellung aller Symbole mit deutschen
              und englischen Benennungen

Position	Bezeichnungsbestandteil	Symbol	Benennung deutsch	Benennung englisch
1	Zeichen für Kupfer	C	Kupfer	Copper
2	Erzeugnisart	B	Masseln, Blockform	Ingot, Bloc
		C	Gußerzeugnis	Casting
		F	Schweißzusatz und Hartlote	Filler materials for welding and brazing
		M	Vorlegierungen	Master alloys
		R	Raffiniertes Kupfer	Refined unwrought copper
		S	Werkstoffe in Form von Schrott	materials in the form of Scrap
		W	Knetwerkstoffe (Halbzeug)	materials in the form of Wrought products
		X	nicht genormte Werkstoffe	
3 bis 5	Sorte	000 bis 999	in der Werkstoffnorm festgelegt, 000 bis 799 genormte Kupferwerkstoffe 800 bis 999 nicht genormte Kupferwerkstoffe	
6	Werkstoffgruppe (Legierungsgruppe)	A oder B	Kupfer (Reinkupfer)	
		C oder D	niedriglegierte Kupferlegierungen (Legierungselemente < 5%)	
		E oder F	Kupfersonderlegierungen (Legierungselemente -> 5%)	
		G	Kupfer-Aluminium-Legierungen	
		H	Kupfer-Nickel-Legierungen	
		J	Kupfer-Nickel-Zink-Legierungen	
		K	Kupfer-Zinn-Legierungen	
		L oder M	Kupfer-Zink-Legierungen, Zweistofflegierung	
		N oder P	Kupfer-Zink-Blei-Legierungen	
		R oder S	Kupfer-Zink-Legierugen, Mehrstofflegierung	

Erzeugnisform:		Werkstoff alt:	
Gußstücke nach Zeichnung		GS-52.3	W.-Nr. 1.0552

	bisherige Angaben	künftige Angaben
Bezeichnung Erzeugnisform	Gußstück (oder Formbezeichnung)	Gußstück (oder Formbezeichnung)
Maßnorm	Zeichnung	Zeichnung
Toleranznorm	siehe Zeichnung	siehe Zeichnung
Werkstoff-Kurzname	GS-52.3	GS-52.3
Werkstoff-Nummer	1.0552.03	1.0552.03
Werkstoffnorm	DIN 1681	DIN 1681 (noch keine EN)
Bestellbeispiel neu	**Gehäuse Z.-Nr. XYZ**	
	Gußeisen DIN 1681 – GS-52.3	

Erläuterung Werkstoff-Kurzname **a l t**:

$$G\,S - 52\,.3$$

G = Gußstück ——————————

S = Stahlguß ——————————

52 = Mindestzugfestigkeit 520 N/mm2 ——————————

.3 = mit gewährleisteter Schlagzähigkeit ——————————

Erläuterung Werkstoff-Kurzname **n e u**:

derzeit ist noch keine europäische Norm für unlegierten Stahlguß vorhanden

Erzeugnisform: Werkstoff alt:

Warmgewalztes Blech ab 3 mm **RSt 37-2** W.-Nr. 1.0038

	bisherige Angaben	künftige Angaben
Bezeichnung Erzeugnisform	Blech	Blech
Maßnorm	DIN 1543	DIN EN 10029
Toleranznorm	DIN 1543	DIN EN 10029
besondere Angaben		Toleranzklasse A
Werkstoff-Kurzname	RSt 37-2	S235JRG2
Werkstoff-Nummer	1.0038	1.0038
Werkstoffnorm	DIN 17100	DIN EN 10025
Bestellbeispiel neu	**Blech EN 10029 - 20A x Breite x Länge**	
	Stahl EN 10025 – S235JRG2	

Erläuterung Werkstoff-Kurzname **a l t**:

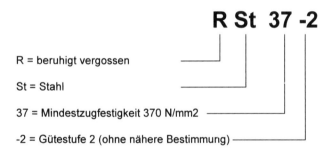

R St 37 -2

R = beruhigt vergossen

St = Stahl

37 = Mindestzugfestigkeit 370 N/mm2

-2 = Gütestufe 2 (ohne nähere Bestimmung)

Erläuterung Werkstoff-Kurzname **n e u**:

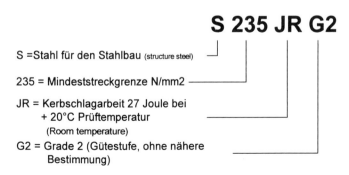

S 235 JR G2

S =Stahl für den Stahlbau (structure steel)

235 = Mindeststreckgrenze N/mm2

JR = Kerbschlagarbeit 27 Joule bei
+ 20°C Prüftemperatur
(Room temperature)

G2 = Grade 2 (Gütestufe, ohne nähere
Bestimmung)

Erzeugnisform: Werkstoff alt:

Warmgewalztes Blech ab 3 mm   **St 52-3**   W.-Nr. 1.0570

	bisherige Angaben	künftige Angaben
Bezeichnung Erzeugnisform	Blech	Blech
Maßnorm	DIN 1543	DIN EN 10029
Toleranznorm	DIN 1543	DIN EN 10029
besondere Angaben		Toleranzklasse A
Werkstoff-Kurzname	St 52-3	S355J2G3
Werkstoff-Nummer	1.0570	1.0570
Werkstoffnorm	DIN 17100	DIN EN 10025
Bestellbeispiel neu	**Blech EN 10029 - 20A x Breite x Länge**	
	Stahl EN 10025 – S355J2G3	

Erläuterung Werkstoff-Kurzname **a l t**:

St 52 -3

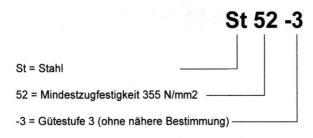

St = Stahl

52 = Mindestzugfestigkeit 355 N/mm2

-3 = Gütestufe 3 (ohne nähere Bestimmung)

Erläuterung Werkstoff-Kurzname **n e u**:

S 355 J2 G3

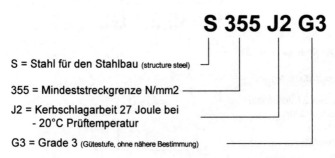

S = Stahl für den Stahlbau (structure steel)

355 = Mindeststreckgrenze N/mm2

J2 = Kerbschlagarbeit 27 Joule bei
 - 20°C Prüftemperatur

G3 = Grade 3 (Gütestufe, ohne nähere Bestimmung)

Erzeugnisform:	Werkstoff alt:
Warmgewalztes Blech ab 3 mm	**St 52-3** +APZ3.1.B
	W.-Nr. 1.0570+APZ3.1.B

	bisherige Angaben	künftige Angaben
Bezeichnung Erzeugnisform	Blech	Blech
Maßnorm	DIN 1543	DIN EN 10029
Toleranznorm	DIN 1543	DIN EN 10029
besondere Angaben		Toleranzklasse A
Werkstoff-Kurzname	St 52-3	S355J2G3
Werkstoff-Nummer	1.0570	1.0570
Werkstoffnorm	DIN 17100	DIN EN 10025
Bestellbeispiel neu	Blech EN 10029 - 20A x Breite x Länge Stahl EN 10025 – S355J2G3+APZ3.1.B	

Erläuterung Werkstoff-Kurzname **a l t**:

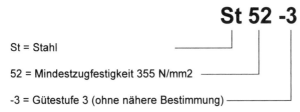

St 52 -3

St = Stahl

52 = Mindestzugfestigkeit 355 N/mm2

-3 = Gütestufe 3 (ohne nähere Bestimmung)

Erläuterung Werkstoff-Kurzname **n e u**:

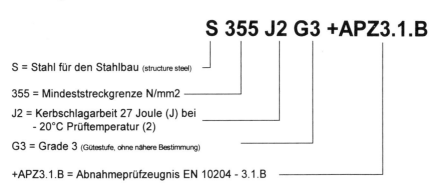

S 355 J2 G3 +APZ3.1.B

S = Stahl für den Stahlbau (structure steel)

355 = Mindeststreckgrenze N/mm2

J2 = Kerbschlagarbeit 27 Joule (J) bei
   - 20°C Prüftemperatur (2)

G3 = Grade 3 (Gütestufe, ohne nähere Bestimmung)

+APZ3.1.B = Abnahmeprüfzeugnis EN 10204 - 3.1.B

Erzeugnisform: Werkstoff alt:

Warmgewalztes Band   **RSt 37-2**   W.-Nr. 1.0038

	bisherige Angaben	künftige Angaben
Bezeichnung Erzeugnisform	Band	Band
Maßnorm	DIN 1016	DIN EN 10048
Toleranznorm	DIN 1016	DIN EN 10048
besondere Angaben		
Werkstoff-Kurzname	RSt 37-2	S235JRG2
Werkstoff-Nummer	1.0038	1.0038
Werkstoffnorm	DIN 17100	DIN EN 10025
Bestellbeispiel neu	**Band EN 10048 – 2,5 x 500**	(Dicke x Breite)
	Stahl EN 10025 – S235JRG2	

Erläuterung Werkstoff-Kurzname **a l t**:

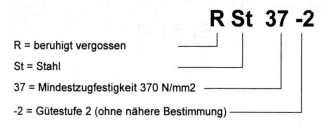

R St 37 -2

R = beruhigt vergossen

St = Stahl

37 = Mindestzugfestigkeit 370 N/mm2

-2 = Gütestufe 2 (ohne nähere Bestimmung)

Erläuterung Werkstoff-Kurzname **n e u**:

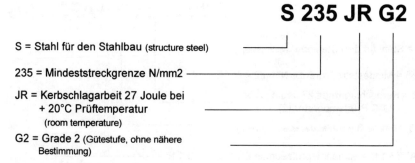

S 235 JR G2

S = Stahl für den Stahlbau (structure steel)

235 = Mindeststreckgrenze N/mm2

JR = Kerbschlagarbeit 27 Joule bei
+ 20°C Prüftemperatur
(room temperature)

G2 = Grade 2 (Gütestufe, ohne nähere
Bestimmung)

Erzeugnisform:	Werkstoff alt:	
Warmgewalztes Band	**RSt 37-2 verzinkt**	**W.-Nr. 1.0038 VZKT**

	bisherige Angaben	künftige Angaben
Bezeichung Erzeugnisform	Band	Band
Maßnorm	DIN 1016	DIN EN 10048
Toleranznorm	DIN 1016	DIN EN 10048
besondere Angaben		
Werkstoff-Kurzname	RSt 37-2 VERZINKT	S235JRG2+Z
Werkstoff-Nummer	1.0038 VZKT	1.0038+Z
Werkstoffnorm	DIN 17100	DIN EN 10025
Bestellbeispiel neu	**Band EN 10048 – 2 x 400** (Dicke x Breite) **Stahl EN 10025 – S235JRG2+Z**	

Erläuterung Werkstoff-Kurzname **a l t**:

R St 37 -2 VERZINKT

R = beruhigt vergossen

St = Stahl

37 = Mindestzugfestigkeit 370 N/mm2

-2 = Gütestufe 2 (ohne nähere Bestimmung)

VERZINKT = feuerverzinkt, ohne Dickenangabe

Erläuterung Werkstoff-Kurzname **n e u**:

S 235 JR G2 +Z

S = Stahl für den Stahlbau (structure steel)

235 = Mindeststreckgrenze N/mm2

JR = Kerbschlagarbeit 27 Joule bei
+ 20°C Prüftemperatur
(Room temperature)

G2 = Grade 2 (Gütestufe, ohne nähere Bestimmung)

+Z = feuerverzinkt, ohne Schichtdickenangabe,
(hot dip zinc coated)

Erzeugnisform: Werkstoff alt:

kaltgewalztes Blech bis 3mm Dicke   **St 1203**   W.-Nr. 1.0330

	bisherige Angaben	künftige Angaben
Bezeichnung Erzeugnisform	Blech	Blech
Maßnorm	DIN 1541	DIN EN 10131
Toleranznorm	DIN 1541	DIN EN 10131
Werkstoff-Kurzname	St1203	DC01Am
Werkstoff-Nummer	1.0330	1.0330
Werkstoffnorm	DIN 1623-1	DIN EN 10130
Bestellbeispiel neu	**Blech EN 10131 – 1,5 x Breite x Länge** (Dicke x BreitexLänge) **Stahl EN 10130 – DC01Am**	

Erläuterung Werkstoff-Kurzname **a l t**:

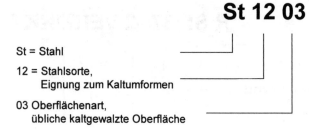

St 12 03

St = Stahl

12 = Stahlsorte,
     Eignung zum Kaltumformen

03 Oberflächenart,
   übliche kaltgewalzte Oberfläche

Erläuterung Werkstoff-Kurzname **n e u**:

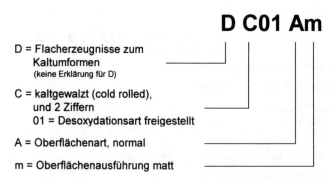

D C01 Am

D = Flacherzeugnisse zum
    Kaltumformen
    (keine Erklärung für D)

C = kaltgewalzt (cold rolled),
    und 2 Ziffern
    01 = Desoxydationsart freigestellt

A = Oberflächenart, normal

m = Oberflächenausführung matt

Erzeugnisform:		Werkstoff alt:	

kaltgewalztes nichtrostendes Blech   **X 5 CrNi 18 10**   W.-Nr. 1.4301

	bisherige Angaben	künftige Angaben
Bezeichnung Erzeugnisform	Blech	Blech
Maßnorm	DIN 59382	DIN EN 10259 (bis 6,5 mm Dicke)
Toleranznorm	DIN 59383	DIN EN 10259
Werkstoff-Kurzname	X 5 CrNiTi 18 10	X5CrNi18-10
Werkstoff-Nummer	1.4301	1.4301
Werkstoffnorm	DIN 17440	DIN EN 10088-2 (Dicke 1,5 bis 8 mm)
Bestellbeispiel neu	**Blech EN 10259 – 5 x Breite x Länge**	(Dicke x Breite x Länge)
	Stahl EN 10088-2 – X5CrNi18-10	

Erläuterung Werkstoff-Kurzname **a l t**:

X 5 CrNi 18 10

X = hochlegierter Stahl

5 = C-Gehalt in % x 100   (0,05%C)

Cr = Chrom Ni = Nickel
18 = mittl. Cr-Gehalt in %
10 = mittl. Ni-Gehalt in %

Leerstellen wie im Normsystem vorgegeben

Erläuterung Werkstoff-Kurzname **n e u**:

X5CrNi18-10

X = legierter Stahl,
   mind. 1 Element -> 5%

5 = C-Gehalt in % x 100   (0,05%C)

Cr = Chrom Ni = Nickel

18 = mittl. Cr-Gehalt in %
10 = mittl. Ni-Gehalt in %
keine Leerstellen, zwischen den Gehaltsangaben Bindestrich

Erzeugnisform: Werkstoff alt:

blanker Rundstahl, geschält   **9 SMnPb 28 SH**   W.-Nr. 1.0718SH

	bisherige Angaben	künftige Angaben
Bezeichnung Erzeugnisform	Rund	Rund
Maßnorm	DIN 669	DIN EN 10278
Toleranznorm	DIN 669 (Toleranzfeld h9)	DIN EN 10278
besondere Angaben		
Werkstoff-Kurzname	9 SMnPb 28 SH	11SMnPb30+PL
Werkstoff-Nummer	1.0718K	1.0718+ PL
Werkstoffnorm	DIN 1651	DIN EN 10277-3
Bestellbeispiel neu	**Rund EN 10278 – 30 h9** **Stahl EN 10277-3 – 11SMnPb30+PL**	

Erläuterung Werkstoff-Kurzname **a l t**:

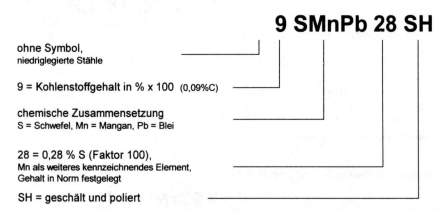

9 SMnPb 28 SH

ohne Symbol,
niedriglegierte Stähle

9 = Kohlenstoffgehalt in % x 100 (0,09%C)

chemische Zusammensetzung
S = Schwefel, Mn = Mangan, Pb = Blei

28 = 0,28 % S (Faktor 100),
Mn als weiteres kennzeichnendes Element,
Gehalt in Norm festgelegt

SH = geschält und poliert

Erläuterung Werkstoff-Kurzname **n e u**   (siehe Seite 2)

11 SMnPb 30 +PL

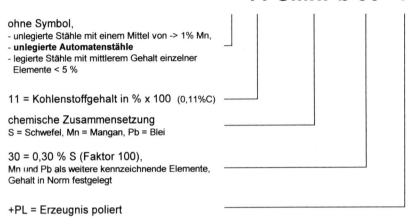

ohne Symbol,
- unlegierte Stähle mit einem Mittel von -> 1% Mn,
- **unlegierte Automatenstähle**
- legierte Stähle mit mittlerem Gehalt einzelner
  Elemente < 5 %

11 = Kohlenstoffgehalt in % x 100 (0,11%C)

chemische Zusammensetzung
S = Schwefel, Mn = Mangan, Pb = Blei

30 = 0,30 % S (Faktor 100),
Mn und Pb als weitere kennzeichnende Elemente,
Gehalt in Norm festgelegt

+PL = Erzeugnis poliert

Erzeugnisform:		Werkstoff alt:	

blanker Flachstahl **C45K** W.-Nr. 1.0503K

	bisherige Angaben	künftige Angaben
Bezeichnung Erzeugnisform	Flach	Flach
Maßnorm	DIN 174	DIN EN 10278
Toleranznorm	DIN 174	DIN EN 10278
besondere Angaben		
Werkstoff-Kurzname	C45K	C45+C
Werkstoff-Nummer	1.0503K	1.0503+C
Werkstoffnorm	DIN 17100	DIN EN 10277-2
Bestellbeispiel neu	**Flach EN 10278 – 40 x 8** (Breite x Dicke) **Stahl EN 10277-2 – C45+C**	

Erläuterung Werkstoff-Kurzname **a l t**:

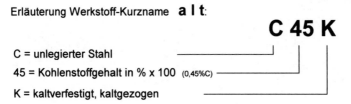

C 45 K

C = unlegierter Stahl

45 = Kohlenstoffgehalt in % x 100 (0,45%C)

K = kaltverfestigt, kaltgezogen

Erläuterung Werkstoff-Kurzname **n e u**:

C 45 +C

C = unlegierter Stahl,
mit einem mittl. Mangangehalt unter 1 %

45 = Kohlenstoffgehalt in % x 100 (0,45%C)

+C = Erzeugnis kaltverfestigt hergestellt
C = cold rolled

Erzeugnisform: Werkstoff alt:

blanker Sechskantstahl   **9 SMn 28 K**   W.-Nr. 1.0715K

	bisherige Angaben	künftige Angaben
Bezeichnung Erzeugnisform	Sechskant	Sechskant
Maßnorm	DIN 174	DIN EN 10278
Toleranznorm	DIN 174	DIN EN 10278
besondere Angaben		
Werkstoff-Kurzname	9 SMn 28 K	11SMn30+C
Werkstoff-Nummer	1.0715K	1.0715+C
Werkstoffnorm	DIN 1651	DIN EN 10277-3
Bestellbeispiel neu	**Sechskant EN 10278 – 27**	
	Stahl EN 10277-3 – 11SMn30+C	

Erläuterung Werkstoff-Kurzname **a l t**:

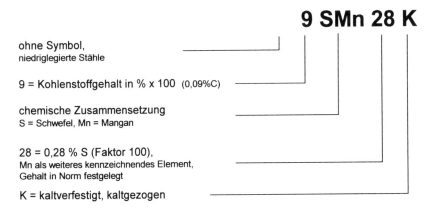

9 SMn 28 K

ohne Symbol,
niedriglegierte Stähle

9 = Kohlenstoffgehalt in % x 100 (0,09%C)

chemische Zusammensetzung
S = Schwefel, Mn = Mangan

28 = 0,28 % S (Faktor 100),
Mn als weiteres kennzeichnendes Element,
Gehalt in Norm festgelegt

K = kaltverfestigt, kaltgezogen

Erläuterung Werkstoff-Kurzname **n e u** (siehe Seite 2)

Erläuterung Werkstoff-Kurzname **n e u:**

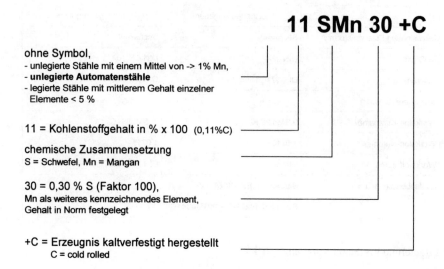

11 SMn 30 +C

ohne Symbol,
- unlegierte Stähle mit einem Mittel von -> 1% Mn,
- **unlegierte Automatenstähle**
- legierte Stähle mit mittlerem Gehalt einzelner
  Elemente < 5 %

11 = Kohlenstoffgehalt in % x 100 (0,11%C)

chemische Zusammensetzung
S = Schwefel, Mn = Mangan

30 = 0,30 % S (Faktor 100),
Mn als weiteres kennzeichnendes Element,
Gehalt in Norm festgelegt

+C = Erzeugnis kaltverfestigt hergestellt
   C = cold rolled

Erzeugnisform:		Werkstoff alt:	

Erzeugnisform: **Werkstoff alt:**

blanker scharfkantiger Winkelstahl **St 37 K** W.-Nr. 1.0120K

	bisherige Angaben	künftige Angaben
Bezeichnung Erzeugnisform	Winkel	Winkel
Maßnorm	DIN 59370	DIN 59370 (noch keine EN)
Toleranznorm	DIN 59370	DIN 59370 (noch keine EN)
besondere Angaben		
Werkstoff-Kurzname	St 37 K	S235JRG2C+C
Werkstoff-Nummer	1.0120K	1.0122+C
Werkstoffnorm	DIN 17100	DIN EN 10277-2
Bestellbeispiel neu	**Winkel DIN 59370 – 40 x 8** (Breite x Dicke)	
	Stahl EN 10277-2 S235JRG2C	

Erläuterung Werkstoff-Kurzname **a l t**:

St 37 K

St = Stahl

37 = Mindestzugfestigkeit 370 N/mm2

K = kaltverfestigt, kaltgezogen

Erläuterung Werkstoff-Kurzname **n e u**:

S 235 JR G2 C +C

S = Stahl für den Stahlbau (structure steel)

235 = Mindeststreckgrenze N/mm2

JR = Kerbschlagarbeit 27 Joule bei
+ 20°C Prüftemperatur
(Room temperature)

G2 = Grade 2 (Gütestufe, ohne nähere
Bestimmung)

C = Stahlsorte mit besonderer Kaltumformbarkeit

+C = Erzeugnis kaltverfestigt hergestellt
C = cold rolled

Erzeugnisform: Werkstoff alt:

Warmgewalzter Rundstahl   **St 60-2**   W.-Nr. 1.0060

	bisherige Angaben	künftige Angaben
Bezeichnung Erzeugnisform	Rund	Rund
Maßnorm	DIN 1013	DIN 1013 (noch keine EN)
Toleranznorm	DIN 1013	DIN 1013 (noch keine EN)
besondere Angaben		
Werkstoff-Kurzname	St 60-2	E360
Werkstoff-Nummer	1.0060	1.0060
Werkstoffnorm	DIN 17100	DIN EN 10025
Bestellbeispiel neu	**Rund DIN 1013 – 50**	
	Stahl EN 10025 – E360	

Erläuterung Werkstoff-Kurzname **a l t**:

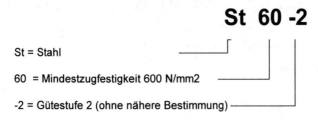

St = Stahl

60 = Mindestzugfestigkeit 600 N/mm2

-2 = Gütestufe 2 (ohne nähere Bestimmung)

Erläuterung Werkstoff-Kurzname **n e u**:

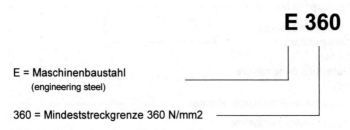

E = Maschinenbaustahl
   (engineering steel)

360 = Mindeststreckgrenze 360 N/mm2

Erzeugnisform:	Werkstoff alt:	

warmgewalzter Rundstahl   **42 CrMo 4 V**   W.-Nr. 1.7225V

	bisherige Angaben	künftige Angaben
Bezeichnung Erzeugnisform	Rund	Rund
Maßnorm	DIN 1013	DIN 1013
Toleranznorm	DIN 1013	DIN 1013
besondere Angaben		
Werkstoff-Kurzname	42 CrMo 4 V	42CrMo4+QT
Werkstoff-Nummer	1.7225V	1.7227+QT
Werkstoffnorm	DIN 17200	DIN EN 10277-5
Bestellbeispiel neu	**Rund DIN 1013 – 40** (Durchmesser)	
	Stahl EN 10277 5 – 42CrMo4+QT	

Erläuterung Werkstoff-Kurzname **a l t**:

42 CrMo 4 V

ohne Symbol,
niedriglegierte Stähle

42 = Kohlenstoffgehalt in % x 100 (0,42%C)

Chemische Zusammensetzung
Cr = Chrom, Mo = Molybdän

4 = 0,4 % Cr (Faktor 10)
Mo als weiteres kennzeichnendes Element,
Gehalt in Norm festgelegt

V = vergütet

Erläuterung Werkstoff-Kurzname **n e u** (siehe Seite 2):

175

Erläuterung Werkstoff-Kurzname n e u:

42 CrMo 4 +QT

ohne Symbol,
- unlegierte Stähle mit einem Mittel von -> 1% Mn,
- unlegierte Automatenstähle,
- **legierte Stähle mit mittlerem Gehalt einzelner Elemente > 5 %**

42 = Kohlenstoffgehalt in % x 100   (0,42%C)

Chemische Zusammensetzung
Cr = Chrom, Mo = Molybdän

4 = 0,4 % Cr (Faktor 10)
Mo als weiteres kennzeichnendes Element,
Gehalt in Norm festgelegt

+QT = Erzeugnis vergütet
(quenched and tempered)

176

Erzeugnisform: Werkstoff alt:

Warmgewalzter Flachstahl   **RSt 37-2**   W.-Nr. 1.0038

	bisherige Angaben	künftige Angaben
Bezeichnung Erzeugnisform	Flach	Flach
Maßnorm	DIN 1017	DIN 1017 (noch keine EN)
Toleranznorm	DIN 1017	DIN 1017 (noch keine EN)
besondere Angaben		
Werkstoff-Kurzname	RSt 37-2	S235JRG2
Werkstoff-Nummer	1.0038	1.0038
Werkstoffnorm	DIN 17100	DIN EN 10025
Bestellbeispiel neu	**Flach DIN 1017 – 50x20** (Breite x Dicke) **Stahl EN 10025 – S235JRG2**	

Erläuterung Werkstoff-Kurzname **a l t**:

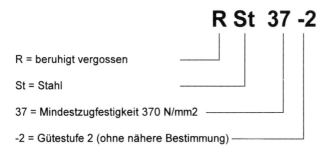

R St 37 -2

R = beruhigt vergossen

St = Stahl

37 = Mindestzugfestigkeit 370 N/mm2

-2 = Gütestufe 2 (ohne nähere Bestimmung)

Erläuterung Werkstoff-Kurzname **n e u**:

S 235 JR G2

S = Stahl für den Stahlbau (structure steel)

235 = Mindeststreckgrenze N/mm2

JR = Kerbschlagarbeit 27 Joule bei
+ 20°C Prüftemperatur
(Room temperature)

G2 = Grade 2 (Gütestufe, ohne nähere
Bestimmung)

Erzeugnisform: Werkstoff alt:

Warmgewalzter Breitflachstahl   **RSt 37-2**   W.-Nr. 1.0038

	bisherige Angaben	künftige Angaben
Bezeichnung Erzeugnisform	Band	Band
Maßnorm	DIN 1016	DIN 59200 (noch keine EN)
Toleranznorm	DIN 1016	DIN 59200 (noch keine EN))
besondere Angaben		
Werkstoff-Kurzname	RSt 37-2	S235JRG2
Werkstoff-Nummer	1.0038	1.0038
Werkstoffnorm	DIN 17100	DIN EN 10025
Bestellbeispiel neu	**Flach DIN 59200– 300 x 20** (Breite x Dicke) **Stahl EN 10025 – S235JRG2**	

Erläuterung Werkstoff-Kurzname **a l t**:

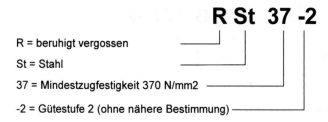

R St 37 -2

R = beruhigt vergossen

St = Stahl

37 = Mindestzugfestigkeit 370 N/mm2

-2 = Gütestufe 2 (ohne nähere Bestimmung)

Erläuterung Werkstoff-Kurzname **n e u**:

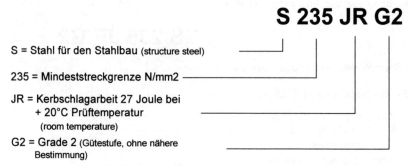

S 235 JR G2

S = Stahl für den Stahlbau (structure steel)

235 = Mindeststreckgrenze N/mm2

JR = Kerbschlagarbeit 27 Joule bei
   + 20°C Prüftemperatur
   (room temperature)

G2 = Grade 2 (Gütestufe, ohne nähere
   Bestimmung)

Erzeugnisform: Werkstoff alt:

Warmgewalzter Winkelstahl (L)   **RSt 37-2**   W.-Nr. 1.0038

	bisherige Angaben	künftige Angaben
Bezeichnung Erzeugnisform	L	L
Maßnorm	DIN 1028	DIN EN 10056-1
Toleranznorm	DIN 1028	DIN EN 10056-2
besondere Angaben		
Werkstoff-Kurzname	RSt 37-2	S235JRG2
Werkstoff-Nummer	1.0038	1.0038
Werkstoffnorm	DIN 17100	DIN EN 10025
Bestellbeispiel neu	**L EN 10056 – 70 x 70 x 7** (Schenkellänge x Schenkellänge x Dicke) **Stahl EN 10025 – S235JRG2**	

Erläuterung Werkstoff-Kurzname **a l t**:

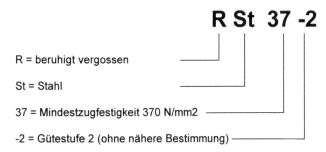

R St 37 -2

R = beruhigt vergossen

St = Stahl

37 = Mindestzugfestigkeit 370 N/mm2

-2 = Gütestufe 2 (ohne nähere Bestimmung)

Erläuterung Werkstoff-Kurzname **n e u**:

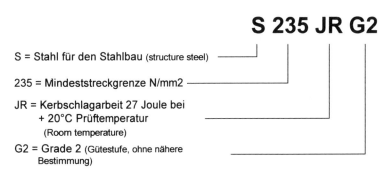

S 235 JR G2

S = Stahl für den Stahlbau (structure steel)

235 = Mindeststreckgrenze N/mm2

JR = Kerbschlagarbeit 27 Joule bei
    + 20°C Prüftemperatur
    (Room temperature)

G2 = Grade 2 (Gütestufe, ohne nähere
    Bestimmung)

Erzeugnisform: Werkstoff alt:

Warmgewalzter U-Profilstahl RSt 37-2 W.-Nr. 1.0038

	bisherige Angaben	künftige Angaben
Bezeichnung Erzeugnisform	U-Profil	U-Profil
Maßnorm	DIN 1026	DIN 1026-1
Toleranznorm	DIN 1026	DIN EN 10279
Werkstoff-Kurzname	RSt 37-2	S235JRG2
Werkstoff-Nummer	1.0038	1.0038
Werkstoffnorm	DIN 17100	DIN EN 10025
Bestellbeispiel neu		**U-Profil DIN 1026 – U 120** (Profilform U und Profilhöhe) **Stahl EN 10025 – S235JRG2**

Erläuterung Werkstoff-Kurzname **a l t**:

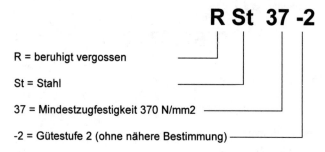

R St 37 -2

R = beruhigt vergossen

St = Stahl

37 = Mindestzugfestigkeit 370 N/mm2

-2 = Gütestufe 2 (ohne nähere Bestimmung)

Erläuterung Werkstoff-Kurzname **n e u**:

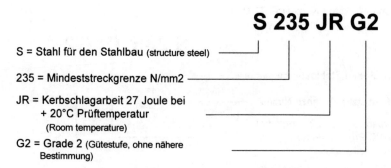

S 235 JR G2

S = Stahl für den Stahlbau (structure steel)

235 = Mindeststreckgrenze N/mm2

JR = Kerbschlagarbeit 27 Joule bei
+ 20°C Prüftemperatur
(Room temperature)

G2 = Grade 2 (Gütestufe, ohne nähere
Bestimmung)

Erzeugnisform: Werkstoff alt:

Warmgewalztes gleichschenkliges   **RSt 37-2**   W.-Nr. 1.0038
T-Profil

	bisherige Angaben	künftige Angaben
Bezeichnung Erzeugnisform	T-Profil	T-Profil
Maßnorm	DIN 1024	DIN EN 10055
Toleranznorm	DIN 1024	DIN EN 10055
Werkstoff-Kurzname	RSt 37-2	S235JRG2
Werkstoff-Nummer	1.0038	1.0038
Werkstoffnorm	DIN 17100	DIN EN 10025
Bestellbeispiel neu	**T-Profil DIN EN 10055 – T 80** (Profilform T und Profilhöhe) **Stahl EN 10025 – S235JRG2**	

Erläuterung Werkstoff-Kurzname **a l t**:

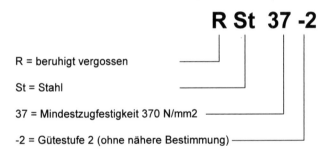

R St 37 -2

R = beruhigt vergossen

St = Stahl

37 = Mindestzugfestigkeit 370 N/mm2

-2 = Gütestufe 2 (ohne nähere Bestimmung)

Erläuterung Werkstoff-Kurzname **n e u**:

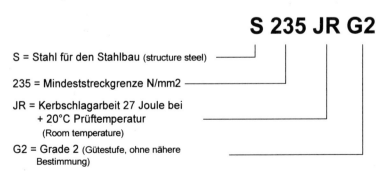

S 235 JR G2

S = Stahl für den Stahlbau (structure steel)

235 = Mindeststreckgrenze N/mm2

JR = Kerbschlagarbeit 27 Joule bei
  + 20°C Prüftemperatur
  (Room temperature)

G2 = Grade 2 (Gütestufe, ohne nähere
  Bestimmung)

Erzeugnisform: Werkstoff alt:

Warmgewalztes I-Profil   **RSt 37-2**   W.-Nr. 1.0038

	bisherige Angaben	künftige Angaben
Bezeichnung Erzeugnisform	I-Profil	I-Profil
Maßnorm	DIN 1025	DIN 1025-1 (noch keine EN)
Toleranznorm	DIN 1025	DIN EN 10024
besondere Angaben		
Werkstoff-Kurzname	RSt 37-2	S235JRG2
Werkstoff-Nummer	1.0038	1.0038
Werkstoffnorm	DIN 17100	DIN EN 10025
Bestellbeispiel neu	**I-Profil DIN 1025 – I 200** (Profilform I und Profilhöhe) **Stahl EN 10025 – S235JRG2**	

Erläuterung Werkstoff-Kurzname a l t:

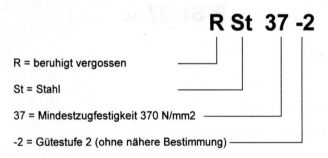

R St 37 -2

R = beruhigt vergossen

St = Stahl

37 = Mindestzugfestigkeit 370 N/mm2

-2 = Gütestufe 2 (ohne nähere Bestimmung)

Erläuterung Werkstoff-Kurzname n e u:

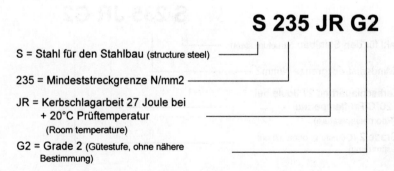

S 235 JR G2

S = Stahl für den Stahlbau (structure steel)

235 = Mindeststreckgrenze N/mm2

JR = Kerbschlagarbeit 27 Joule bei
+ 20°C Prüftemperatur
(Room temperature)

G2 = Grade 2 (Gütestufe, ohne nähere
Bestimmung)

Erzeugnisform: Werkstoff alt:

warmgefertigte nahtlose Hohlprofile   **St 52-3**   W.-Nr. 1.0570

	bisherige Angaben	künftige Angaben
Bezeichnung Erzeugnisform	Hohlprofil	Hohlprofil
Maßnorm	DIN 59910	DIN EN 10210-1
Toleranznorm	DIN 59910	DIN EN 10210-2
besondere Angaben		
Werkstoff-Kurzname	St 52-3	S355J2H
Werkstoff-Nummer	1.0570	1.0576
Werkstoffnorm	DIN 17100	DIN EN 10210-1
Bestellbeispiel neu		**Hohlprofil HFRHF EN 10210 – 100x100x8** (BreitexHöhexWanddicke) **Stahl EN 10210 – S355J2H**

Erläuterung Werkstoff-Kurzname a l t:

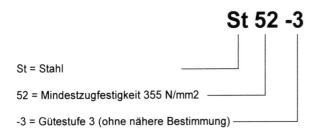

St 52 -3

St = Stahl

52 = Mindestzugfestigkeit 355 N/mm2

-3 = Gütestufe 3 (ohne nähere Bestimmung)

Erläuterung Werkstoff-Kurzname n e u:

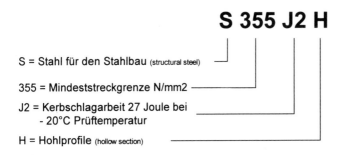

S 355 J2 H

S = Stahl für den Stahlbau (structural steel)

355 = Mindeststreckgrenze N/mm2

J2 = Kerbschlagarbeit 27 Joule bei
        - 20°C Prüftemperatur

H = Hohlprofile (hollow section)

Erzeugnisform: Werkstoff alt:

kaltgefertigte geschweißte Hohlprofile   **St 52-3**   W.-Nr. 1.0570

	bisherige Angaben	künftige Angaben
Bezeichnung Erzeugnisform	Hohlprofil	Hohlprofil
Maßnorm	DIN 59911	DIN EN 10219-1
Toleranznorm	DIN 59911	DIN EN 10219-2
besondere Angaben		
Werkstoff-Kurzname	St 52-3	S355J2H
Werkstoff-Nummer	1.0570	1.0576
Werkstoffnorm	DIN 17100	DIN EN 10210-1
Bestellbeispiel neu		**Hohlprofil HFRHF EN 10219 – 100x100x8** (BreitexHöhexWanddicke)
		Stahl EN 10219 – S355J2H

Erläuterung Werkstoff-Kurzname **a l t**:

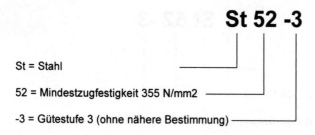

St 52 -3

St = Stahl

52 = Mindestzugfestigkeit 355 N/mm2

-3 = Gütestufe 3 (ohne nähere Bestimmung)

Erläuterung Werkstoff-Kurzname **n e u**:

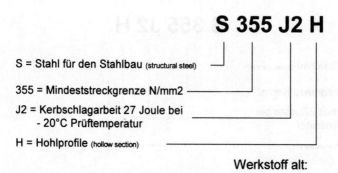

S 355 J2 H

S = Stahl für den Stahlbau (structural steel)

355 = Mindeststreckgrenze N/mm2

J2 = Kerbschlagarbeit 27 Joule bei
    - 20°C Prüftemperatur

H = Hohlprofile (hollow section)

                                    Werkstoff alt:

Erzeugnisform:

mittelschwere nahtlose Gewinderohre
(neu: Rohr)

St 33-2   W.-Nr. 1.0035

	bisherige Angaben	künftige Angaben
Bezeichnung Erzeugnisform	Gewinderohr	Rohr
Maßnorm	DIN 2440	DIN EN 10255 (Entwurf)
Toleranznorm	DIN 2440	DIN EN 10255 (Entwurf)
besondere Angaben		
Werkstoff-Kurzname	St 33-2	L195
Werkstoff-Nummer	1.0035	1.0035 (noch offen)
Werkstoffnorm	DIN 17100	DIN EN 10255
Bestellbeispiel neu	**Rohr EN 10255 – D48,3 – M**	
	früher Gewinderohr DIN 2440 – DN 40 – nahtlos B – St 33-2	
	Stahl EN 10255 – L195	

Erläuterung Werkstoff-Kurzname **a l t**:

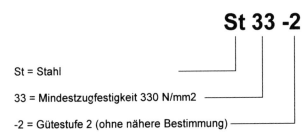

St 33 -2

St = Stahl

33 = Mindestzugfestigkeit 330 N/mm2

-2 = Gütestufe 2 (ohne nähere Bestimmung)

Erläuterung Werkstoff-Kurzname **n e u**:

L 195

L = Stahl für den Leitungsrohre
   (line pipe

195 = Mindeststreckgrenze N/mm2

Erzeugnisform:	Werkstoff alt:

Rohr   St 35.8 I   W.-Nr. 1.0305

	bisherige Angaben	künftige Angaben
Bezeichnung Erzeugnisform	Rohr	Rohr
Maßnorm	DIN 2391-1	DIN EN 10216-2 (Entwurf)
Toleranznorm	DIN 2391-1	DIN EN 10216-2 (Entwurf)
Werkstoff-Kurzname	St 35.8 I	P235
Werkstoff-Nummer	1.0305	1.0305 (noch offen)
Werkstoffnorm	DIN 17100	DIN EN 10216-2 (Entwurf)
Bestellbeispiel neu		**Rohr EN 10216-2 – 60,3 x 3,2** (AußendurchmesserxWanddicke)
		früher Rohr DIN 2391 – 60,3 x 3,2 – St 35.8 I
		Stahl EN 10216-2 – P235

Erläuterung Werkstoff-Kurzname a l t:

St 35 .8 I

St = Stahl

35 = Mindestzugfestigkeit 360 N/mm2

.8 = Warm- oder Dauerstandsfestigkeit
vorhanden

I (römisch I) = Gütestufe I mit
Anwendungsgrenzen in der Norm

Erläuterung Werkstoff-Kurzname n e u:

P 235

P = Stahl für den Druckbehälterbau
(steel for pressure purposes)

235 = Mindeststreckgrenze N/mm2

Erzeugnisform: Werkstoff alt:

Aluminiumblech   **AlZnMgCu0,5 F45** W.-Nr. 3.4345.71

	bisherige Angaben	künftige Angaben
Bezeichnung Erzeugnisform	Blech	Blech
Maßnorm	DIN 1783	DIN EN 485-1 (Allg. Techn. Lieferbedingungen)
Toleranznorm	DIN 1783	DIN EN 485-4
Werkstoff-Kurzname	AlZnMgCu0,5 F45	EN AW-Al Zn5Mg3Cu-T6
Werkstoff-Nummer	3.4345.71	EN AW-7022
Werkstoffnorm	DIN 1725-1	DIN EN 573-3 (Chemische Zusammensetzung)
		DIN EN 485-2 (Mechanische Eigenschaften
Bestellbeispiel neu	**Blech EN 485 – 2 x 500 x 1200**	(Dicke x Breite x Länge)
	Aluminium EN 573-3 – EN AW-Al Zn5Mg3Cu-T6	

Erläuterung Werkstoff-Kurzname **a l t**:

Al Zn Mg Cu0,5 F45

Al = Basiselement Aluminium

Zn = kennzeichnendes Legierungselement Zink, Gehalt in Norm angegeben

Mg = Magnesium
Gehalt in Norm angegeben

Cu0,5 = Kupfer 0,5 %

F45 = Mindestzugfestigkeit 450 N/mm2

Erläuterung Werkstoff-Kurzname **n e u** (siehe Seite 2)

Erläuterung Werkstoff-Kurzname **n e u** :

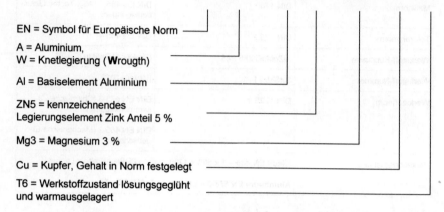

EN AW - Al Zn5 Mg3 Cu -T6

EN = Symbol für Europäische Norm

A = Aluminium,
W = Knetlegierung (**W**rougth)

Al = Basiselement Aluminium

ZN5 = kennzeichnendes
Legierungselement Zink Anteil 5 %

Mg3 = Magnesium 3 %

Cu = Kupfer, Gehalt in Norm festgelegt

T6 = Werkstoffzustand lösungsgeglüht
und warmausgelagert

Anmerkung: In den Europäischen Kupfernormen wird der Werkstoff-Nummer eindeutig der Vorzug gegeben. In diesem Beispiel: EN AW-7022

Erzeugnisform: Werkstoff alt:

Rundstange Aluminium, stranggepreßt **AlMgSi0,5 F25**   W.-Nr. 3.3206.72

	bisherige Angaben	künftige Angaben
Bezeichnung Erzeugnisform	Rund	Rund
Maßnorm	DIN 1799	DIN EN 755-1 (Allg. Techn. Liefer-bedingungen)
Toleranznorm	DIN 1799	DIN EN 755-3
Werkstoff-Kurzname	AlMgSi0,5 F25	EN AW-Al MgSi-T6
Werkstoff-Nummer	3.3206.72	EN AW-7022
Werkstoffnorm	DIN 1725-1 (Chemische Zusam-mensetzung)	DIN EN 573-3 (Chemische Zu-sammensetzung)
	DIN 1747-1 (mechanische Eigen-schaften)	DIN EN 755-2 (Mechanische Ei-genschaften)
Bestellbeispiel neu	**Rund EN 755 – 45**	
	Aluminium EN 573-3 – EN AW-Al MgSi-T6	

Erläuterung Werkstoff-Kurzname **a l t**:

Al Mg Si0,5 F25

Al = Basisemelement Aluminium

Mg = kennzeichnendes Legierungselement
Magnesium, Gehalt in Norm angegeben

Si0,5 = Silizium 0,5%

F25 = Mindestzugfestigkeit 250 N/mm2

Erläuterung Werkstoff-Kurzname **n e u** (siehe Seite 2)

Erläuterung Werkstoff-Kurzname **n e u** :

EN AW - Al Mg Si -T6

EN = Symbol für Europäische Norm

A = Symbol für Aluminium,
W = Symbol für Knetlegierung (Wrougth)

Al = Basisemelement Aluminium

Mg = kennzeichnendes Legierungselement
Magnesium, Gehalt in Norm angegeben

Si = Silizium , Gehalt in Norm festgelegt

T6 = Werkstoffzustand lösungsgeglüht und
warmausgelagert (EN 515)

Anmerkung: In den Europäischen Kupfernormen wird der Werkstoff-Nummer eindeutig der Vorzug gegeben. In diesem Beispiel: EN AW-6060

	bisherige Angaben	künftige Angaben
Erzeugnisform:		Werkstoff alt:

Erzeugnisform: Werkstoff alt:

Gußstück Aluminium   **G-AlSi10Mg**   W.-Nr. 3.2381

	bisherige Angaben	künftige Angaben
Bezeichnung Erzeugnisform	Gu0stück	Gußstück
Maßnorm	Zeichnung	Zeichnung
Toleranznorm	Zeichnung	Zeichnung
Werkstoff-Kurzname	G-AlSi10Mg	EN AC-Al Si10Mg(a)F
Werkstoff-Nummer	3.2381.01	EN AC-43000
Werkstoffnorm	DIN 1725-2 (Chemische Zusammensetzung)	DIN EN 1706 (Chemische Zusammensetzung)
	DIN 1725-2 (mechanische Eigenschaften)	DIN EN 1706 (Mechanische Eigenschaften)
Bestellbeispiel neu	**Gußstück Zeichnuny xxx**	
	Aluminium EN 1706 – EN AC-Al Si10Mg(a)F	

Erläuterung Werkstoff-Kurzname **a l t**:

G- Al Si10 Mg

G = Gußstück

Al = Basisemelement Aluminium

Si10 = kennzeichnendes Legierungselement
Silizium, Gehalt in Norm angegeben

Mg = Magnesium, Gehalt in Norm festgelegt

Hinweis: Gußstück unbehandelt, Sandguß

Erläuterung Werkstoff-Kurzname **n e u** (siehe Seite 2)

191

Erläuterung Werkstoff-Kurzname **n e u** :

EN AC - Al Si10 Mg (a) F

EN = Symbol für Europäische Norm

A = Symbol für Aluminium,
C = Symbol für Gußlegierung (Casting)

Al = Basisemelement Aluminium

Si10 = kennzeichnendes
Legierungselement Magnesium 10 %

Mg = Magnesium , Gehalt in Norm festgelegt

(a) Unterscheidung zu ähnlicher Al Si10-Legierung

-F = Gußzustand
(as fabricated)

Anmerkung: In den Europäischen Aluminiumnormen wird der Werkstoff-Nummer eindeutig der Vorzug gegeben. In diesem Beispiel: EN AC-43000

	Erzeugnisform:	Werkstoff alt:

Erzeugnisform: Werkstoff alt:

Kupferblech (Reinkupfer) **SF-Cu** W.-Nr. 2.0090

	bisherige Angaben	künftige Angaben
Bezeichnung Erzeugnisform	Blech	Blech
Maßnorm	DIN 1751	DIN EN 1652
Toleranznorm	DIN 17670	DIN EN 1652
besondere Angaben		
Werkstoff-Kurzname	SF-Cu	Cu-DHP
Werkstoff-Nummer	2.0090	CW024A
Werkstoffnorm	DIN 1708	DIN EN 1652
Bestellbeispiel neu	**Blech EN 1652 – 1,5 x 600 x 1800** (Dicke x Breite x Länge) **Kupfer EN 1652 – Cu-DHP**	

Erläuterung Werkstoff-Kurzname **a l t**:

SF - Cu

SF = sauerstofffrei

Cu = Kupfer, unlegiert

Erläuterung Werkstoff-Kurzname **n e u** :

Cu - DHP

Cu = Basiselement Kupfer

DHP = Kurzzeichen ohne Erklärung

Anmerkung: In den Europäischen Kupfernormen wird der Werkstoff-Nummer eindeutig der Vorzug gegeben. In diesem Beispiel: CW024A

Erzeugnisform: Werkstoff alt:

Kupferblech   **CuZn39Pb2 W**   W.-Nr. 2.0380W

	bisherige Angaben	künftige Angaben
Bezeichnung Erzeugnisform	Blech	Blech
Maßnorm	DIN 1751	DIN EN 1652
Toleranznorm	DIN 17670	DIN EN 1652
besondere Angaben		
Werkstoff-Kurzname	CuZn39Pb2 W	CuZn39Pb2-R340
Werkstoff-Nummer	2.0380W	CW612N-R340
Werkstoffnorm	DIN 17670-1	DIN EN 1652
Bestellbeispiel neu	**Blech EN 1652 – 2 x 500 x 1200** (Dicke x Breite x Länge)	
	Kupfer EN 1652 – CuZn39Pb2-R340	

Erläuterung Werkstoff-Kurzname **a l t**:

Cu Zn39 Pb2 W

Cu = Basiselement Kupfer ─────────────┘

Zn39 = kennzeichnendes ──────────────────┘
Legierungselement Zn 39%

Pb2 = Blei 2 % ───────────────────────────┘

W = weich ───────────────────────────────┘

Erläuterung Werkstoff-Kurzname **n e u** :

Cu Zn39 Pb2 -R340

Cu = Basiselement Kupfer ─────────────┘

Zn39 = kennzeichnendes ──────────────────┘
Legierungselement Zn 39%

Pb2 = Blei 2 % ───────────────────────────┘

R340 = Mindestzugfestigkeit 340 N/mm2 ──────────────────┘

Anmerkung: In den Europäischen Kupfernormen wird der Werkstoff-Nummer eindeutig der Vorzug gegeben. In diesem Beispiel: CW612N-R340

Erzeugnisform:	Werkstoff alt:
Rundstange aus Kupfer	**CuAl10Ni5Fe4 F63** W.-Nr. 2.0966.10

	bisherige Angaben	künftige Angaben
Bezeichnung Erzeugnisform	Rund	Rund
Maßnorm	DIN 1782	DIN EN 12163
Toleranznorm	DIN 17670	DIN EN 12163
Werkstoff-Kurzname	CuAl10Ni5Fe4 F63	CuAl10Ni5Fe4-R680
Werkstoff-Nummer	2.0966.10	CW307G-R680
Werkstoffnorm	DIN 17670-1	DIN EN 12163
Bestellbeispiel neu	**Stange EN 12163 – RND50** **Kupfer EN 12163 – CuAl10Ni5Fe4-R680**	

Erläuterung Werkstoff-Kurzname **a l t**:

Cu Al10 Ni5 Fe4 F63

Cu = Basiselement Kupfer

Al10 = kennzeichnendes
Legierungselement Al 10%

Ni5 = Nickel 5 %,
Fe4 = Eisen 4 %

F63 = Mindestzugfestigkeit 630 N/mm2

Erläuterung Werkstoff-Kurzname **n e u** :

Cu Al10 Ni5 Fe4 -R680

Cu = Basiselement Kupfer

Al10 = kennzeichnendes
Legierungselement Aluminium 10 %
39%

Ni5 = Nickel 5 %
Fe4 = Eisen 4 %

R680 = Mindestzugfestigkeit 680 N/mm2

Anmerkung: In den Europäischen Kupfernormen wird der Werkstoff-Nummer eindeutig der Vorzug gegeben. In diesem Beispiel: CW307G-R680

Erzeugnisform: Werkstoff alt:

Gußstück aus Kupfer   **G-CuSn7ZnPb**   W.-Nr. 2.1090.01

	bisherige Angaben	künftige Angaben
Bezeichnung Erzeugnisform	Gußstück	Rund
Maßnorm	Zeichnung	Zeichnung
Toleranznorm	Zeichnung	Zeichnung
Werkstoff-Kurzname	G-CuSn7ZnPb	CuSn7Zn4Pb7-C-GS
Werkstoff-Nummer	2.1090.01	CC493K-GS
Werkstoffnorm	DIN 1705	DIN EN 1982
Bestellbeispiel neu	**Gußstück Zeichnung xxxx**	
	Kupfer EN 1982 – CuSn7Zn4Pb7-C-GS	

Erläuterung Werkstoff-Kurzname **a l t**:

G - Cu Sn7 Zn Pb

. G = Gußstück

Cu = Basiselement Kupfer

Sn7 = kennzeichnendes
Legierungselement Zinn 7 %

Zn = Zink, Pb = Blei,
Gehalte in der Norm festgelegt

Erläuterung Werkstoff-Kurzname **n e u**:

Cu Sn7 Zn4 Pb7 -C -GS

Cu = Basiselement Kupfer

Sn7 = kennzeichnendes
Legierungselement Zinn 7 %

Zn4 = Zink 4 %,
Pb7 = Blei 7 %

C =Gußstück (casting)

GS = Sandguß

TEIL H VERGLEICHSTABELLEN
bisherige und aktuelle Bezeichnungen von Erzeugnissen, Werkstoffen sowie von Normnummern

In einem Ergänzungsband zu diesem Buch wird ein umfangreicher Vergleich der bisherigen deutschen zu den neuen Europäischen Normen bereitgestellt. Da die europäische Normung metallischer Werkstoffe und Erzeugnisse noch nicht abgeschlossen ist, werden dort auch noch alle DIN-Normen aufgeführt, die auf diesem Gebiet derzeit noch weiter gelten. Soweit bereits Europäische Normentwürfe bestehen, sind diese ebenfalls mit aufgeführt. Damit die Aktualität der Angaben überprüfbar ist, sind bei den gültigen DIN- oder EN-Normen und –Normentwürfen das zum Zeitpunkt des Redaktionsschlusses (August 2000) aktuelle Ausgabedatum mit angegeben.

Da für einen Werkstoff oder ein Erzeugnis sowohl bisher im Deutschen Normenwerk wie auch neu im Europäischen Normenwerk mehrere Normen im Eingriff stehen können, ist es nützlich, jeweils für eine genormte Erzeugnisart mit den dafür genormten Werkstoffen eine vergleichende Übersicht zu haben. So werden zu folgenden Festlegungen die zutreffenden Normnummern aufgeführt, bei denen teilweise die gleiche Nummer für mehrere Sachverhalte gilt. Besonders muß darauf geachtet werden, ob die „Strich-Nummer", d.h. der betreffende *Teil* der Norm, wie z.B. bei EN 10219-1 und EN 10219-2 im Bestellbeispiel mit angegeben werden muß oder entbehrlich ist; dies ist ganz unterschiedlich geregelt.

- Bezeichnung Erzeugnisform (Normgegenstand)
- Norm für Bestellbeispiel
- Maßnorm
- Toleranznorm
- Werkstoff-Kurzname und Zusatzangaben zum Werkstoff
- Werkstoffnummer
- Norm für Werkstoffeigenschaften
- Norm Herstellungsart (HA) und Lieferzustand (LZ)
- weitere Normen zum Werkstoff
- Normen zu Oberflächenzuständen
- Fußnoten
- Aufstellung aller Werkstoff-Kurznamen und Werkstoffnummern im Vergleich EN zu DIN

Folgende Bereiche sind dort gebildet worden:

- Vergleichstabellen für Erzeugnisse aus Stahl
  untergliedert in:
  - Flacherzeugnisse
  - Langerzeugnisse
  - Freiformschmiedestücke
  - Gesenkschmiedestücke
  - Rohre und Hohlprofile
- Vergleichstabellen für Gußstücke aus Stahlguß
- Vergleichstabellen für Gußstücke aus Gußeisen
- Vergleichstabellen für Erzeugnisse aus Aluminium und Aluminiumlegierungen
- Vergleichstabellen für Erzeugnisse aus Kupfer und Kupferlegierungen

197

Diese sehr zahlreichen Vergleichstabellen, von denen nachfolgend drei Beispiele abgebildet sind, werden zeitversetzt in einem Ergänzungsband erscheinen (siehe Vorwort).

Erzeugnisform	Freiformschmiedestücke, allgemeine Verwendung		Lfd.Nr.
Werkstoffgruppe	Edelstähle, legiert		**J1S-003**
Normstatus	aktuelle Version (EN)	frühere Version (DIN)	
Bezeichnung Erzeugnisform	-	-	
Bestellnorm	-	-	
Bestellbeispiel (aktuell)	Schmiedestück nach Zeichnung – EN 10250-3 – 50CrMo4 oder – 1.7228		
Maßnorm	-	-	
Toleranznorm	z.Z. noch keine EN-Norm in Sicht	DIN 7527-1 bis –6 1) oder n. Zeichnung	
weitere Normen für Erzeugnis	DIN EN 10021, DIN EN 10250-1	DIN 17010	
Werkstoff-Kurzname und Zusatzangaben zum Werkstoff	50CrMo4	50 CrMo 4	
Werkstoff-Nr.	1.7228	1.7228	
Norm für Werkstoffeigenschaften	DIN EN 10250-3	DIN 17200, DIN EN 10083-1, SEW 550	
Norm für Herstellungsart (HA) und Lieferzustand (LZ)	DIN EN 10250-1	DIN 17200, DIN EN 10083-1, SEW 550	
weitere Normen zum Werkstoff	-	-	
Normen zu Oberflächenzuständen	-	-	
Fußnoten	1) DIN 7527-1 für Scheiben, -2 für Lochscheiben, -3 für nahtlose Ringe, -4 für nahtlose Buchsen, -5 für gerollte und geschweißte Ringe, -6 für Stäbe		

Folgende Werkstoffe sind in der genannten Werkstoffgruppe genormt:

aktuelle Version (EN)		frühere Version (DIN)		
Werkstoff-Nr.	Kurzname	Werkstoff-Nr.	Kurzname	frühere Norm
1.7003	38Cr2	1.7003	38 Cr 2	
1.7006	42Cr2	1.7006	42 Cr 2	
1.7033	34Cr4	1.7033	34 Cr 4	
1.7034	37Cr4	1.7034	37 Cr 4	
1.7035	41Cr4	1.7035	41 Cr 4	
1.7218	25CrMo4	1.7218	25 CrMo 4	DIN 17200
1.7220	34CrMo4	1.7220	34 CrMo 4	
1.7225	42CrMo4	1.7225	42 CrMo 4	
1.7228	50CrMo4	1.7228	50 CrMo 4	
1.6511	36CrNiMo4	1.6511	36 CrNiMo 4	
1.6582	34CrNiMo6	1.6582	34 CrNiMo 6	
1.6580	30CrNiMo8	1.6580	30 CrNiMo 8	
1.6773	36NiCrMo16	-	-	DIN EN 10083-1
1.8159	51CrV4	1.8159	51CrV4	DIN 17200
1.6956	33NiCrMoV14-5	1.6956	33 NiCrMo 14 5	SEW 550
1.8523	40CrMoV13-9	1.8523	39 CrMoV 13 9	DIN 17211
1.7243	18CrMo4	-	-	-
1.6311	20MnMoNi4-5	1.6311	20 MnMoNi 4 5	SEW 550
1.7707	30CrMoV9	1.7707	30 CrMoV 9	DIN 17200
1.7361	32CrMo12	1.7361	32 CrMo 12	SEW 550
1.6932	28NiCrMoV8-5	1.6932	28 NiCrMoV 8 5	SEW 550

Erzeugnisform	Gußstücke	Lfd.Nr.
Werkstoffgruppe	Gußeisen mit Lamellengraphit	J2-001

Normstatus	aktuelle Version (EN)	frühere Version (DIN)
Bezeichnung Erzeugnisform	-	-
Bestellnorm	DIN EN 1561	DIN 1691
Bestellbeispiel (aktuell)	Gußstück nach Zeichnung EN 1561 – GJL250 oder JL1040	
Maßnorm	-	-
Norm für Allgemeintoleranzen	DIN ISO 8062 1)	DIN 1686-1
weitere Normen für Erzeugnis	DIN EN 1559-1, DIN EN 1559-3	DIN 1690-1
Werkstoff-Kurzname und Zusatzangaben zum Werkstoff	GJL-250	GG-25
Werkstoff-Nr.	JL1040	0.6025
Norm für Werkstoffeigenschaften	DIN EN 1561	DIN 1691
Norm für Herstellungsart (HA) und Lieferzustand (LZ)	DIN EN 1561	DIN 1691
weitere Normen zum Werkstoff	-	-
Normen zu Oberflächenzuständen	-	-
Fußnoten	1) nicht für Altkonstruktionen, bei denen in der Zeichnung DIN 1686 angegeben ist	

Folgende Werkstoffe sind in der genannten Werkstoffgruppe genormt:

aktuelle Version (EN)		frühere Version (DIN)		Bemerkung
Werkstoff-Nr.	Kurzname	Werkstoff-Nr.	Kurzname	
JL1010	GJL-100	0.6010	GG-10	
JL1020	GJL-150	0.6015	GG-15	
JL1030	GJL-200	0.6020	GG-20	
JL1040	GJL-250	0.6025	GG-25	
JL1050	GJL-300	0.6030	GG-30	
JL1060	GJL-350	0.6035	GG-35	
JL2010	GJL-HB155	0.6012	GG-150 HB	
JL2020	GJL-HB175	0.6017	GG-170 HB	
JL2030	GJL-HB195	0.6022	GG-190 HB	
JL2040	GJL-HB215	0.6027	GG-220 HB	
JL2050	GJL-HB235	0.6032	GG-240 HB	
JL2060	GJL-HB255	0.6037	GG-260 HB	

TEIL J   NORMEN- UND LITERATURNACHWEIS

In diesem Teil wird auf weiterführende Literatur sowie auf die mit dem Inhalt des Buches in direktem Zusammenhang stehenden Normen verwiesen.

In beiden Fällen gelten die Angaben zum Ausgabedatum bzw. zur Auflage mit Stand Dezember 2000. Auskünfte über die zu einem späteren Zeitpunkt aktuellen Ausgaben/Auflagen erteilen die Verlage.

Bei den angegebenen Normen sind die Titel teilweise gekürzt wiedergegeben.

Die aufgeführten Normen befinden sich zum Zeitpunkt des Redaktionsschlusses für das Buch (Ende 2000) teilweise noch im Entwurfsstadium oder sind zwar endgültig verabschiedet, die offzielle Druckversion ist jedoch noch nicht im Buchhandel erhältlich.

Das DIN Deutsches Institut für Normung e.V. Berlin ist Herausgeber aller DIN-, DIN EN-, DIN ISO- und DIN EN ISO-Normen; Verlag ist der Beuth Verlag GmbH Berlin.

Bei den anderen Druckerzeugnissen ist der Herausgeber und der Verlag angegeben.

Zeichenerklärung:
E = Entwurf
TL = Technische Lieferbedingungen
tlw = teilweise
V = Vornorm
WD = Arbeitsdokument eines Ausschusses

Allgemeine Normen und Literatur

Norm	Ausgabe	Titel	Ersatz für
DIN EN 1655	1997-06	Kupfer und Kupferlegierungen, Konformitätserklärungen	
DIN EN 10168	2000-08 E	Prüfbescheinigungen, Liste und Beschreibung der Angaben	EU 168
DIN EN 10204	1995-08 2000-08 E	Metallische Erzeugnisse, Arten von Prüfbescheinigungen	DIN 50049
DIN EN 45014	1998-03	Konformitätserklärungen von Anbietern, allgemeine Kriterien (= ISO/IEC-Guide 22)	
DIN EN 45020	1998-07	Normung und damit zusammenhängende Tätigkeiten, allgemeine Begriffe	
DIN 820-2	2000-01	Normungsarbeit, Gestaltung von Normen (Gestaltung Europäischer Normen)	
DIN 820-3	1998-03	Normungsarbeit, Begriffe	
DIN 17007-4	1963-07	Werkstoffnummern, Systematik der Hauptgruppen 2 und 3: Nichteisenmetalle	
K. Schäning	1995 5. Aufl.	Internationaler Vergleich von Standard-Werkstoffen Hrsg.: DIN, Berlin; Verlag: Beuth Verlag GmbH, Berlin	
Taschenbuch	1994 8. Aufl.	Stahl-Eisen-Werkstoffblätter Hrsg.: VDEh, Düsseldorf; Verlag: Stahleisen mbH, Düsseldorf	
Stahleisenliste	1998-12 10. Aufl.	Stahl-Eisen-Liste Register Europäischer Stähle Hrsg.: VDEh, Düsseldorf; Verlag: Stahleisen mbH, Düsseldorf	

Norm	Ausgabe	Titel	Ersatz für

Stahldatenbank		Search Steel Stahldatenbank auf CD-ROM ISBN 3-410-13780-7	
		15000 Stahlsorten aus 30 Normenwerken	
		Verlag: Beuth Verlag GmbH, Berlin	
Stahlschlüssel	1998	Stahlschlüssel, Best.Nr. 79244	
	18. Aufl.	Beuth Verlag GmbH, Berlin	
Normenver-	1998-06	Normenvergleich Stahl DIN EN	
gleich	5. Aufl.	Hrsg.: Thyssen Schulte Qualitätssicherung, Johanniskirchstraße 63, 45329 Essen	
Normenheft 3	2000	Werkstoff-Kurznamen und Werkstoff-Nummern für	
	(9.Auflage)	Eisenwerkstoffe(einschl. Europäische Normen)	
		Hrsg.: DIN, Berlin; Verlag: Beuth Verlag GmbH, Berlin	
Normenheft 4	1992	Werkstoff-Kurzzeichen und Werkstoff-Nummern für Nichteisenmetalle	
		(in der z.Z. vorliegenden Auflage sind nur die Bezeichnungen nach den bisherigen DIN-Normen und noch nicht die nach den Europäischen Normen enthalten, Neuauflage in Vorbereitung)	
		Hrsg.: DIN, Berlin; Verlag: Beuth Verlag GmbH, Berlin	
Vergleichsliste	1996-09	Bezeichnungen der Aluminium-Werkstoffzustände im Vergleich	
		Hrsg.: Hoogovens Aluminium Walzprodukte GmbH, Koblenz	

Stahl
aufgeteilt in:

Stahl allgemein
Stahl Flacherzeugnisse (Blech, Band)
Stahl Langerzeugnisse und Profile
Stahl Rohre, Hohlprofile und Rohrleitungen
Stahl Schmiedestücke
Stahl Stahlguß

Stahl allgemein

Norm	Ausgabe	Titel	Ersatz für
DIN EN 10001	1991-03	Begriffsbestimmungen von Roheisen	
DIN EN 10020	2000-07	Begriffsbestimmungen für die Einteilung der Stähle	
CEN CR 10313	2000-01 WD	Einteilung der Stähle, Beispiele in Europäischen Normen *(ergänzt DIN EN 10020)*	
DIN EN 10021	1993-12	Allgemeine technische Lieferbedingungen für Stahl und Stahlerzeugnisse	DIN 17010
		(gilt nicht für Stahlguß = EN 1559-1 und -2)	
DIN EN 10027-1	1992-09	Bezeichnungssystem für Stähle, Kurznamen, Hauptsymbole	
prEN 10027-1	2000-08 WD	Bezeichnungssystem für Stähle, Kurznamen *(wird Haupt- und Zusatzsymbole enthalten)*	*DINV 17006-100*
DINV 17006-100	1994-04	Bezeichnungssystem für Stähle, Zusatzsymbole (CEN CR 10260) *(wird 2001 von neuer DIN EN 10027-1 abgelöst)*	

Norm	Ausgabe	Titel	Ersatz für
DIN EN 10027-2	1992-09	Bezeichnungssystem für Stähle, Nummernsystem	
DIN EN 10052	1994-01	Begriffe der Wärmebehandlung von Eisenwerkstoffen	DIN 17014-1
DIN EN 10079	1993-2	Begriffsbestimmungen für Stahlerzeugnisse	
DIN EN 10083-1	1996-10	Vergütungsstähle, TL für Edelstähle	DIN 17220
DIN EN 10083-2	1996-10	Vergütungsstähle, TL, unlegierte Qualitätsstähle	DIN 17200
DIN EN 10083-3	1996-02	Vergütungsstähle, TL für Borstähle	
DIN EN 10084	1998-06	Einsatzstähle, TL	DIN 17210
DIN EN 10085	1998-11 E	Nitrierstähle, TL	
DIN EN 10088-1	1995-08	Nichtrostende Stähle, Verzeichnis	
DIN EN 10090	1998-03	Ventilstähle und –legierungen für Verbrennungskraftmaschinen	
DIN EN 10095	1999-05	Hitzebeständige Stähle und Nickellegierungen	
DIN EN 10113-1	1993-04	Warmgewalzte Erzeugnisse aus schweißgeigneten Feinkornbaustählen, allgemeine Lieferbedingungen	DIN 17102, *wird ersetzt durch DIN EN 10025-1 und -2*
DIN EN 10113-2	1993-04	Warmgewalzte Erzeugnisse aus schweißgeigneten Feinkornbaustählen, Lieferbedingungen für normalgeglühte/normalisierend gewalzte Stähle	DIN 17102, *wird ersetzt durch DIN EN 10025-1 und-6*
DIN EN 10113-3	1993-04	Warmgewalzte Erzeugnisse aus schweißgeigneten Feinkornbaustählen, Lieferbedingungen für thermomechanisch gewalzte Stähle	
DIN EN 10155	1993-08	Wetterfeste Baustähle, TL	*wird ersetzt durch DIN EN 10025-1 und -5*
DIN EN 10225	1994-12 E	Schweißgeeignete Baustähle für feststehende Offshore-Konstruktionen	
DIN EN 10238	1996-11	Automatisch gestrahlte und automatisch fertigungsbeschichtete Erzeugnisse aus Baustählen	
DIN EN 10267	1998-02	Ferritisch-perlitische Stähle, von Warmformgebungstemperatur ausscheidungshärtend	
DIN EN 10302	1998-11 E	Hochwarmfeste Stähle, Nickel- und Kobaltlegierungen	
DIN EN ISO 683-17	2000-04	Für eine Wärmebehandlung bestimmte Stähle, legierte Stähle und Automatenstähle, Wälzlagerstähle	
DIN 5512-3	1991-01 1998-09 E	Werkstoffe für Schienenfahrzeuge, Flacherzeugnisse aus nichtrostenden Stählen	
DIN 5512-4	1997-05	Werkstoffe für Schienenfahrzeuge, Feinkornbaustähle, Auswahlnorm	
DIN 17211	1987-04	Nitrierstähle, TL	
DIN 17212	1972-08	Stähle für Flamm- und Induktionshärten, Gütevorschriften	
DIN 17442	1977-10	Walzwerks-, Schmiede- oder Gießerei-Fertigerzeugnisse aus nichtrostenden Stählen, für medizinische Instrumente	
DIN 17460	1992-09	Hochwarmfeste austenitische Stähle, TL für Blech, kalt- und warmgewalztes Band, Stäbe und Schmiedestücke	

Stahl Flacherzeugnisse (Blech, Band)

Norm	Ausgabe	Titel	Ersatz für
DIN EN 10021	1993-12	Allgemeine technische Lieferbedingungen für Stahl und Stahlerzeugnisse (gilt nicht für Stahlguß = siehe EN 1559-1 und -2)	DIN 17010
DIN EN 10025	1994-03	Warmgewalzte Erzeugnisse aus unlegierten Stählen, TL	DIN 17100
DIN EN 10025-1	2000-12 E	Warmgewalzte Erzeugnisse aus Baustählen, Allgemeine Lieferbedingungen	DIN EN 10113-1 DIN EN 10137-1 DIN EN 10155
DIN EN 10025-2	2000-12 E	Warmgewalzte Erzeugnisse aus Baustählen, TL für unlegierte Baustähle	tlw. DIN 17100 DIN EN 10113-1 DIN EN 10137-1 DIN EN 10155
DIN EN 10025-3	2000-12 E	Warmgewalzte Erzeugnisse aus Baustählen, TL für normalgeglühte/normalisierend gewalzte schweißgeeignete Feinkornbaustähle	tlw. DIN 17100 DIN EN 10113-1 DIN EN 10137-1 DIN EN 10155
DIN EN 10025-4	2000-12 E	Warmgewalzte Erzeugnisse aus Baustählen, TL für thermomechanisch gewalzte schweißgeeignete Feinkornbaustähle	DIN EN 10113-3
DIN EN 10025-5	2000-12 E	Warmgewalzte Erzeugnisse aus Baustählen, TL für wetterfeste Baustähle	DIN EN 10155
DIN EN 10025-6	2000-12 E	Warmgewalzte Erzeugnisse aus Baustählen, TL für Flacherzeugnisse aus Stählen mit höherer Streckgrenze im vergüteten Zustand	DIN EN 10137-2
DIN EN 10028-1	2000-07	Flacherzeugnisse aus Druckbehälterstählen, allgemeine Anforderungen	DIN 17155 DIN 17280
DIN EN 10028-2	1993-04	Flacherzeugnisse aus Druckbehälterstählen, unlegierte und legierte warmfeste Stähle	DIN 17155
DIN EN 10028-3	1993-04 2000-05 E	Flacherzeugnisse aus Druckbehälterstählen, schweißgeeignete Feinkornbaustähle, normalgeglüht	DIN 17102
DIN EN 10028-4	1994-11	Flacherzeugnisse aus Druckbehälterstählen, nickellegierte kaltzähe Stähle	tlw DIN 17280
DIN EN 10028-5	1997-02	Flacherzeugnisse aus Druckbehälterstählen, schweißgeeignete Feinkornbaustähle, thermomechanisch gewalzt	
DIN EN 10028-6	1997-02	Flacherzeugnisse aus Druckbehälterstählen, schweißgeeignete Feinkornbaustähle, vergütet	
DIN EN 10028-7	2000-06	Flacherzeugnisse aus Druckbehälterstählen, nichtrostende Stähle	DIN 17440, DIN 17441
DIN EN 10029	1991-10	Warmgewalztes Stahlblech ab 3 mm Dicke, Grenzabmaße, Formtoleranzen, zulässige Gewichtsabweichungen	DIN 1543
DIN EN 10048	1996-10	Warmgewalzter Bandstahl, Grenzabmaße und Formtoleranzen	DIN 1016
DIN EN 10051	1997-11	Kontinuierlich warmgewalztes Blech und Band ohne Überzug, aus unlegierten und legierten Stählen, Grenzabmaße und Formtoleranzen	tlw DIN 1016
DIN EN 10088-2	1995-08	Nichtrostende Stähle, TL für Blech und Band für allgemeine Verwendung	DIN 17440, tlw DIN 17441
DIN EN 10106	1996-02	Kaltgewalztes nichtkornorientiertes Elektroblech und –band im schlußgeglühten Zustand	DIN 46400-1
DIN EN 10107	1996-02	Konrorientiertes Elektroblech und –band im schlußgeglühten Zustand	DIN 46400-3
DIN EN 10111	1998-03	Kontinuierlich warmgewalztes Band und Blech aus weichen Stählen zum Kaltumformen	DIN 1614-2
DIN EN 10120	1997-01	Stahlblech und –band für geschweißte Gasflaschen	

Norm	Ausgabe	Titel	Ersatz für
DIN EN 10126	1996-02	Kaltgewalztes Elektroblech und –band aus unlegierten Stählen im nicht schlußgeglühtem Zustand	DIN 46400-2
DIN EN 10130	1999-02	Kaltgewalzte Flacherzeugnisse aus weichen Stählen, zum Kaltumformen, TL	DIN 1623-1
DIN EN 10131	1992-01	Kaltgewalzte Flacherzeugnisse ohne Überzug aus weichen Stählen sowie aus Stählen mit höherer Streckgrenze, zum Kaltumformen, TL	DIN 1541
DIN EN 10132-1	2000-05	Kaltband aus Stahl, für eine Wärmebehandlung, TL, Allgemeines	
DIN EN 10132-2	2000-05	Kaltband aus Stahl, für eine Wärmebehandlung, TL, Einsatzstähle	
DIN EN 10132-3	2000-05	Kaltband aus Stahl, für eine Wärmebehandlung, TL, Vergütungsstähle	
DIN EN 10132-4	2000-05	Kaltband aus Stahl, für eine Wärmebehandlung, TL, Federstähle und andere Anwendungen	
DIN EN 10137-1	1995-11	Blech und Breitflachstahl aus Baustählen mit höherer Streckgrenze im vergüteten oder ausscheidungsgehärtetem Zustand, Allgemeine Lieferbedingungen	*wird ersetzt durch DIN EN 10025-1 und -2*
DIN EN 10137-2	1995-11	Blech und Breitflachstahl aus Baustählen mit höherer Streckgrenze im vergüteten oder ausscheidungsgehärtetem Zustand, Lieferbedingungen für vergütete Stähle	*wird ersetzt durch DIN EN 10025-1 und -6*
DIN EN 10137-3	1995-11	Blech und Breitflachstahl aus Baustählen mit höherer Streckgrenze im vergüteten oder ausscheidungsgehärtetem Zustand, Lieferbedingungen für ausscheidungshärtende Stähle	
DIN EN 10139	1997-12	Kaltband ohne Überzug aus weichen Stählen, zum Kaltumformen, TL	DIN 1624
DIN EN 10140	1996-10	Kaltband, Grenzabmaße und Formtoleranzen	DIN 1544
DIN EN 10142	2000-07	Kontinuierlich feuerverzinktes Band und Blech aus weichen Stählen, zum Kaltumformen	
DIN EN 10143	1993-03	Kontinuierlich schmelztauchveredeltes Blech und Band aus Stahl, Grenzabmaße und Formtoleranzen	DIN 59232
DIN EN 10147	2000-07	Kontinuierlich feuerverzinktes Band und Blech aus Baustählen, TL	
DIN EN 10149-1	1995-11	Warmgewalzte Flacherzeugnisse aus Stählen mit hoher Streckgrenze zum Kaltumformen, Allgemeine Lieferbedingungen	
DIN EN 10149-2	1995-11	Warmgewalzte Flacherzeugnisse aus Stählen mit hoher Streckgrenze zum Kaltumformen, Lieferbedingungen für thermomechanisch gewalzte Stähle	
DIN EN 10149-3	1995-11	Warmgewalzte Flacherzeugnisse aus Stählen mit hoher Streckgrenze zum Kaltumformen, Lieferbedingungen für normalgeglühte oder normalisierend gewalzte Stähle	
DIN EN 10152	1993-12	Elektrolytisch verzinkte warmgewalzte Flacherzeugnisse aus Stahl, TL	DIN 17163
DIN EN 10154	1996-05 2000-05 E	Kontinuierlich schmelztauchveredeltes Band und Blech aus Stahl mit Aluminium-Silicium-Überzügen (AS), TL	
DIN EN 10163-1	1991-10	Lieferbedingungen für die Oberflächenbeschaffenheit von warmgewalzten Stahlerzeugnissen (Blech, Breitflachstahl, Profile), Allgemeine Anforderungen	
DIN EN 10163-2	1991-10	Lieferbedingungen für die Oberflächenbeschaffenheit von warmgewalzten Stahlerzeugnissen, Anforderungen für Blech und Breitflachstahl	
DIN EN 10164	1993-08	Stahlerzeugnisse mit verbesserten Verformungseigenschaften senkrecht zur Erzeugnisoberfläche, TL	DIN 50180

Norm	Ausgabe	Titel	Ersatz für
DIN EN 10165	1996-02	Kaltgewalztes Elektroblech und –band aus legierten Stählen im nicht schlußgeglühten Zustand	DIN 46400-4
DIN EN 10169-2	1999-11	Kontinuierlich organisch beschichtete (bandbeschichtete) Flacherzeugnisse, Erzeugnisse für den Bauaußeneinsatz	
DIN EN 10202	1990-03 1998-02E	Kaltgewalzte Verpackungsblecherzeugnisse, elektrolytisch verzinnter und spezialverchromter Stahl	
DIN EN 10203	1991-08	Kaltgewalztes elektrolytisch verzinntes Weißblech	
DIN EN 10205	1992-01	Kaltgewalztes Feinstblech in Rollen zur Herstellung von Weißblech oder von elektrolytisch spezialverchromtem Stahl	
DIN EN 10207	1997-09	Stähle für einfache Druckbehälter, TL für Blech, Band und Stabstahl	
DIN EN 10209	1996-05	Kaltgewalzte Flacherzeugnisse aus weichen Stählen zum Emaillieren, TL	
DIN EN 10214	1995-04	Kontinuierlich schmelztauchveredeltes Band und Blech aus Stahl mit Zink-Aluminium-Überzügen (ZA), TL	
DIN EN 10215	1995-04	Kontinuierlich schmelztauchveredeltes Band und Blech aus Stahl mit Aluminium-Zink-Überzügen (AZ), TL	
DIN EN 10258	1997-07	Kaltband und Kaltband in Stäben aus nichtrostendem Stahl, Grenzabmaße und Formtoleranzen	DIN 59381
DIN EN 10259	1997-07	Kaltbreitband und Blech aus nichtrostendem Stahl, Grenzabmaße und Formtoleranzen	DIN 59382
DIN EN 10265	1996-01	Magnetische Werkstoffe, Anforderungen an Blech und Band aus Stahl mit festgelegten mechanischen und magnetischen Eigenschaften	
DIN EN 10268	1999-02	Kaltgewalzte Flacherzeugnisse mit hoher Streckgrenze zum Kaltumformen, aus mikrolegierten Stählen, TL	
DIN EN 10271	1998-12	Flacherzeugnisse aus Stahl mit elektrolytisch abgeschiedenen Zink-Nickel-Überzügen (ZN), TL	
DIN EN 10292	2000-07	Kontinuierlich schmelztauchveredeltes Band und Blech aus Stählen mit hoher Streckgrenze zum Kaltumformen, TL	
DIN 1614-1	1986-03	Flacherzeugnisse aus Stahl, warmgewalztes Band und Blech, TL	
DIN 1623-2	1986-02	Flacherzeugnisse aus Stahl, kaltgewalztes Band und Blech, TL	
DIN 17460	1992-09	Hochwarmfeste austenitische Stähle, TL für Blech, kalt- und warmgewalztes Band, Stäbe und Schmiedestücke	
DIN 59200	1975-10	Flachzeug aus Stahl, warmgewalzter Breitflachstahl, Maße, zulässige Maß-, Form- und Gewichtsabweichungen	
DIN 59220	2000-04	Flacherzeugnisse aus Stahl, warmgewalztes Blech mit Mustern, Maße, Gewichte, Grenzabmaße, Formtoleranzen und Grenzabweichungen der Masse	
DIN 59231	1953-04	Wellbleche, Pfannenbleche, verzinkt	

Stahl Langerzeugnisse und Profile

Norm	Ausgabe	Titel	Ersatz für
DIN EN 10008	2000-12 E	Runder Walzdraht aus Stahl für Muttern und Schrauben, Maße und Toleranzen	*DIN 59115*
DIN EN 10016-1	1995-04	Walzdraht aus unlegierten Stählen zum Ziehen und/oder Kaltwalzen, allgemeine Anforderungen	
DIN EN 10016-2	1995-04	Walzdraht aus unlegierten Stählen zum Ziehen und/oder Kaltwalzen, besondere Anforderungen an Walzdraht für allgemeine Verwendung	
DIN EN 10016-3	1995-04	Walzdraht aus unlegierten Stählen zum Ziehen und/oder Kaltwalzen, besondere Anforderungen an Walzdraht aus unberuhigtem und ersatzberuhigtem Stahl mit niedrigem Kohlenstoffgehalt	
DIN EN 10016-4	1995-04	Walzdraht aus unlegierten Stählen zum Ziehen und/oder Kaltwalzen, besondere Anforderungen an Walzdraht für Sonderanwendungen	
DIN EN 10017	2000-12 E	Walzdraht aus unlegiertem Stahl zum Ziehen und/oder Kaltwalzen, Maße und Toleranzen	*DIN 59110*
DIN EN 10021	1993-12	Allgemeine technische Lieferbedingungen für Stahl und Stahlerzeugnisse *(gilt nicht für Stahlguß = siehe EN 1559-1 und -2)*	
DIN EN 10024	1995-05	I-Profile mit geneigten innern Flanschflächen, Grenzabmaße und Formtoleranzen	
DIN EN 10025	1994-03	Warmgewalzte Erzeugnisse aus unlegierten Stählen, TL	DIN 17100
DIN EN 10025-1	2000-12 E	Warmgewalzte Erzeugnisse aus Baustählen, Allgemeine Lieferbedingungen	*DINEN 10113-1* *DINEN 10137-1* *DIN EN 10155*
DIN EN 10025-2	2000-12 E	Warmgewalzte Erzeugnisse aus Baustählen, TL für unlegierte Baustähle	tlw. DIN 17100 *DINEN 10113-1* *DINEN 10137-1* *DIN EN 10155*
DIN EN 10025-3	2000-12 E	Warmgewalzte Erzeugnisse aus Baustählen, TL für normalgeglühte/normalisierend gewalzte schweißgeeignete Feinkornbaustähle	tlw. DIN 17100 *DINEN 10113-1* *DINEN 10137-1* *DIN EN 10155*
DIN EN 10025-4	2000-12 E	Warmgewalzte Erzeugnisse aus Baustählen, TL für thermomechanisch gewalzte schweißgeeignete Feinkornbaustähle	*DINEN 10113-3*
DIN EN 10025-5	2000-12 E	Warmgewalzte Erzeugnisse aus Baustählen, TL für wetterfeste Baustähle	*DIN EN 10155*
DIN EN 10056-2	1994-03	Gleichschenklige und ungleichschenklige Winkel aus Stahl, Grenzabmaße und Formtoleranzen	DIN 1028, DIN 1029
DIN EN 10058	2000-04 E	Warmgewalzte Flachstäbe aus Stahl, für allgemeine Verwendung, Maße, Formtoleranzen und Grenzabmaße	
DIN EN 10059	2000-04 E	Warmgewalzte Vierkantstähle aus Stahl für allgemeine Verwendung, Maße, Formtoleranzen und Grenzabmaße	
DIN EN 10060	2000-04 E	Warmgewalzte Rundstäbe aus Stahl, Maße, Formtoleranzen und Grenzabmaße	*DIN 1013-1*
DIN EN 10061	2000-04 E	Warmgewalzte Sechskantstäbe aus Stahl, Maße, Formtoleranzen und Grenzabmaße	*DIN 1015*
DIN EN 10067	1996-12	Warmgewalzter Wulstflachstahl, Maße, Formtoleranzen und Grenzabmaße	DIN 1019
DIN EN 10087	1999-01	Automatenstähle, TL für Halbzeug, warmgewalzte Stäbe und Walzdraht	tlw DIN 1651
DIN EN 10088-3	1995-08	Nichtrostende Stähle, TL für Halbzeug, Stäbe, Walzdraht und Profile, für allgemeine Verwendung	DIN 17440

Norm	Ausgabe	Titel	Ersatz für
DIN EN 10092-1	2000-04 E	Warmgewalzte Flachstäbe aus Federstahl, Maße, Formtoleranzen und Grenzabmaße	
DIN EN 10092-2	2000-04 E	Warmgewalzte gerippte Flachstäbe aus Federstahl, Maße, Formtoleranzen und Grenzabmaße	
DIN EN 10162	1997-07 E	Kaltprofile aus Stahl, TL, Grenzabmaße und Formtoleranzen	
DIN EN 10163-3	1991-10	Lieferbedingungen für die Oberflächenbeschaffenheit von warmgewalzten Stahlerzeugnissen, Profile	
DIN EN 10207	1997-09	Stähle für einfache Druckbehälter, TL für Blech, Band und Stabstahl	
DIN EN 10218-2	1996-08	Stahldraht und Drahterzeugnisse, Allgemeines, Drahtmaße und Toleranzen	DIN 177, DIN 2076
DIN EN 10221	1996-01	Oberflächengüteklassen für warmgewalzten Stabstahl und Walzdraht, TL	
DIN EN 10263-1	1997-11 E	Walzdraht, Stäbe und Draht aus Kaltstauch- und Kaltfließpreßstählen, allgemeine TL	
DIN EN 10263-2	1997-11 E	Walzdraht, Stäbe und Draht aus Kaltstauch- und Kaltfließpreßstählen, TL für nicht für eine Wärmebehandlung nach der Kaltverarbeitung vorgesehene Stähle	
DIN EN 10263-3	1997-11 E	Walzdraht, Stäbe und Draht aus Kaltstauch- und Kaltfließpreßstählen, TL für Einsatzstähle	
DIN EN 10263-4	1997-11 E	Walzdraht, Stäbe und Draht aus Kaltstauch- und Kaltfließpreßstählen, TL für Vergütungsstähle	
DIN EN 10263-5	1997-11 E	Walzdraht, Stäbe und Draht aus Kaltstauch- und Kaltfließpreßstählen, TL für nichtrostende Stähle	
DIN EN 10264-1	1995-10 E	Stahldraht für Seile, allgemeine Anforderungen	
DIN EN 10264-2	1995-10 E	Stahldraht für Seile, kaltgezogener Draht für Seile für allgemeine Verwendungszwecke	
DIN EN 10264-3	1995-10 E	Stahldraht für Seile, kaltgezogener und kaltprofilierter Draht aus unlegiertem Stahl für hohe Beanspruchung	
DIN EN 10264-4	1995-10 E	Stahldraht für Seile, Draht aus nichtrostendem Stahl	
DIN EN 10269	1999-11	Stähle und Nickellegierungen für Befestigungselemente für den Einsatz bei erhöhten und/oder tiefen Temperaturen	DIN 17240 DIN 17280
DIN EN 10272	1996-12 E	Nichtrostende Stäbe für Druckbehälter	
DIN EN 10273	2000-04	Warmgewalzte schweißgeeignete Stäbe aus Stahl für Druckbehälter mit festgelegten Eigenschaften bei erhöhten Temperaturen	
DIN EN 10277-1	1999-10	Blankstahlerzeugnisse, TL, Allgemeines	DIN 1652-1
DIN EN 10277-2	1999-10	Blankstahlerzeugnisse, TL, Stähle für allgemeine Verwendung	DIN 1652-2
DIN EN 10277-3	1999-10	Blankstahlerzeugnisse, TL, Automatenstähle	DIN 1651
DIN EN 10277-4	1999-10	Blankstahlerzeugnisse, TL, Einsatzstähle	DIN 1652-3
DIN EN 10277-5	1999-10	Blankstahlerzeugnisse, TL, Vergütungsstähle	DIN 1652-4
DIN EN 10278	1999-12	Blankstahlerzeugnisse, Maße und Grenzabmaße	DIN174, DIN175, DIN176, DIN178, DIN668, DIN669, DIN670, DIN671, DIN 59360, DIN 59361
DIN EN 10279	2000-03	Warmgewalzter U-Profilstahl, Grenzabmaße, Formtoleranzen und Grenzabweichungen der Masse (siehe auch DIN 1026-1)	tlw DIN 1026
DIN 536-1	1991-09	Kranschienen, Maße, statische Werte, Stahlsorten für Kranschienen mit Fußflansch Form A	
DIN 536-2	1974-12	Kranschienen, Form F, Maße, statische Werte, Stahlsorten	

Norm	Ausgabe	Titel	Ersatz für
DIN 1013-1	1976-11	Warmgewalzter Rundstahl, für allgemeine Verwendung, Maße, zulässige Maß- und Formabweichungen	*wird ersetzt durch DIN EN 10060*
DIN 1013-2	1976-11	Warmgewalzter Rundstahl, für besondere Verwendung, Maße, zulässige Maß- und Formabweichungen	
DIN 1014-1	1978-07	Warmgewalzter Vierkantstahl, für allgemeine Verwendung, Maße, zulässige Maß- und Formabweichungen	
DIN 1014-2	1978-07	Warmgewalzter Vierkantstahl, für besondere Verwendung, Maße, zulässige Maß- und Formabweichungen	
DIN 1015	1972-11	Warmgewalzter Sechskantstahl, Maße, Gewichte, zulässige Abweichungen	*wird ersetzt durch DIN EN 10061*
DIN 1017-1	1967-04	Warmgewalzter Flachstahl, für allgemeine Verwendung, Maße, zulässige Maß- und Formabweichungen	
DIN 1017-2	1964-03	Warmgewalzter Flachstahl, für allgemeine Verwendung, Maße, zulässige Maß- und Formabweichungen	
DIN 1018	1963-10	Warmgewalzter Halbrundstahl und Flachrundstahl, Maße, Gewichte, zulässige Abweichungen	
DIN 1022	1963-10	Warmgewalzter, gleichschenkliger, scharfkantiger Winkelstahl (LS), Maße, Gewichte, zulässige Abweichungen	
DIN 1025-1	1995-05	Warmgewalzte schmale I-Träger, I-Reihe, Maße, Masse, statische Werte	
DIN 1025-2	1995-11	Warmgewalzte I-Träger, IPB-Reihe, Maße, Masse, statische Werte	
DIN 1025-3	1994-03	Warmgewalzte breite I-Träger leichte Ausführung, IPB1-Reihe, Maße, Masse, statische Werte	
DIN 1025-4	1994-03	Warmgewalzte I-Träger, breite I-Träger, verstärkte Ausführung, Maße, Masse, statische Werte	
DIN 1025-5	1994-03	Warmgewalzte mitztelbreite I-Träger, IPE-Reihe, Maße, Masse, statische Werte	
DIN 1026-1	2000-03	Warmgewalzter U-Profilstahl mit geneigten Flanschflächen, Maße, Masse, statische Werte	
DIN 1026-2	1999-05 E	Warmgewalzter U-Profilstahl mit parallelen Flanschflächen, Maße, Masse, statische Werte	
DIN 1027	1963-10	Warmgewalzter rundkantiger Z-Stahl, Maße, Gewichte, zulässige Abweichungen, statische Werte	
DIN 1581	1977-12	Stabstahl, Gelenkbandprofile, Maße, Gewichte	
DIN 1653	1979-01	Oberflächenbeschaffenheit handelsüblicher Stahldrähte, Benennungen und Abkürzungen	
DIN 1654-1	1989-10	Kaltstauch- und Kaltfließpreßstähle, TL	
DIN 1654-3	1989-10	Kaltstauch- und Kaltfließpreßstähle, TL für Einsatzstähle	
DIN 1654-4	1989-10	Kaltstauch- und Kaltfließpreßstähle, TL für Vergütungsstähle	
DIN 1654-5	1989-10	Kaltstauch- und Kaltfließpreßstähle, TL für nichtrostende Stähle	
DIN 2078	1990-05	Stahldrähte für Drahtseile	
DIN 6880	1975-04	Blanker Keilstahl, Maße, zulässige Abweichungen, Gewichte	
DIN 17111	1980-09	Kohlenstoffarme unlegierte Stähle für Schrauben, Muttern und Niete, TL	
DIN 17118	1976-01	Kaltprofile aus Stahl, TL	

Norm	Ausgabe	Titel	Ersatz für
DIN 17440	1996-09	Nichtrostende Stähle, TL, Blech, Warmband und gewalzte Stäbe für Druckbehälter, gezogenen Draht und Schmiedestücke	
DIN 17460	1992-09	Hochwarmfeste austenitische Stähle, TL für Blech, kalt- und warmgewalztes Band, Stäbe und Schmiedestücke	
DIN 59110	1962-12	Walzdraht aus Stahl, Maße zulässige Abweichungen, Gewichte	*wird ersetzt durch DIN EN 10017*
DIN 59115	1972-11	Walzdraht aus Stahl für Schrauben, Muttern und Niete, Maße, zulässige Abweichungen, Gewichte	*wird ersetzt durch DIN EN 10008*
DIN 59130	1978-09	Warmgewalzter Rundstahl für Schrauben und Niete, Maße, zulässige Abweichungen, Gewichte	
DIN 59350	1982-08	Präzisionsflach- und vierkantstahl, Maße, Gewichte, zulässige Abweichungen	
DIN 59370	1978-07	Blanker, gleichschenkliger, scharfkantiger Winkelstahl, Maße, zulässige Abweichungen, Gewichte	
DIN 59413	1976-01	Kaltprofile aus Stahl, zulässige Maß-, Form- und Gewichtsabweichungen	

Stahlrohre, Hohlprofile und Rohrleitungen

Norm	Ausgabe	Titel	Ersatz für
DIN EN 39	1997-02 E	Stahlrohre für die Verwendung in Trag- und Arbeitsgerüsten, TL	
DIN EN 10208-1	1998-02	Stahlrohre für Rohrleitungen für brennbare Medien, TL, Rohre der Anforderungsklasse A	tlw DIN 1626, tlw DIN 1629
DIN EN 10208-2	1996-08	Stahlrohre für Rohrleitungen für brennbare Medien, TL, Rohre der Anforderungsklasse A	DIN 17172
DIN EN 10210-1	1994-09	Warmgefertigte Hohlprofile für den Stahlbau, aus unlegierten Baustählen und aus Feinkornbaustählen, TL	tlw DIN 17120, DIN 17121, DIN 17123, DIN 17124, DIN 17125
DIN EN 10210-2	1997-11	Warmgefertigte Hohlprofile für den Stahlbau, aus unlegierten Baustählen und aus Feinkornbaustählen, Grenzabmaße, Maße und statische Werte	DIN 59410
DIN EN 10216-1	1991-06 E	Nahtlose Stahlrohre für Druckbeanspruchungen, TL, unlegierte Stähle mit festgelegten Raumtemperatureigenschaften	DIN 1629
DIN EN 10216-2	1996-12 E	Nahtlose Stahlrohre für Druckbeanspruchungen, TL, unlegierte und legierte Stähle mit festgelegten Eigenchaften bei erhöhten Temperaturen	DIN 17175
DIN EN 10216-3	1997-03 E	Nahtlose Stahlrohre für Druckbeanspruchungen, TL, unlegierte und legierte Feinkornbaustähle	
DIN EN 10216-4	1997-03 E	Nahtlose Stahlrohre für Druckbeanspruchungen, TL, unlegierte und legierte Stähle mit festgelegten Eigenschaften bei tiefen Temperaturen	
DIN EN 10216-5	1999-02 E	Nahtlose Stahlrohre für Druckbeanspruchungen, TL, nichtrostende Stähle	
DIN EN 10217-1	1991-06	Geschweißte Rohre für Druckbeanspruchungen, TL, unlegierte Stähle mit festgelegten Raumtemperatureigenschaften	DIN 1626

Norm	Ausgabe	Titel	Ersatz für
DIN EN 10217-2	1996-12 E	Geschweißte Rohre für Druckbeanspruchungen, TL, elektrisch geschweißt, aus unlegierten und legierten Stählen mit festgelegten Eigenschaften bei erhöhten Temperaturen	
DIN EN 10217-3	1997-03 E	Geschweißte Rohre für Druckbeanspruchungen, TL, aus unlegierten und legierten Feinkornbaustählen	
DIN EN 10217-4	1997-03 E	Geschweißte Rohre für Druckbeanspruchungen, TL, elektrisch geschweißt, aus unlegierten und legierten Stählen mit festgelegten Eigenschaften bei tiefen Temperaturen	
DIN EN 10217-5	1996-12 E	Geschweißte Rohre für Druckbeanspruchungen, TL, unterpulvergeschweißt, aus unlegierten und legierten Stählen mit festgelegten Eigenschaften bei erhöhten Temperaturen	
DIN EN 10217-6	1997-03 E	Geschweißte Rohre für Druckbeanspruchungen, TL, unterpulvergeschweißt, aus unlegierten und legierten Stählen mit festgelegten Eigenschaften bei tiefen Temperaturen	
DIN EN 10217-7	1999-02 E	Geschweißte Rohre für Druckbeanspruchungen, TL, aus nichtrostenden Stählen	
DIN EN 10219-1	1997-11	Kaltgefertigte geschweißte Hohlprofile für den Stahlbau, aus unlegierten Bustählen und legierten Feinkornbaustählen, TL	DIN 17119, tlw DIN 17120, tlw DIN 17123, tlw DIN 17125
DIN EN 10219-2	1997-11	Kaltgefertigte geschweißte Hohlprofile für den Stahlbau, aus unlegierten Bustählen und legierten Feinkornbaustählen, Grenzabmaße, Maße und statische Werte	DIN 59411
DINV ENV 10220	1994-02	Nahtlose und geschweißte Stahlrohre, Maße und längenbezogene Massen	DIN ISO 4200, DIN 2448, DIN 2458
DIN EN 10224	1993-03 E	Stahlrohre, Rohrverbindungen und Fittings für den Transport wäßriger Flüssigkeiten einschl. Trinkwasser	tlw DIN 1626, tlw DIN 1629, tlw DIN 2460
DIN EN 10240	1998-02	Innere und/oder äußere Schutzüberzüge für Stahlrohre, durch Schmelztauchverzinken in automatisierten Anlagen hergestellt	DIN 2444
DIN EN 10255	1996-04 E	Unlegierte Stahlrohre mit Eignung zum Schweißen und Gewindeschneiden	DIN 2440, DIN 2441
DIN EN 10294-1	1998-07 E	Stahlrohre für die spanende Bearbeitung (Drehteilrohre), TL, unlegierte und legierte Stähle	
DIN EN 10296-1	1998-07 E	Geschweißte Stahlrohre für den Maschinenbau und allgemeine technische Anwendungen, Rohre aus unlegierten und legierten Stählen	
DIN EN 10297-1	1998-07 E	Nahtlose Stahlrohre für den Maschinenbau und allgemeine technische Anwendungen, TL, aus unlegierten und legierten Stählen	
DIN EN 10305-1	1998-12 E	Präzisionsstahlrohre, TL, nahtlose kaltgezogene Rohre	DIN 2391-1, DIN 2391-2
DIN EN 10305-2	1998-12 E	Präzisionsstahlrohre, TL, geschweißte kaltgezogene Rohre	DIN 2393-1, DIN 2393-2
DIN EN 10305-3	1998-12 E	Präzisionsstahlrohre, TL, geschweißte maßgewalzte Rohre	DIN 2394-1, DIN 2394-2
DIN EN 10305-4	1998-12 E	Präzisionsstahlrohre, nahtlose kaltgezogene Rohre für Hydraulik- und Pneumatikdruckleitungen	
DIN EN 10305-5	2000-03 E	Präzisionsstahlrohre, geschweißte und maßumgeformte Rohre mit quadratischem oder rechteckigem Querschnitt	DIN 2395-1, DIN 2395-2
DIN EN 10305-6	2000-03 E	Präzisionsstahlrohre, geschweißte kaltgezogene Rohre für Hydraulik- und Pneumatikdruckleitungen	

Norm	Ausgabe	Titel	Ersatz für
DIN EN 10312	1999-06 E	Rohre und Fittings aus nichtrostenden Stählen für den Transport wässriger Flüssigkeiten einschl. Trinkwasser	
DIN EN 13480-1	1999-04 E	Metallische industrielle Rohrleitungen, Allgemeines	
DIN EN 13480-2	1999-04 E	Metallische industrielle Rohrleitungen, Werkstoffe	
DIN EN 13480-3	1999-04 E	Metallische industrielle Rohrleitungen, Konstruktion und Berechnung	
DIN EN 13480-4	1999-04 E	Metallische industrielle Rohrleitungen, Fertigung und Verlegung	
DIN EN 13480-5	1999-04 E	Metallische industrielle Rohrleitungen, Prüfung	
DIN EN 13480-6	1999-04 E	Metallische industrielle Rohrleitungen, Sicherheitssysteme	
DIN EN ISO 1127	1997-03	Nichtrostende Stahlrohre, Maße, Grenzabmaße und längenbezogene Massen	DIN 2462-1, DIN 2463-1
DIN 1615	1984-10	Geschweißte kreisförmige Rohre, unlegierter Stahl, ohne besondere Anforderungen, TL	
DIN 1626	1984-10	Geschweißte kreisförmige Rohre, unlegierter Stahl, für besondere Anforderungen, TL	*wird ersetzt durch DIN EN 10208-1, DIN EN 10217-1*
DIN 1628	1984-10	Geschweißte kreisförmige Rohre, unlegierter Stahl, für besonders hohe Anforderungen, TL	
DIN 1629	1984-10	Nahtlose kreisförmige Rohre, unlegierter Stahl, für besondere Anforderungen, TL	*wird ersetzt durch DIN EN 10208-1, DIN EN 10217-1, DIN EN 10224*
DIN 1630	1984-10	Nahtlose kreisförmige Rohre, unlegierter Stahl, für besonders hohe Anforderungen, TL	
DIN 2391-1	1994-09	Nahtlose Präzisionsstahlrohre mit besonderer Maßgenauigkeit, Maße	*wird ersetzt durch DIN EN 10305-1*
DIN 2391-2	1994-09	Nahtlose Präzisionsstahlrohre mit besonderer Maßgenauigkeit, TL	*wird ersetzt durch DIN EN 10305-1*
DIN 2393-1	1994-09	Geschweißte Präzisionsstahlrohre mit besonderer Maßgenauigkeit, Maße	*wird ersetzt durch DIN EN 10305-2*
DIN 2393-2	1994-09	Geschweißte Präzisionsstahlrohre mit besonderer Maßgenauigkeit, TL	*wird ersetzt durch DIN EN 10305-2*
DIN 2394-1	1994-09	Geschweißte maßgewalzte Präzisionsstahlrohre, Maße	*wird ersetzt durch DIN EN 10305-3*
DIN 2394-2	1994-09	Geschweißte maßgewalzte Präzisionsstahlrohre, TL	
DIN 2395-1	1994-09	Geschweißte Präzisionsstahlrohre mit rechteckigem und quadratischem Querschnitt, Maße für allgemeine Verwendung	*wird ersetzt durch DIN EN 10305-5*
DIN 2395-2	1994-09	Geschweißte Präzisionsstahlrohre mit rechteckigem oder quadratischem Querschnitt, TL für allgemeine Verwendung	
DIN 2395-3	1981-08	Elektrisch geschweißte Präzisionsstahlrohre mit rechteckigem und quadratischem Querschnitt, Maße und TL für den Kraftfahrzeugbau	
DIN 2440	1978-06	Mittelschwere Gewinderohre	*wird ersetzt durch DIN EN 10255*

Norm	Ausgabe	Titel	Ersatz für
DIN 2441	1978-06	Schwere Gewinderohre	*wird ersetzt durch DIN EN 10255*
DIN 2442	1963-08X	Gewinderohre mit Gütevorschrift, Nenndruck 1-100	
DIN 2445-1	2000-09	Nahtlose Stahlrohre für schwellende Beanspruchung, warmgefertigte Rohre für hydraulische Anlagen, 100 bis 500 bar	
DIN 2445-2	2000-09	Nahtlose Stahlrohre für schwellende Beanspruchung, Präzisionsstahlrohre für hydraulische Anlagen, 100 bis 500 bar	
DIN 2448	1981-02	Nahtlose Stahlrohre, Maße, längenbezogene Massen	ersetzt durch DINV ENV 10220
DIN 2458	1981-02	Geschweißte Stahlrohre, Maße, längenbezogene Massen	ersetzt durch DINV ENV 10220
DIN 2460	1992-01	Stahlrohre für Wasserleitungen	*wird ersetzt durch DIN EN 10224*
DIN 17173	1985-02	Nahtlose kreisförmige Rohre aus kaltzähen Stählen, TL	
DIN 17174	1985-02	Geschweißte kreisförmige Rohre aus kaltzähen Stählen, TL	
DIN 17175	1979-05	Nahtlose Rohre aus warmfesten Stählen, TL	*wird ersetzt durch DIN EN 10216-2*
DIN 17176	1990-11	Nahtlose kreisförmige Rohre aus druckwasserstoffbeständigen Stählen, TL	
DIN 17177	1979-05	Elektrisch preßgeschweißte Rohre aus warmfesten Stählen, TL	
DIN 17178	1986-05	Geschweißte kreisförmige Rohre aus Feinkornbaustählen für besondere Anforderungen, TL	
DIN 17179	1986-05	Nahtlose kreisförmige Rohre aus Feinkornbaustählen für besondere Anforderungen, TL	
DIN 17204	1990-11	Nahtlose kreisförmige Rohre aus Vergütungsstählen, TL	
DIN 17455	1999-02	Geschweißte kreisförmige Rohre aus nichtrostenden Stählen für allgemeine Anwendung, TL	
DIN 17456	1999-02	Nahtlose kreisförmige Rohre aus nichtrostenden Stählen für allgemeine Anwendung, TL	
DIN 17457	1985-07	Geschweißte kreisförmige Rohre aus austenitischen nichtrostenden Stählen für besondere Anwendung, TL	
DIN 17458	1985-07	Nahtlose kreisförmige Rohre aus austenitischen nichtrostenden Stählen für besondere Anwendung, TL	
DIN 17459	1992-09	Nahtlosee kreisförmige Rohre aus hochwarmfesten austenitischen Stählen, TL	

Schmiedestücke

Norm	Ausgabe	Titel	Ersatz für
DIN EN 10031	2000-02 E	Halbzeug zum Schmieden, Grenzabmaße, Formtoleranzen und Grenzabweichungen der Masse	
DIN EN 10222-1	1998-09	Schmiedestücke aus Stahl für Druckbehälter, Allgemeine Anforderungen an Freiformschmiedestücke	tlw DIN 17100, tlw DIN 17280, tlw DIN 17440, tlw DIN 17103, tlw DIN 17243
DIN EN 10222-2	2000-04	Schmiedestücke aus Stahl für Druckbehälter, ferritische und martensitische Stähle mit festgelegten Eigenschaften bei erhöhten Temperaturen	DIN 17243
DIN EN 10222-3	1999-02	Schmiedestücke aus Stahl für Druckbehälter, Nickelstähle mit festgelegten Eigenschaften bei tiefen Temperaturen	tlw DIN 17280
DIN EN 10222-4	1999-02	Schmiedestücke aus Stahl für Druckbehälter, schweißgeeignete Feinkornbaustähle mit hoher Dehngrenze	
DIN EN 10222-5	2000-02	Schmiedestücke aus Stahl für Druckbehälter, martensitische, austenitische und austenitisch-ferritische nichtrostende Stähle	
DIN EN 10250-1	1999-12	Freiformschmiedestücke aus Stahl für allgemeine Verwendung, allgemeine Anforderungen	tlw DIN 17100, tlw DIN 17440
DIN EN 10250-2	1999-12	Freiformschmiedestücke aus Stahl für allgemeine Verwendung, unlegierte Qualitäts- und Edelstähle	tlw DIN 17100
DIN EN 10250-3	1999-12	Freiformschmiedestücke aus Stahl für allgemeine Verwendung, legierte Edelstähle	
DIN EN 10250-4	2000-02	Freiformschmiedestücke aus Stahl für allgemeine Verwendung, nichtrostende Stähle	tlw DIN 17440
DIN EN 10254	2000-04	Gesenkschmiedestücke aus Stahl, TL	DIN 7521, DIN 7522, DIN 7523
DIN 7527-1	1971-10	Schmiedestücke aus Stahl, Bearbeitungszugaben und zulässige Abweichungen, für freiformgeschmiedete Scheiben	
DIN 7527-2	1971-10	Schmiedestücke aus Stahl, Bearbeitungszugaben und zulässige Abweichungen, für freiformgeschmiedete Lochscheiben	
DIN 7527-3	1971-10	Schmiedestücke aus Stahl, Bearbeitungszugaben und zulässige Abweichungen, für nahtlos freiformgeschmiedete Ringe	
DIN 7527-4	1972-01	Schmiedestücke aus Stahl, Bearbeitungszugaben und zulässige Abweichungen, für nahtlos freiformgeschmiedete Buchsen	
DIN 7527-5	1972-01	Schmiedestücke aus Stahl, Bearbeitungszugaben und zulässige Abweichungen, für freiformgeschmiedete, gerollte und geschweißte Ringe	
DIN 7527-6	1975-02	Schmiedestücke aus Stahl, Bearbeitungszugaben und zulässige Abweichungen, für freiformgechmiedete Stäbe	
DIN 17460	1992-09	Hochwarmfeste austenitische Stähle, TL für Schmiedestücke (und Blech, kalt- und warmgewalztes Band, Stäbe)	

Stahlguß

Norm	Ausgabe	Titel	Ersatz für
DIN EN 1559-1	1997-08	Gießereiwesen, Technische Lieferbedingungen, Allgemeines	
DIN EN 1559-2	2000-04	Gießereiwesen, Technische Lieferbedingungen, Zusätzliche Anforderungen an Stahlgußstücke	
DIN EN 10213-1	1996-01	Stahlguß für Druckbehälter, TL, Allgemeines	tlw DIN 17245, tlw DIN 17182, tlw DIN 17445
DIN EN 10213-2	1996-01	Stahlguß für Druckbehälter, TL für Stahlsorten für die Verwendung bei Raumtemperatur und erhöhten Temperaturen	tlw DIN 17245
DIN EN 10213-3	1996-01	Stahlguß für Druckbehälter, TL für Stahlsorten für die Verwendung bei tiefen Temperaturen	tlw DIN 17182
DIN EN 10213-4	1996-01	Stahlguß für Druckbehälter, TL für austenitische und austenitisch-ferritische Stahlsorten	tlw DIN 17445
DIN EN 10283	1998-12	Korrosionsbeständiger Stahlguß	tlw DIN 17445
DIN 1681	1985-06	Stahlguß für allgemeine Verwendungszwecke	
DIN 1690-10	1991-01	TL für Gußstücke, ergänzende Festlegungen für Stahlguß für höherbeanspruchte Armaturen	
DIN 17182	1992-05	Stahlgußsorten mit verbesserter Schweißeignung und Zähigkeit, für allgemeine Verwendung, TL	
DIN 17205	1992-04	Vergütungsstahlguß für allgemeine Verwendung, TL	
DIN 17205-1	1998-03 E	Stahlguß für das Bauwesen und für allgemeine Anwendungen, Allgemeines (Vorschlag für EN-Norm)	
DIN 17205-2	1998-03 E	Stahlguß für das Bauwesen und für allgemeine Anwendungen, Stahlguß für das Bauwesen (Vorschlag für EN-Norm)	
DIN 17205-3	1998-03 E	Stahlguß für das Bauwesen und für allgemeine Anwendungen, Stahlguß für allgemeine Anwendungen (Vorschlag für EN-Norm)	
DIN 17465	1993-08	Hitzebeständiger Stahlguß	
	1998-05 E	Entwurf = Vorschlag für EN-Norm	

Gußeisen

Norm	Ausgabe	Titel	Ersatz für
DIN EN 1559-1	1997-08	Gießereiwesen, Technische Lieferbedingungen, Allgemeines	DIN 1690-1
DIN EN 1559-3	1997-08	Gießereiwesen, Technische Lieferbedingungen, Zusätzliche Anforderungen an Eisengußstücke	
DIN EN 1560	1997-08	Bezeichnungssystem für Gußeisen, Werkstoffkurzzeichen und Werkstoffnummern	
DIN EN 1561	1997-08	Gußeisen mit Lamellengraphit	DIN 1691
DIN EN 1562	1997-08	Temperguß	DIN 1692
DIN EN 1563	1997-08	Gußeisen mit Kugelgraphit	DIN 1693-1, DIN 1693-2
DIN EN 1564	1997-08	Bainitisches Gußeisen	
DIN EN 12513	1996-11 E	Verschleißfestes Gußeisen	
DIN EN 12835	2000-06 E	Austenitisches Gußeisen	
DIN 1694	1981-09	Austenitisches Gußeisen	wird ersetzt durch DIN EN 12835
DIN 1695	1981-09	Verschleißbeständiges legiertes Gußeisen	wird ersetzt durch DIN EN 12513

Magnesium und Magnesiumlegierungen

Norm	Ausgabe	Titel	Ersatz für
DIN EN 1559-1	1997-08	Gießereiwesen, TL, Allgemeines	
DIN EN 1559-5	1998-01	Gießereiwesen, TL, zusätzliche Anforderungen an Magnesiumgußstücke	
DIN EN 1754	1997-08	Magnesium und Magnesiumlegierungen, Blockmetalle, Anoden und Gußstücke, Bezeichnungssysteme	
DIN EN 12421	1998-06	Magnesium und Magnesiumlegierungen, Reinmagnesium	
DIN EN 12438	1998-06	Magnesium und Magnesiumlegierungen, Magnesiumlegierungen für Gußanoden	
DIN 1729-1	1982-08	Magnesiumlegierungen, Knetlegierungen	

Aluminium und Aluminiumlegierungen

Norm	Ausgabe	Titel	Ersatz für
DIN EN 485-1	1994-01	Aluminium und Aluminiumlegierungen, Bänder, Bleche und Platten, TL	DIN 1745-2
DIN EN 485-2	1995-03 1999-10 E	Aluminium und Aluminiumlegierungen, Bänder, Bleche und Platten TL, mechanische Eigenschaften	DIN 1745-1 tlw DIN 1788
DIN EN 485-2 Bbl. 1	1996-11	Aluminium und Aluminiumlegierungen, Bänder, Bleche und Platten, Vergleich der Werkstoffzustandsbezeichnungen (DIN–EN)	
DIN EN 485-3	1994-01 1999-10 E	Aluminium und Aluminiumlegierungen, Bänder, Bleche, Platten, Grenzabmaße und Formtoleranzen für warmgewealzte Erzeugnisse	DIN 59600
DIN 485-4	1994-01	Aluminium und Aluminiumlegierungen, Bänder, Bleche und Platten, Grenzabmaße und Formtoleranzen für kaltgewalzte Erzeugnisse	DIN 1783 tlw DIN 1784
DIN EN 486	1994-02	Aluminium und Aluminiumlegierungen Preßbarren, Spezifikationen	
DIN EN 487	1994-02	Aluminium und Aluminiumlegierungen Walzbarren, Spezifikationen	
DIN EN 515	1993-12	Halbzeug, Bezeichnung der Werkstoffzustände	
DIN EN 573-1	1994-12	Chemische Zusammensetzung und Form von Halbzeug; Numerisches Bezeichnungssystem	tlw DIN 17007-4
DIN EN 573-2	1994-12	Chemische Zusammensetzung und Form von Halbzeug; Bezeichnungssystem mit chemischen Symbolen	tlw DIN 1700
DIN EN 573-3	1994-12 1999-04 E	Chemische Zusammensetzung und Form von Halbzeug; Chemische Zusammensetzung	DIN 1712-3, DIN 1725-1
DIN EN 573-4	1994-12 1999-04 E	Chemische Zusammensetzung und Form von Halbzeug; Erzeugnisformen	DIN 1712-3, DIN 1725-1
DIN EN 573-5	1999-11 E	Chemische Zusammensetzung und Form von Halbzeug; Bezeichnung von genormten Kneterzeugnissen	
DIN EN 575	1995-09	Vorlegierungen; durch Erschmelzen hergestellt	
DIN EN 683-2	1996-11	Vormaterial für Wärmetauscher (Finstock)	
DIN EN 12258-1	1998-09	Aluminium und Aluminiumlegierungen, Begriffe und Definitionen, allgemeine Begriffe	
DIN EN 1559-1	1997-08	Gießereiwesen, Technische Lieferbedingungen, Allgemeines	

Norm	Ausgabe	Titel	Ersatz für
DIN EN 1559-4	1999-07	Gießereiwesen, Technische Lieferbedingungen, Zusätzliche Anforderungen an Aluminiumgußstücke	
DIN EN 1780-1	1999-12	Masseln, Vorlegierungen, Gußstücke; Numerisches Bezeichnungssystem	
DIN EN 1780-2	1999-12	Masseln, Vorlegierungen, Gußstücke; Bezeichnungssystem mit chemischen Symbolen	
DIN EN 1780-3	1999-12	Masseln, Vorlegierungen, Gußstücke; Schreibregeln für die chemische Zusammensetzung	
DIN EN 12258-1	1998-09	Aluminium und Al-Legierungen, Allgemeine Begriffe	

Kupfer und Kupferlegierungen

wegen der Fülle spezifischer Erzeugnisnormen enthält die Liste nur einen Auszug daraus.

Norm	Ausgabe	Titel	Ersatz für
DIN EN 1057	1996-05	Kupfer und Kupferlegierungen, Nahtlose Rundrohre für Wasser- und Gasleitungen für Sanitärinstallation und Heizungsanlagen	
DIN EN 1173	1995-12	Kupfer und Kupferlegierungen, Zustandsbezeichnungen	
DIN EN 1412	1995-12	Kupfer und Kupferlegierungen, Europäisches Werkstoffnummernsystem	
DIN EN 1981	1998-08	Kupfer und Kupferlegierungen, Vorlegierungen	
DIN EN 12449	1999-10	Kupfer und Kupferlegierungen, nahtlose Rundrohre zur allgemeinen Verwendung	
DIN EN 12450	1999-10	Kupfer und Kupferlegierungen, nahtlose runde Kapillarrohre	
DIN EN 12451	1999-10	Kupfer und Kupferlegierungen, nahtlose Rundrohre für Wärmetauscher	
DIN 1754-1	1969-08	Rohre aus Kupfer, nahtlos gezogen, Maßbereiche und Toleranzen	
DIN 1754-2	1969-08	Rohre aus Kupfer, nahtlos gezogen, Vorzugsmaße für allgemeine Anwendung	
DIN 17662	1983-12	Kupfer-Knetlegierungen, Kupfer-Zinn-Legierungen (Zinnbronze)	
DIN 17663	1983-12	Kupfer-Knetlegierungen, Kupfer-Nickel-Zink-Legierungen (Neusilber)	
DIN 17664	1983-12	Kupfer-Knetlegierungen, Kupfer-Nickel-Legierungen, Zusammensetzung	
DIN 17665	1983-12	Kupfer-Knetlegierungen, Kupfer-Aluminium-Legierungen, Aluminiumbronze	
DIN 17666	1983-12	Niedriglegierte Kupfer-Knetlegierungen, Zusammensetzung	
DINV 17900	1999-03	Kupfer und Kupferlegierungen, Europäische Werkstoffe, Übersicht über Zusammensetzungen und Produkte (CR 13388)	
DINV 17912	1999-03	Kupfer und Kupferlegierungen, Vergabe von Werkstoffnummern und die Registrierung von Werkstoffen (CR12776)	
DIN 59750	1974-06	Rohre aus Kupfer und Kupfer-Knetlegierungen, Maße	
DIN 59753	1980-05	Rohre aus Kupfer und Kupfer-Knetlegierungen für Kapillarlötverbindungen, nahtlos gezogen, Maße	
DIN 85004-4	1989-09 2000-12 E	Rohrleitungen aus Kupfer-Nickel-Legierungen, TL für Rohre	

Erzeugnisform	Stahlgußstücke, für Druckbehälter	Lfd.Nr.
Werkstoffgruppe	Stahlguß, unlegiert und legiert, Verwendung bei Raumtemperaturen und erhöhten Temperaturen	**J1G-005**

Normstatus	aktuelle Version (DIN) 1)	frühere Version (DIN)
Bezeichnung Erzeugnisform	-	-
Bestellnorm	-	-
Bestellbeispiel (aktuell)	Gußstück nach Zeichnung Stahlguß EN 10213 – GP240H oder - 1.0619	
Maßnorm	-	-
Norm für Allgemeintoleranzen	DIN ISO 8062 1)	DIN 1683-1
weitere Normen für Erzeugnis	DIN EN 1559-1, DIN EN 1559-2 2)	DIN 1690-1, DIN 1690-2
Werkstoff-Kurzname und Zusatzangaben zum Werkstoff	GP240GH	GS-38
Werkstoff-Nr.	1.0619	1.0420
Norm für Werkstoffeigenschaften	DIN EN 10213-2	DIN 17245
Norm für Herstellungsart (HA) und Lieferzustand (LZ)	DIN EN 10213-1	DIN 17245
weitere Normen zum Werkstoff	-	-
Normen zu Oberflächenzuständen	-	-
Fußnoten	1) nur für Neukonstruktionen, wenn Norm in Zeichnung angegeben	

Folgende Werkstoffe sind in der genannten Werkstoffgruppe genormt:

aktuelle Version (EN)		frühere Version (DIN)		Bemerkung
Werkstoff-Nr.	Kurzname	Werkstoff-Nr.	Kurzname	
1.0621	GP240GR	-	-	
1.0619	GP240GH	1.0619	GS-C 25	
1.0625	GP280GH	-	-	
1.5419	G20Mo5	1.5419	GS-22 Mo 4	
1.7357	G17CrMo5-5	1.7357	GS-17 CrMo 5 5	
1.7379	G17CrMo9-10	1.7379	GS-18 CrMo 9 10	
1.7720	G12MoCrV5-2	-	-	
1.7706	G17CrMoV5-10	1.7706	GS-17 CrMoV 5 11	
1.7365	GX15CrMo5	-	-	
1.4107	GX8CrNi12	1.4107	G-X 8 CrNi 12	
1.4317	GX4CrNi13-4	-	-	
1.4931	GX23CrMoV12-1	1.4931	G-X 22CrMoV 12 1	
1.4405	GX4CrNiMo16-5-1	-	-	

Werkstoffe für Raum- und Luftfahrt

Norm	Ausgabe	Titel	Ersatz für
DIN EN 2032-1	1995-03 E	Metallische Werkstoffe; Bezeichnung	
DIN EN 2032-2	1994-05 E	Metallische Werkstoffe; Kennbuchstaben für Wärmebehandlungszustände im Lieferzustand	
DIN EN 3350	1996-05 E	Aluminium und Aluminiumlegierungen; Bezeichnung der Werkstoffzustände	

Prof. Dr. Rainer Gadow, Dr. A. Killinger (Hrsg.)
K. Berreth, M. Buchmann, Dr. Ulrich Eichenauer, Michael Fundus, Prof. Dr. E. Gugel,
Dr.-Ing. Paul Gümpel, Dipl.-Ing. U. Haack, Dipl.-Ing. Ralf Heinz, Dr. Jürgen Hirsch, K. Hummert,
Dr. A. Kienzle, Dr. G. Leimer, Dr.-Ing. Christian Liesner, Dr.-Ing. Rainer Link, Dr. Reinhard Mehn,
M. Neitzel, Dipl.-Ing. J. Nowacki, Prof. Dr.-Ing. Georg Obieglo, Dipl.-Ing. Guido Olschewski,
Dipl.-Ing. D. Ringhand, Rolf Schattevoy, D. Scherer, Dipl.-Ing. Ralf Weidig, Dipl.-Ing. G. Wissing,
Dr. G. Wötting

Moderne Werkstoffe

Synthese - Herstellungsverfahren - Fertigung - Anwendungstechnik

2000, 330 Seiten, 279 Bilder, 20 Tabellen, 257 Literaturstellen,
DM 98,--, EURO 50,11, öS 715, sfr 89,50
Kontakt & Studium, Band 598
ISBN 3-8169-1680-5

Das Buch gibt einen aktuellen Überblick über den jüngsten Stand von Wissenschaft und Technik der Herstellung, Verarbeitung und Anwendungstechnik moderner Werkstoffe. Es informiert aus der Sicht des industrie- und praxisorientierten Wissenschaftlers über die Möglichkeiten der Produktentwicklung auf der Basis moderner Werkstoffe und Technologien.

Dabei werden folgende Werkstoffgruppen behandelt:
- Metalle
- Polymere
- Keramikverbundwerkstoffe
- Moderne Beschichtungstechnologien.

Inhalt:
Sprühkompaktiertes Aluminium im industriellen Maßstab - Moderne Stahl- und Eisenpulver für die Sintertechnik - Modernes Gießverfahren für Titan-Legierungen - Umformverfahren für Bauteile aus PM-Aluminiumwerkstoffen - Rostfreie Stähle - Aluminium Werkstoffe und Herstellungsverfahren für den Automobilbau - Si3N4-Werkstoffe und deren Anwendung - Pumpenbauteile aus SSiC - Entwicklung metallorganisch basierter Keramiken - Enstehung und Beurteilung von Eigenspannungen in thermisch gespritzten Schichtverbundwerkstoffen - Victrex PEEK / Neue Anwendungsmöglichkeiten in der Automobilindustrie - Direktkaschieren beim Thermoformen - Polyoxymethylen (POM) / Ein Werkstoff für Bauteile mit komplexen Beanspruchungen - Amorphe Hochtemperatur-Thermoplaste und ihre Anwendungen - Keramik-Polymer Kombinationsschichten - Bauteilherstellung mittels Umformen von kontinuierlich faserverstärkten Thermoplasten - Technische Teile aus Recyclaten - GF-Thermoplastverbunde im PKW-Bereich

Die Interessenten:
Durch den praxisorientierten Inhalt wendet sich dieses Buch vorangig an Ingenieure im Maschinenbau und in der Produktentwicklung neuer Werkstoffe sowie der Automobil- und Zulieferindustrie.

expert verlag GmbH · Postfach 2020 · D-71268 Renningen